计算机应用基础项目教程

主　编　黄　润　李　洋　李锡炼
副主编　田　钧　钟达彬　李　刚
参　编　黄利荣　何天爱　黄　磊　张文青

北京理工大学出版社
BEIJING INSTITUTE OF TECHNOLOGY PRESS

内容简介

本书以企业实际办公为背景，采用“项目驱动、案例教学、理论实践一体化”的教学方法，生动形象地讲解了计算机的基础知识和常用办公软件的使用。本书共分为六个单元。单元一介绍计算机基础，讲述了计算机的分类、发展，以及计算机系统的组成和计算机的组装等。单元二介绍 Windows 7 系统的安装与设置，计算机操作系统基本知识，Windows 7 的基本操作、常用功能等。单元三至单元五介绍 Word 2010 操作应用、Excel 2010 操作应用、PowerPoint 2010 操作应用。单元六介绍常用软件的应用，主要介绍常用工具软件的应用。

本书是高职高专各专业学习计算机应用基础知识的基础教材，也可以作为各类计算机培训班的参考教材以及参加全国高校计算机水平考试人员的辅导用书。

版权专有　侵权必究

图书在版编目（CIP）数据

计算机应用基础项目教程/黄润，李洋，李锡炼主编．—北京：北京理工大学出版社，2016.8（2021.2重印）

ISBN 978-7-5682-2974-6

Ⅰ.①计…　Ⅱ.①黄…②李…③李…　Ⅲ.①电子计算机-高等职业教育-教材　Ⅳ.①TP3

中国版本图书馆 CIP 数据核字（2016）第 202826 号

出版发行／北京理工大学出版社有限责任公司
社　　址／北京市海淀区中关村南大街 5 号
邮　　编／100081
电　　话／（010）68914775（总编室）
　　　　　（010）82562903（教材售后服务热线）
　　　　　（010）68948351（其他图书服务热线）
网　　址／http：／／www.bitpress.com.cn
经　　销／全国各地新华书店
印　　刷／三河市华骏印务包装有限公司
开　　本／787 毫米×1092 毫米　1/16
印　　张／14　　　　责任编辑／李秀梅
字　　数／330 千字　　　　文案编辑／杜春英
版　　次／2016 年 8 月第 1 版　2021 年 2 月第 7 次印刷　　　　责任校对／孟祥敬
定　　价／39.80 元　　　　责任印制／李志强

图书出现印装质量问题，请拨打售后服务热线，本社负责调换

前言

21 世纪以来，以计算机、微电子和通信技术为核心的现代信息科学和技术已经广泛应用于社会生产和生活的各个领域。作为人们感知世界、认识世界和创造世界的工具，计算机知识与技术是当今大学生学习现代科学的基础，同时也是大学生参与社会活动所必须具备的重要技能与手段之一。信息时代计算机不仅是工具，而且是文化；信息时代计算机不仅是现代意识，而且是时代素质。因此，对大学生实施计算机教育是现代素质教育的重要组成部分。

本教材遵循高等职业教育“工学结合、以人为本”，培养操作型技能人才的理念。教材一共分为 6 个单元，18 个项目，每个项目采用“项目引入（任务描述）—项目分析（完成思路）—相关知识—项目实施—项目小结—项目拓展”的结构编写。单元一介绍计算机基础，讲述了计算机的分类、发展，以及计算机系统的组成、计算机的组装等；单元二介绍 Windows 7 系统的安装与设置、计算机操作系统基本知识，Windows 7 的基本操作、常用功能等；单元三至单元五介绍 Word 2010 操作应用、Excel 2010 操作应用、PowerPoint 2010 操作应用；单元六介绍常用软件的应用，主要介绍常用工具软件的应用。

本教材以培养计算机应用能力为主要目标，本书内容丰富，语言精炼，通俗易懂，不仅可以作为高等院校计算机基础教材，也可作为计算机培训教材以及计算机各类考试的参考用书。

本书由黄润、李洋、李锡炼主编并编写大纲。参加编写的主要有黄润、田钧、李洋、李锡炼、黄利荣、何天爱、钟达彬、李刚、黄磊、张文青。本书的编写得到了佛山职业技术学院、广州华南商贸职业学院、蓝盾信息安全技术股份有限公司各级领导的关心和支持，在此表示衷心的感谢。

由于编者水平有限，加之时间仓促，尽管我们尽了最大的努力，但书中仍难免有不妥和错误之处，恳请读者批评指正。

编　者

目录

初识计算机

在信息化的今天，日常生活、工作和学习都离不开计算机。计算机技术的应用范围，从最初的军事领域迅速扩展到社会生活的方方面面，如打印文件、收发传真、联系客户、企业管理、财务管理，听音乐、看电影、玩游戏等。因此，掌握计算机的使用方法是学习、工作和生活中一项必不可少的基本技能。刚接手一台计算机，要对其进行了解，就必须掌握计算机的硬件结构和软件的安装与配置，对于这些知识的深刻掌握，需要从组装计算机开始。

项目　组装台式计算机

一、项目引入

王鑫是一名游戏和摄影爱好者，最近想组装一台计算机，用于工作和娱乐。当他进入一家知名的计算机直销网站，准备选购一台性价比较高的计算机时却犯愁了，网站上的产品介绍五花八门，令人眼花缭乱，如何能够从中选购到一台适合自己需求的计算机呢？一筹莫展的他只好求助他的朋友张达。

二、项目分析

张达是智云科技有限公司的一名前台组装工程师，在了解了王鑫的购机需求后，他告诉王鑫，要配置一台计算机，在确定了价位和需求后，仅看 CPU 是远远不够的，还要了解其他主要部件与 CPU 匹配后能否发挥最佳性能，这样才能使选配的计算机达到最佳性价比。因此，他建议王鑫在购买计算机之前，应该对计算机的基本工作原理和计算机硬件的基础知识有所了解。此外，还应对计算机的软件知识和计算机的安全防护知识有所了解，这样才能高效、安全地使用计算机。

三、相关知识

（一）计算机的发展历程

1. 计算机的发展简史

1946 年 2 月 14 日，美国正式验收了一台名为 ENIAC（Electronic Numerical Integrator and

Calculator）的电子数值积分计算机（见图 1–1），宣告了人类第一台电子计算机的诞生，标志着信息时代的来临。

图 1–1　ENIAC 电子数值积分计算机

在现代计算机的发展历程中，最杰出的代表人物是英国的图灵（Alan Mathison Turing，1912—1954 年）和美籍匈牙利人冯·诺依曼（Johon von Neumann，1903—1957 年）。冯·诺依曼首先提出了在计算机内存储程序的概念，并使用单一处理部件来完成计算、存储及通信工作。

冯·诺依曼提出的 3 个重要设计思想：

（1）计算机由 5 个基本部分组成：运算器、控制器、存储器、输入设备和输出设备。

（2）采用二进制形式表示计算机的指令和数据。

（3）将程序和数据存放在存储器中，并让计算机自动地执行程序。

拥有“存储程序”的计算机成为现代计算机的重要标志。

2. 计算机的发展阶段

电子计算机的发展，根据计算机所采用的逻辑组件的发展分成 4 个阶段，习惯上称为四代。

第一代：电子管计算机时代（1946—1955 年）。

采用电子管作为逻辑组件，软件方面确定了程序设计概念，出现了高级语言的雏形。其特点是体积大、耗能高、速度慢（一般每秒数千至数万次）、容量小、价格昂贵，主要用于军事和科学计算。

第二代：晶体管计算机时代（1956—1963 年）。

采用晶体管作为逻辑组件，软件方面出现了一系列高级程序设计语言，并提出了操作系统的概念。计算机设计出现了系列化的思想，应用范围从军事与尖端技术方面延伸到气象、工程设计、数据处理以及其他科学研究领域。

第三代：集成电路计算机时代（1964—1970 年）。

采用中小规模集成电路（IC）作为逻辑组件，软件方面出现了操作系统以及结构化、模块化的程序设计方法。软硬件都向通用化、系列化、标准化的方向发展。

第四代：大规模和超大规模集成电路计算机时代（1971 年至今）

采用超大规模集成电路（VLSI）和极大规模集成电路（ULSI）、中央处理器（CPU）高度集成化是这一代计算机的主要特征。

（二）计算机的分类

计算机按功能与体积大小可分为超级计算机、大型机、小型机和微型计算机。

1. 超级计算机

超级计算机（Super Computer）是计算机中功能最强、运算速度最快、存储容量最大的一类计算机，多用于国家高科技领域和尖端技术研究，是国家科技发展水平和综合国力的重要标志。

2009 年，国防科技大学成功研制出峰值速度为每秒 1 206 万亿次浮点运算的“天河一号”超级计算机，如图 1–2 所示。这使我国成为继美国之后世界上第二个能够研制千万亿次超级计算机系统的国家。“天河一号”主要运用在动漫渲染、石油勘探数据处理、生物医药研究、航空航天装备研制、资源勘测和卫星遥感数据处理、金融工程数据分析、气象预报、新材料开发和设计，以及基础科学理论计算等方面。

图 1–2 中国“天河一号”超级计算机

“天河一号”曾在全球 TOP 500 超级大型计算机排行榜中排名第一，但在 2011 年被日本最新研发的超级计算机“京”超越了。到了 2012 年，美国的“泰坦”又超越了日本的“京”。

2013 年 6 月，“天河二号”由 280 人历时两年多研制完成，研发耗资约 1 亿美元，由国家科技部、广东省人民政府、广州市人民政府共同出资建设。“天河二号”以峰值速度（R_{peak}）每秒 54 902.4 TFLOPS（万亿次浮点运算）、持续速度（R_{max}）33 862.7 TFLOPS 超越“泰坦”超级计算机（R_{peak}=27 112.5 TFLOPS，R_{max}=17 590.0 TFLOPS），成为当今世界上最快的超级计算机。国际 TOP 500 组织 2013 年 11 月 18 日公布了最新全球超级计算机 500 强排行榜榜单，“天河二号”以比第二名美国的“泰坦”快近 2 倍的速度登上榜首。

2015 年 10 月 16 日，新一期全球超级计算机 500 强榜单在美国公布，“天河二号”超级计算机以每秒 33.86 千万亿次浮点运算连续第六度夺冠。

2. 大型机

大型机（Mainframe）也有很高的运算速度和很大的存储容量，并允许相当多的用户同时使用。它包括我们通常所说的大、中型计算机，是事务处理、商业处理、信息管理、大型数据库和数据通信的主要支柱。IBM 公司一直在大型机市场处于霸主地位，DEC、富士通公司也生产大型机。

大型机一般用在尖端的科研领域，主机非常庞大，通常由许多中央处理器协同工作，拥有超大的内存、海量的存储容量，使用专用的操作系统和应用软件。大型主机在每秒百万指令数方面已经不及微型计算机，但是它的输入/输出（I/O）能力、非数值计算能力、稳定性和安全性却是微型计算机所望尘莫及的。图 1–3 所示为 IBM 大型机。

3. 小型机

小型机（Minicomputer）是指性能和价格介于 PC 服务器和大型主机之间的一种高性能 64 位计算机，如图 1–4 所示。一般而言，小型机具有高运算处理能力、高可靠性、高服务性和高可用性四大特点。

图 1–3　IBM 大型机

图 1–4　小型机

小型机具有区别于 PC 及其服务器的特有体系结构，还有各制造厂自己的专利技术，有的还采用小型机专用处理器，如美国 Sun、日本 Fujitsu 等公司的小型机是基于 Sparc 处理器架构，而美国 HP 公司的小型机则是基于 PA–RISC 架构，Compaq 公司是 Alpha 架构。另外 I/O 总线也不相同，Fujitsu 公司是 PCI，Sun 公司是 SBUS 等，这就意味着各公司小型机机器上的插卡，如网卡、显卡、SCSI 卡等可能也是专用的。此外，小型机使用的操作系统一般是基于 UNIX 的，例如 Sun 公司、Fujitsu 公司是用 Sun Solaris，HP 公司是用 HP–UX，IBM 公司是用 AIX。所以小型机是封闭专用的计算机系统。使用小型机的用户一般是看中 UNIX 操作系统的安全性、可靠性和专用服务器的高速运算能力。

4. 微型计算机

微型计算机（Personal Computer）简称“微型机”“微机”，又称为“个人计算机（PC）”。个人计算机一词源于 1978 年 IBM 公司的第一部桌上型计算机型号 PC，在此之前有 Apple Ⅱ的个人用计算机。个人计算机不需要共享其他计算机的处理、磁盘和打印机等资源，可以独立工作。今天，个人计算机一词则泛指所有的个人计算机，如桌上型计算机（见图 1–5）、笔记本电脑（见图 1–6）等。笔记本电脑的发展趋势是体积和质量越来越小，而功能却越来越强大。像 Notebook，也就是俗称的上网本，与 PC 的主要区别在于其携带方便。

图 1–5　桌上型计算机

5. 其他类型的计算机

除了以上介绍的几种类型的计算机，近些年又出现了很多智能设备，如智能手机（见图 1–7）、PDA 等。

图 1–6 笔记本电脑

图 1–7 智能手机

四、项目实施

王鑫选购计算机，主要采用了以下步骤：

1. 了解计算机的基本工作原理。
2. 了解计算机硬件的性能指标。
3. 选购计算机硬件。

任务一 了解计算机的基本工作原理

计算机的基本工作原理是存储程序与程序控制，如图 1–8 所示。到目前为止，尽管计算机的发展经历了四代，但其基本工作原理没有改变。根据存储程序和程序控制的概念，在计算机运行过程中，实际上有两种信息在流动。一种是数据流，包括原始数据和指令，它们在程序运行前已经预先送至主存中，而且都是以二进制形式编码的。在运行程序时，数据被送往运算器参与运算，指令被送往控制器。另一种是控制信号，它是由控制器根据指令的内容发出的，指挥计算机各部件执行指令规定的各种操作或运算，并对执行流程进行控制。这里的指令必须为该计算机能直接理解和执行。

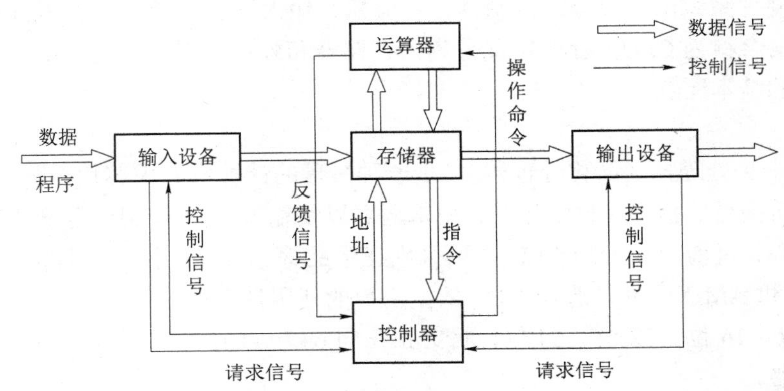

图 1–8 计算的基本工作原理

“存储程序控制”原理的基本内容是：

（1）用二进制形式表示数据和指令。

（2）指令与数据都存放在存储器中，使计算机在工作时控制器能够自动高速地从存储器中取出指令，并分析指令的功能，进而发出各种控制信号。程序中的指令通常是按一定顺序一条条存放的，计算机工作时，只要知道程序中第一条指令放在什么地方，就能依次取出每一条指令。这种取出指令、分析指令、执行指令的操作重复执行，直到完成程序中的全部指令操作为止。

（3）计算机系统由运算器、控制器、存储器、输入设备和输出设备五大部分组成。

计算机的存储程序控制理论是由美籍科学家冯·诺依曼提出的。现代计算机基本还是采用此原理设计制造，因此冯·诺依曼被称为“计算机之父”。

任务二　了解计算机硬件的性能指标

1. 了解计算机系统的组成

一个完整的计算机系统由硬件系统和软件系统组成，如图 1–9 所示。硬件系统指的是能够看得见的组成计算机的物理设备，如显示器、主机等，是构成计算机的实体；软件系统是用来指挥计算机完成具体工作的程序和数据，是整个计算机的灵魂。

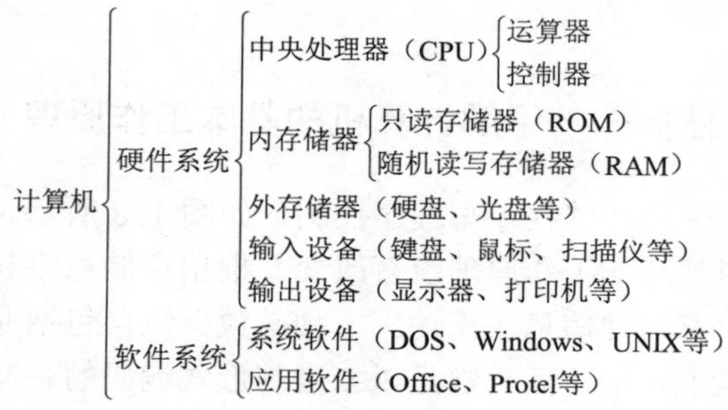

图 1–9　计算机系统的组成

1）硬件系统的组成

计算机的硬件系统由运算器、控制器、存储器、输入设备和输出设备五部分组成，其中运算器和控制器合称为 CPU，存储器又分为内存储器和外存储器。一些常用的多媒体设备已经成为计算机的基本配置。

（1）CPU。

CPU 又称中央处理器（简称处理器），是一种昂贵的计算机专用芯片——计算机的心脏，它负责整个系统指令的执行、数学运算、逻辑运算以及输入/输出控制，是整个计算机的指挥中心和运算中心。目前市场上的 CPU 主要区别在于品牌、性能、技术，目前生产 CPU 的厂商主要有 Intel 和 AMD 两家，选择 CPU 依据用户的使用情况而定。CPU 按处理信息的字长分为 4 位、8 位、16 位、32 位、64 位，目前正在向 64 位过渡。

（2）存储器。

存储器是用来存放程序和数据的部件，存储器容量的大小、存取数据速度的快慢将直接影响微型计算机系统的性能。存储器分为许多小的单元，称为存储单元。每个存储单元可存放数个二进制位，一个二进制位可存放一个 0 或 1。通常，向存储器中存入数据，称为“写”；从存储器中取出数据，称为“读”。“读”和“写”时一般以字节为单位。

存储器分为内存储器（简称内存，属主机）和外存储器（简称外存，属外设）。

内存也称主存，内存分为随机存储器（RAM）和只读存储器（ROM）两种。RAM 用来存放正在运行的程序和数据，能读能写，但断电后即消失；ROM 只能在特定条件下写入，一般只能读不能写，但断电数据不会消失，因此可用来存放一些固定的程序或信息，如自检程序、配置信息等。平时所说的内存指的是 RAM。

外存也称为辅助存储器。外存是计算机的外设之一，用来存放大量的暂时不参与运算或处理的数据和程序，需要时再调入内存。当前使用最多的外部存储器有磁盘（硬盘）、光盘、闪存等几类。

（3）输入设备。

输入设备是向计算机输入程序、数据和命令的部件，常见的输入设备有键盘、鼠标、扫描仪和数码相机等。

（4）输出设备。

输出设备是指将计算机运算或处理后所得到的结果，以字符、数字、图形等人们能够识别的形式输出的设备，常见的输出设备有显示器、打印机、投影仪和绘图仪等。

2）计算机软件系统的组成

软件系统是计算机系统的重要组成部分，是指程序运行所需要的数据以及与程序相关的文档资料的集合，是计算机的灵魂。没有安装软件的微机称为“裸机”，无法完成任何工作。

计算机软件的内容是很丰富的，对其严格分类比较困难，一般可分为系统软件和应用软件两大类。

（1）系统软件。

系统软件是一种特殊的管理程序，它管理计算机系统，同时为计算机系统服务。系统软件中最重要的是操作系统。操作系统指的是管理整个计算机系统资源（硬件资源和软件资源）、协调计算机各部分功能的一些程序。不同类型的计算机可能配有不同的操作系统。

常见的操作系统有 DOS、Windows、UNIX、Linux、OS/2 等。系统软件还包括一些程序设计处理程序、服务程序和诊断程序等。

（2）应用软件。

应用软件是为解决各种实际问题而编制的计算机应用程序及其有关资料。目前，市场上有成百上千的商品化应用软件，能够满足用户的各种要求。对于计算机的一般使用者来说，只要选择合适的应用软件并学会使用该软件，就可以完成自己的工作任务。下面仅列出一些常用的软件：

① 文字处理软件，如目前广为流行的 Windows 下的 WPS、Word 等。

② 电子表格软件，如 Windows 下的 Excel 软件。

③ 计算机辅助设计软件，如 AutoCAD 等。

④ 图形图像处理软件，如 PhotoShop 等。

⑤ 防毒软件，如 KV3000、瑞星杀毒软件等。

⑥ 浏览 Web 软件，如 Internet Explorer 等。

⑦ 计算机辅助教学软件。

⑧ 财务软件、物资管理软件、生产管理软件。

2. 了解计算机硬件的性能指标

1）CPU

CPU（中央处理器）由运算器和控制器组成。运算器有算术逻辑部件 ALU 和寄存器；控制器有指令寄存器、指令译码器和指令计数器等。CPU 的性能指标直接决定了由它构成的微型计算机系统性能指标。CPU 的性能指标主要由字长、主频和缓存决定。

CPU 的性能指标：

（1）主频。主频就是 CPU 的时钟频率，单位是 MHz 或 GHz，它是衡量 CPU 性能的重要指标之一。一般来讲，主频越高，一个时钟周期内完成的指令数越多，CPU 运算速度越快。外频是 CPU 与周边设备进行数据交换的频率，是 CPU 与主板之间同步运行的速度，CPU 的主频＝外频×倍频。

（2）前端总线。前端总线（FSB）直接影响 CPU 和内存之间的数据交换速度，由于数据传输的最大带宽取决于所有同时传输的数据的宽度和传输频率，也就是数据带宽＝（总线频率×数据位宽）/8。

（3）高速缓存。高速缓存（Cache）分为一级缓存（L1 Cache）、二级缓存（L2 Cache）、三级缓存（L3 Cache）。L2 Cache 和 L3 Cache 用来弥补 L1 Cache 容量的不足，以最大限度地减少内存对 CPU 运行速度的延缓，它们与 CPU 工作同步，对 CPU 的实际工作性能影响巨大。

（4）核心数量。CPU 目前有单核心、双核心、四核心等，多核主流技术最先由 Intel 公司提出，但是 AMD 公司最先将其应用于 PC。同等频率下，多核心 CPU 相对于单核心 CPU 性能有较大幅度提高。

（5）制造工艺。制造工艺是指在用硅材料生产 CPU 时，内部各元器件之间的连接线宽度，用微米（μm）表示。生产工艺越先进，连接线越细，CPU 内部功耗和发热量越小，在同等面积的材料中可以集成更多的电子元件，使得单位面积的集成度大幅提高。目前，CPU 的制造工艺已经达到 0.014 μm，也就是 14 nm。

（6）字长。字长是指 CPU 在一次操作中能处理的最大数据单位（即二进制数信息的长度），它体现了一条指令所能处理数据的能力。能够处理的数据的位数是 CPU 性能高低的一个重要标志。例如，一个 CPU 的字长为 16 位，则每执行一条指令可以处理 16 位二进制数据。如果要处理更多位的数据，则需要几条指令才能完成。显然，字长越长，CPU 可同时处理的数据位数就越多，功能就越强，但 CPU 的结构也就越复杂。CPU 的字长与寄存器长度及主数据总线的宽度都有关系。早期的微处理器都是 8 位机和 16 位机，32 位机的代表就是 PC 486，而目前 CPU 的微处理器的倍数已实现 64 位、128 位、256 位等，发展速度非常快。

选购 CPU 时应注意：

（1）确定 CPU 的品牌，可以选用 Intel 或 AMD，AMD 的性价比较高，而 Intel 的则稳定性较高。

（2）CPU 和主板配套：CPU 的前端总线频率应不大于主板的前端总线频率。

（3）查看 CPU 的参数，主要看主频、前端总线频率、缓存、工作电压等，如 Pentium D 2.8 GHz/2 MB/800/1.25 V，Pentium D 指 Intel 奔腾 D 系列处理器，2.8 GHz 指 CPU 的主频，2 MB 指二级缓存的大小，800 指的是前端总线频率为 800 MHz，1.25 V 指的是 CPU 的工作电压，工作电压越小越好，因为工作电压越低的 CPU 产生的热量越少。

（4）CPU 风扇转速：风扇转得越快，风力越大，降温效果越好。

2）主板

主板（Mainboard）或母板（Motherboard）安装在机箱内，是微型计算机中不可缺少的重要组成部分，计算机各个部件都要与主板连接，是微型计算机最基本的也是最重要的部件之一。主板一般为矩形电路板，上面安装了组成计算机的主要电路系统，一般有 BIOS 芯片、I/O 控制芯片、键盘和面板控制开关接口、指示灯插接件、扩充插槽、主板及插卡的直流电源供电接插件等元件。

计算机的主板对计算机性能的影响较大。曾经有人将主板比喻成建筑物的地基，其质量决定了建筑物坚固耐用与否；也有人形象地将主板比作高架桥，其好坏关系着交通的畅通力与流速。

主板的性能指标：

（1）主板芯片组类型。主板芯片组是主板的灵魂与核心，芯片组性能的优劣决定了主板性能的好坏与级别的高低。CPU 是整个计算机系统的控制运行中心，而主板芯片组不仅要支持 CPU 的工作，而且要控制协调整个系统的正常运行。主板芯片组主要分支持 Intel 分司的 CPU 芯片组和支持 AMD 公司的 CPU 芯片组两种。

（2）主板 CPU 插座。主板上的 CPU 插座主要有 Socket478、LGA775 等，引脚数越多，表示主板所支持的 CPU 性能越好。

（3）是否为集成显卡。一般情况下，相同配置的机器集成显卡的性能不如相同档次的独立显卡，但集成显卡的兼容性和稳定性较好。

（4）支持最高的前端总线。前端总线是处理器与主板北桥芯片或内存控制集线器之间的数据通道，其频率高低直接影响 CPU 访问内存的速度。

（5）支持最高的内存容量和频率。支持的内存容量和频率越高，计算机的性能越好。

选购主板时应注意：

（1）对 CPU 的支持，主板和 CPU 是否配套。

（2）对内存、显卡、硬盘的支持，要求兼容性和稳定性好。

（3）扩展性能与外围接口。考虑计算机的日常使用，主板除了有 AGP 插槽和 DIMM 插槽外，还有 PCI、AMR、CNR 和 ISA 等扩展槽。

（4）主板的用料和制作工艺。就主板电容而言，全固态电容的主板好于半固态电容的。

（5）品牌。最好选择知名品牌的主板，目前知名的主板品牌有华硕（ASUS）、微星（MSI）、技嘉（GIGABYTE）等。

3）内存

内存（Memory）是计算机中重要的部件之一，它是与 CPU 进行沟通的桥梁。计算机需要处理的全部信息都是由内存来传递给 CPU 的，因此内存的性能对计算机的影响非常大。内存也被称为内存储器，其作用是用于暂时存放 CPU 中的运算数据，以及与硬盘等外部存储器交换的数据。当计算机需要处理信息时，是把外存的数据调入内存，内存如图 1–10 所示。

图 1–10　内存

内存的性能指标：

（1）传输类型。传输类型实际上是指内存的规格，即通常说的DDR2内存还是DDR3内存，DDR3内存在传输速率、工作频率、工作电压等方面都优于DDR2内存。

（2）主频。内存主频和CPU主频一样，习惯上被用来表示内存的速度，它代表着该内存所能达到的最高工作频率。内存主频是以MHz为单位来计量的。内存主频越高，在一定程度上代表着内存所能达到的速度越快。目前主流的内存频率是800 MHz的DDR2内存，以及一些内存频率更高的DDR3内存。

（3）存储容量。即一根内存条可以容纳的二进制信息量，当前常见的内存容量有512 MB、1 GB、2 GB和4 GB等。

（4）可靠性。存储器的可靠性用平均故障间隔时间来衡量，可以理解为两次故障之间的平均时间间隔。

选购内存时应注意：

（1）确定内存的品牌，最好选择名牌厂家的产品。例如金士顿（Kingston），兼容性好、稳定性高，但市场上假货较多；现代（HY）、威刚（ADATA）、宇瞻（APacer）也是不错的品牌。

（2）内存容量的大小。

（3）内存的工作频率。

（4）仔细辨别内存的真伪。

（5）内存做工的精细程度。

4）硬盘

硬盘是计算机中最重要的外存储器，它用来存放大量数据，由一个或者多个铝制或者玻璃制的碟片组成。这些碟片外覆盖有铁磁性材料。绝大多数硬盘都是固定硬盘，被永久性地密封固定在硬盘驱动器中。

硬盘的性能指标：

（1）容量。一张盘片具有正、反两个存储面，两个存储面的存储容量之和就是硬盘的单碟容量，单碟容量越大，单位成本越低，平均访问时间也越短。

（2）转速。转速是硬盘内电动机主轴的旋转速度，也就是硬盘盘片在1 min内所能完成的最大转数。转速的快慢是标示硬盘档次的重要参数之一，它是决定硬盘内部传输速率的关键因素之一，在很大程度上直接影响到硬盘的速度。硬盘的转速越快，硬盘寻找文件的速度也就越快，相对的硬盘的传输速度也就得到了提高。硬盘转速以每分钟多少转来表示，单位表示为RPM，RPM是Revolutions Per minute的缩写，是转/分钟。

（3）平均访问时间。平均访问时间是指磁头从起始位置到达目标磁道位置，并且从目标磁道上找到要读写的数据扇区所需的时间。

（4）传输速率。传输速率指硬盘读写数据的速度，单位为兆字节每秒（MB/s），硬盘的传输速率取决于硬盘的接口，常用的接口有IDE接口和SATA接口，SATA接口的传输速率普遍较高，因此现在的硬盘大多采用SATA接口。

（5）缓存。缓存（Cache Memory）是硬盘控制器上的一块内存芯片，具有极快的存取速度，它是硬盘内部存储和外界接口之间的缓冲器。一般缓存较大的硬盘在性能上会有更突出的表现。

选购硬盘时应注意：

（1）硬盘容量的大小。

（2）硬盘的接口类型。硬盘接口的优劣直接影响着程序运行快慢和系统性能好坏，目前流行的是 SATA 接口。

（3）硬盘数据缓存及寻道时间。对于大缓存的硬盘，在存取零碎数据时具有非常大的优势，因此当硬盘存取零碎数据时需要不断地在硬盘与内存之间交换数据，如果有大缓存，则可以将那些零碎数据暂存在缓存中，这样一方面可以减小外系统的负荷，另一方面也可以提高硬盘数据的传输速度。

（4）硬盘的品牌选择。目前市场上知名的品牌有希捷（Seagate）、三星（Samsung）、西部数据（Western Digital）、日立（HITACHI）等。

5）显卡

显卡是主机与显示器连接的“桥梁”，是连接显示器和主板的适配卡，作用是控制显示器的显示方式，显卡分集成显卡和独立显卡两种。

显卡的性能指标：

（1）分辨率。显卡的分辨率表示显卡在显示器上所能描绘的像素的最大数量，一般以横向点数×纵向点数来表示，分辨率越高，在显示器上显示的图像越清晰，意味着图像和文字可以更小，在显示器上可以显示出更多的东西。

（2）色深。像素的颜色数称为色深，该指标用来描述显卡在某一分辨率下，每一个像素能够显示的颜色数量，一般以多少色或多少“位”色来表示。

（3）显存容量。显存与系统内存一样，其容量也是越大越好，因为显存越大，可以存储的图像数据就越多，支持的分辨率与颜色数也就越高，做设计或游戏时运行起来就更加流畅。现在主流显卡基本上具备 512 MB 显存容量，一些中高端显卡则配备了 1 GB 的显存容量。

（4）刷新频率。刷新频率是指图像在显示器上更新的速度，也就是图像每秒在屏幕上出现的帧数，单位为 Hz。刷新频率越高，屏幕上图像的闪烁感就越小，图像越稳定，视觉效果也越好。一般刷新频率在 75 Hz 以上时，人眼对影像的闪烁才不易察觉。

（5）核心频率与显存频率。核心频率是指显卡视频处理器（CPU）的时钟频率，显存频率则是指显存的工作频率。显存频率一般比核心频率略低，或者与核心频率相同。显卡的核心频率和显存频率越高，显卡的性能越好。

选购显卡时应注意：

（1）显存容量和速度。

（2）显卡芯片：主要有 NVIDIA 和 ATI。

（3）散热性能。

（4）显存位宽。目前市场上的显存位宽有 64 位、128 位和 256 位三种，人们习惯上叫的 64 位显卡、128 位显卡和 256 位显卡就是指其相应的显存位宽。显存位宽越高，性能越好，价格也就越高。

（5）显卡的品牌选择。目前市场上知名的品牌有七彩虹（Colorful）、影驰（GALAXY）、华硕（ASUS）、双敏（UNIKA）。

6）显示器

显示器属于计算机的 I/O 设备，即输入/输出设备。它可以分为阴极射线管显示器（CRT）

（见图 1–11）、液晶显示器（LCD）（见图 1–12）、等离子体显示器（PDP）、真空荧光显示器（VFD）等多种。不同类型的显示器应配备相应的显卡。显示器有显示程序执行过程和结果的功能。

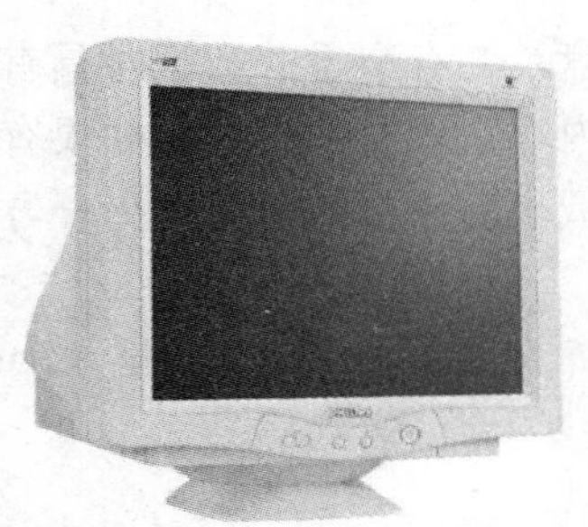

图 1–11　阴极射线管显示器

图 1–12　液晶显示器

目前，一般购置计算机都选择液晶显示器，其性能指标主要有：

（1）可视面积。液晶显示器所标示的尺寸就是实际可以使用的屏幕范围。例如，一个 15.1 in①的液晶显示器约等于 17 in 阴极射线管显示器的可视范围。

（2）可视角度。液晶显示器的可视角度左右对称，而上下则不一定对称。大多数从屏幕射出的光具备了垂直方向，而从一个非常斜的角度观看一个全白的画面，我们可能会看到黑色或者色彩失真。

（3）点距。我们常被问到液晶显示器的点距是多大，例如 14 in LCD 的可视面积为 285.7 mm×214.3 mm，它的最大分辨率为 1 024×768，那么点距就等于：可视宽度/水平像素（或者可视高度/垂直像素），即 285.7 mm/1 024=0.279 mm。

（4）色彩度。LCD 最重要的当然是它的色彩表现度。我们知道自然界的任何一种色彩都是由红（R）、绿（G）、蓝（B）三种基本色组成的。高端液晶使用了所谓的 FRC（Frame Rate Control）技术以仿真的方式来表现出全彩的画面，也就是每个基本色（R、G、B）能达到 8 位，即 256 种颜色，那么每个独立的像素有高达 256×256×256=16 777 216 种色彩。

（5）亮度和对比度。液晶显示器的亮度越高，显示的色彩就越鲜艳。对比度是定义最大亮度值（全白）与最小亮度值（全黑）的比值，CRT 的对比值通常高达 500:1，以致在 CRT 上呈现真正全黑的画面是很容易的。但对 LCD 来说就不是很容易了，由冷阴极射线管所构成的背光源很难去做快速的开关动作，因此背光源始终处于点亮的状态。为了得到全黑画面，液晶模块必须把由背光源而来的光完全挡住，但在物理特性上，这些组件并不能完全达到这样的要求，总是会有一些漏光发生。一般来说，人眼可以接受的对比值约为 250:1。

（6）响应时间。响应时间是指液晶显示器各像素点对输入信号反应的速度，此值当然是越小越好。如果响应时间太长，就有可能使液晶显示器在显示动态图像时有尾影拖曳的感觉。一般液晶显示器的响应时间为 20～30 ms。

选购显示器时应注意：

（1）液晶显示器对比度和亮度的选择。

（2）灯管的排列。

① 1 in=25.4 mm。

（3）液晶显示器响应时间和视频接口。

（4）液晶显示器的分辨率和可视角度。

（5）品牌。目前比较知名的显示器品牌有三星、LG、AOC、飞利浦等。

任务三　完成计算机硬件的选购

1. CPU 的选择

（1）登录中关村在线网站 http://zj.zol.com.cn，在左侧装机配置单栏目单击“CPU”选项，在右侧推荐品牌栏目单击“Intel”选项，在右侧 CPU 筛选栏目单击“CPU 系列”选项，然后单击“酷睿 2 双核”选项。

（2）选择酷睿 2 双核 CPU，E8400（盒），核心频率为 3 000 MHz。

CPU 系列 CORE 2 DUO，FSB 频率：1 333 MHz。

插槽类型：LGA 775。

2. 主板的选择

（1）继续浏览上面的网站页面，在左侧装机配置单栏目单击“主板”选项，在右侧推荐品牌栏目单击“技嘉”选项，在右侧主板筛选栏目单击“CPU 插槽”选项，然后单击“LGA775”选项。

（2）按所选 CPU 确定的接口类型和 FSB 频率，选择技嘉 GA–EP43–US3L 主板。此主板支持 Intel Core 2 Duo 双核处理器，集成声卡、网卡，6 个 SATA Ⅱ接口，支持 PCI–E 2.0 16X 插槽显卡，支持 DDR2 1200（oc）/1066/800/667，最大 4 GB 内存，FSB 频率为 1 600（oc）MHz。

3. 内存的选择

（1）继续浏览上面的网站页面，在左侧装机配置单栏目单击“内存”选项，在右侧推荐品牌栏目单击“宇瞻”选项，在右侧内存筛选栏目单击“内存类型”选项，然后单击“DDR2”选项。

（2）按所选主板支持的内存类型和频率，选择宇瞻 2 GB DDR2 800 内存（经典系列）2 条。

4. 硬盘的选择

（1）继续浏览上面的网站页面，在左侧装机配置单栏目单击“硬盘”选项，在右侧推荐品牌栏目单击“希捷”选项，在右侧硬盘筛选栏目单击“硬盘容量”选项，然后单击“1000”选项。

（2）选择希捷 SATA 接口 1 TB 盒装硬盘 2 块。

5. 显卡的选择

（1）继续浏览上面的网站页面，在左侧装机配置单栏目单击“显卡”选项，在右侧推荐品牌栏目单击“双敏”选项，在右侧显卡筛选栏目单击“显存位宽”选项，然后单击“256 bit”选项。

（2）选择双敏无极 2 GTS250 金牛版显卡。显存位宽 256 bit，显存容量 1 024 MB，总线接口 PCI–E 2.0 16X，最高分辨率 2 560×1 600。

6. 光驱的选择

（1）继续浏览上面的网站页面，在左侧装机配置单栏目单击“光驱”选项，在右侧推荐品牌栏目单击“明基”选项，在右侧光驱筛选栏目单击“光驱种类”选项，然后单击“DVD刻录机”选项。

（2）选择明基 DW2200 DVD 刻录机，最大刻录速度 22 X，最大读取速度 12 X。

7. 显示器的选择

（1）继续浏览上面的网站页面，在左侧装机配置单栏目单击“LCD”选项，在右侧推荐品牌栏目单击“三星”选项，在右侧液晶显示器筛选栏目单击“显示屏尺寸”选项，然后单击“22 英寸”选项。

（2）选择三星 T220 LCD，最佳分辨率 1 680×1 050，屏幕比例为 16:10，对比度为 20 000:1，灰阶响应为 2 ns，亮度为 300 cd/m^2。

8. 机箱的选择

（1）继续浏览上面的网站页面，在左侧装机配置单栏目单击“机箱”选项，在右侧推荐品牌栏目单击“航嘉”选项，在右侧机箱筛选栏目单击“机箱类型”选项，然后单击“台式机类”选项。

（2）选择航嘉哈雷一号 H001 机箱，机箱结构为 ATX，机箱类型为台式机类，适用主板为大主板，PCI 插槽有 7 个，3.5 in 仓位有 6 个，5.25 in 仓位有 4 个，机箱接口为 USB/音效输出/1 394 接口，机箱样式为立式，机箱尺寸为 440 mm×205 mm×416 mm，散热性能侧板 38°导风管，机箱材质为 SECC（镀锌薄钢板）。

9. 电源的选择

（1）继续浏览上面的网站页面，在左侧装机配置单栏目单击“电源”选项，在右侧推荐品牌栏目单击“航嘉”选项，在右侧电源筛选栏目单击“额定功率”选项，然后单击“400～800 W”选项。

（2）选择航嘉多核 DH6 电源，电源类型为台式机类，额定功率为 400 W，接口描述为 20+4P、3 个大 4P、1 个小 4P、6 个 SATA、2 个方 6P、1 个方 4P，+3.3 V 输出电流 20 A，+5 V 输出电流为 14 A，+12 V1 输出电流为 14 A，+12 V2 输出电流为 13 A，安规认证为 3C 安全认证，产品特点为支持多核心处理器，节能电源，待机功耗小于 1 W，转换功率大于 83%，支持双 PCI Express 显卡保护功能：过电压保护/欠电压保护/过载保护/过电流保护/过温度保护/短路保护/防雷击保护，风扇结构为 12 cm 风扇。

10. 鼠标的选择

（1）继续浏览上面的网站页面，在左侧装机配置单栏目单击“鼠标”选项，在右侧推荐品牌栏目单击“罗技”选项，在右侧鼠标筛选栏目单击“工作方式”选项，然后单击“光电”选项。

（2）选择罗技 G1 鼠标，工作方式为光电，鼠标类别为有线，产品接口为 USB/PS/2，适用类型为家用、办公，最高分辨率为 800 dpi，按键数为 4，滚轮方向为上下滚轮，系统支持 Windows 95/98/2000/NT/XP，鼠标颜色为蓝色，产品特点为支持即插即用。

11. 键盘的选择

（1）继续浏览上面的网站页面，在左侧装机配置单栏目单击“键盘”选项，在右侧推荐品牌栏目单击“罗技”选项，在右侧键盘筛选栏目单击“键盘类别”选项，然后单击“有线”选项。

（2）选择罗技超薄键盘 K300，适用类型为游戏、娱乐，键盘类别为有线，键盘接口为

USB。键盘颜色为黑色，人体工程学设计。

12. 音箱的选择

（1）继续浏览上面的网站页面，在左侧装机配置单栏目单击“音箱”选项，在右侧推荐品牌栏目单击“漫步者”选项，在右侧音箱筛选栏目单击“产品定位”选项，然后单击“家用”选项。

（2）选择漫步者 C2 音箱，2.1+1 音箱、有源、额定功率为 30 W，信噪比不小于 85 dB；功能调节：功放前面板旋钮调节以及红外遥控器；全防磁设计，音箱质量约 9.2 kg，红外遥控调节，操控得心应手，双路输入，可任意选择功换，音箱材质为全木质结构。

13. 散热器的选择

（1）继续浏览上面的网站页面，在左侧装机配置单栏目单击“散热器”选项，在右侧推荐品牌栏目单击“酷冷至尊”选项，在右侧散热器筛选栏目单击“散热器类型”选项，然后单击“CPU 散热器”选项。

（2）选择酷冷至尊旋风 V4 散热器，散热器类型为 CPU 散热器，适用范围为 Intel LGA775，AMD AM2/754/939/940，散热方式为风冷/热管，风扇最高转数为 0～2 800×（1±10%）r/min，轴承类型为合金轴承，散热片为铜底/4 根热管/铝鳍片。

完成以上 13 个配件的选购后，就设计了一套性能较好、价格合理适中的台式计算机选配方案。各配件的具体型号以及参考价格、总体价格如图 1–13 所示。

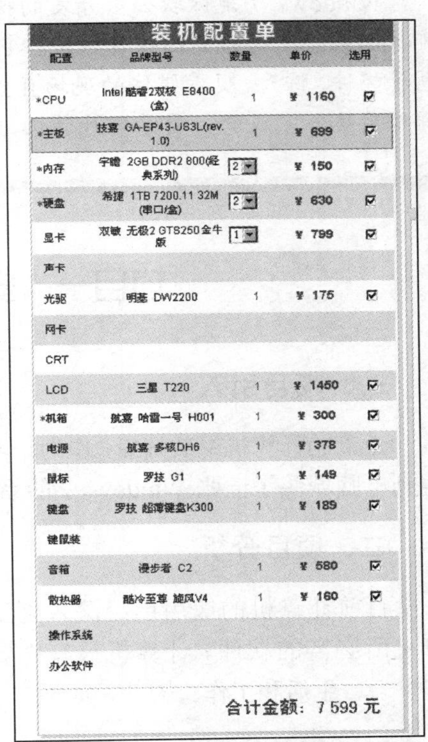

装机配置单

配置	品牌型号	数量	单价	选用
*CPU	Intel 酷睿2双核 E8400(盒)	1	¥ 1160	☑
*主板	技嘉 GA-EP43-US3L(rev. 1.0)	1	¥ 699	☑
*内存	宇瞻 2GB DDR2 800(经典系列)	2	¥ 150	☑
*硬盘	希捷 1TB 7200.11 32M(串口/盒)	2	¥ 630	☑
显卡	双敏 无极2 GTS250金牛版	1	¥ 799	☑
声卡				
光驱	明基 DW2200	1	¥ 175	☑
网卡				
CRT				
LCD	三星 T220	1	¥ 1450	☑
*机箱	航嘉 哈雷一号 H001	1	¥ 300	☑
电源	航嘉 多核DH6	1	¥ 378	☑
鼠标	罗技 G1	1	¥ 149	☑
键盘	罗技 超薄键盘K300	1	¥ 189	☑
键鼠装				
音箱	漫步者 C2	1	¥ 580	☑
散热器	酷冷至尊 旋风V4	1	¥ 160	☑
操作系统				
办公软件				

合计金额：7 599 元

图 1–13　完整台式机选配方案

五、项目小结

本项目介绍了计算机部件的性能及参数，以及选购计算机配件时应注意的问题，根据需要，任意设计出各种类型的计算机选型和设计方案，并能配齐计算机的硬件组成，为以后的工作提供便利条件。

六、项目拓展

了解市场上计算机行情，并设计一个价格在 4 000 元左右的台式机配置单。

Windows 7 操作系统

Windows 7 是微软公司开发的操作系统，是目前支持硬件最多的操作系统，也是目前最流行的基于图形界面的操作系统，它几乎可以满足各个领域的需要。通过它可以上网、收发电子邮件、聊天、观看媒体的现场直播、游戏、娱乐等。计算机中的大部分操作都是在 Windows 操作系统下完成的，要学好计算机，必须先学好 Windows 操作系统。

项目一 安装 Windows 7 操作系统

一、项目引入

王鑫的计算机组装好后，作为一名计算机爱好者，想自己安装计算机操作系统 Windows 7。他到电脑城买了一张 Windows 7 的系统安装盘，试着安装系统，并尝试该系统的启动和退出。

二、项目分析

目前计算机的应用已经深入到工作、生活和学习等各个方面，而操作系统是每一台计算机所必需的软件。计算机只有先安装了操作系统，才能变成我们的助手，更好地协助我们学习、生活和工作。因此，如果自己能安装操作系统，在使用计算机的过程中会方便很多。

三、相关知识

在安装操作系统前，首先必须对 Windows 7 操作系统有一定的了解，熟悉操作系统的功能、特色及对计算机硬件配置的基本要求，检验 Windows 7 操作系统是否符合用户的需要，以及用户的计算机是否适合安装 Windows 7 操作系统。

（一）Windows 7 操作系统特色简介

Windows 7 是由微软公司开发的操作系统，可供家庭及商业工作环境、笔记本电脑、平板电脑、多媒体中心等使用。微软 2009 年 10 月 22 日于美国、2009 年 10 月 23 日于中国正式发布 Windows 7，2011 年 2 月 22 日发布 Windows 7 SP1（Build 7601.17514.101119-1850）。同时也发布了服务器版本——Windows Server 2008 R2。同 2008 年 1 月发布的 Windows Server 2008 相比，Windows Server 2008 R2 继续提升了虚拟化、系统管理弹性、网络存取方式，以及信息安全等领域的应用，其中有不少功能需搭配 Windows 7。

（1）易用。Windows 7 做了许多方便用户的设计，如快速最大化、窗口半屏显示、跳转列表（Jump List）、系统故障快速修复等。

（2）快速。Windows 7 大幅缩减了 Windows 的启动时间，据实测，在 2008 年的中低端配置下运行，系统加载时间一般不超过 20 s，这与 Windows Vista 的 40 s 相比是一个很大的进步。

（3）简单。Windows 7 让搜索和使用信息更加简单，包括本地、网络和互联网搜索功能，直观的用户体验将更加高级，会整合自动化应用程序提交和交叉程序数据透明性。

（4）安全。Windows 7 包括改进了的安全和功能合法性，还会把数据保护和管理扩展到外围设备。Windows 7 改进了基于角色的计算方案和用户账户管理，在数据保护和坚固协作的固有冲突之间搭建沟通桥梁，同时也会开启企业级的数据保护和权限许可。

（5）Aero 特效。Windows 7 的 Aero 效果更华丽，有碰撞效果、水滴效果，还有丰富的桌面小工具，这些相比 Windows Vista 增色不少。但是，Windows 7 的资源消耗却是最低的。不仅执行效率快人一等，笔记本电脑的电池续航能力也大幅增加。

Windows 7 及其桌面窗口管理器（DWM.exe）能充分利用 GPU 的资源进行加速，而且支持 Direct 3D 11 API。

（二）Windows 7 系统配置要求

（1）最低配置。Windows 7 系统配置的最低要求如表 2–1 所示。

表 2–1　Windows 7 系统配置的最低要求

设备名称	基本要求	备　注
CPU	1 GHz 及以上	
内存	1 GB 及以上	安装识别的最低内存是 512 MB
硬盘	20 GB 以上可用空间	
显卡	集成显卡 64 MB 以上	128 MB 为打开 Aero 最低配置，不打开的话 64 MB 也可以
其他设备	DVDR/RW 驱动器或者 U 盘等其他储存介质	安装用。如果需要可以用 U 盘安装 Windows 7，这需要制作 U 盘引导
	互联网连接/电话	需要联网/电话激活授权，否则只能进行为期 30 天的试用评估

（2）推荐配置。安装 Windows 7 操作系统的推荐配置如表 2–2 所示。

表 2–2　安装 Windows 7 操作系统的推荐配置

设备名称	基本要求	备　注
CPU	64 位双核以上等级的处理器	Windows 7 包括 32 位及 64 位两种版本，如果要安装 64 位版本，则需要支持 64 位运算的 CPU 的支持
内存	1.5 GB DDR2G 以上	3 GB 更佳
硬盘	20 GB 以上可用空间	因为软件等东西可能还要用几 GB

续表

设备名称	基本要求	备　注
显卡	支持 DirectX 10/Shader Model 4.0 以上级别的独立显卡	显卡支持 DirectX 9 就可以开启 Windows Aero 特效
其他设备	DVD R/RW 驱动器或者 U 盘等其他储存介质	安装使用
	互联网连接/电话	需要在线激活，如果不激活，最多只能使用 30 天

四、项目实施

（1）计算机重启后，插入安装光盘，进入 Windows 7 的安装界面，如图 2–1 所示。单击“下一步”按钮，在出现的界面中，单击“现在安装”按钮，如图 2–2 所示。

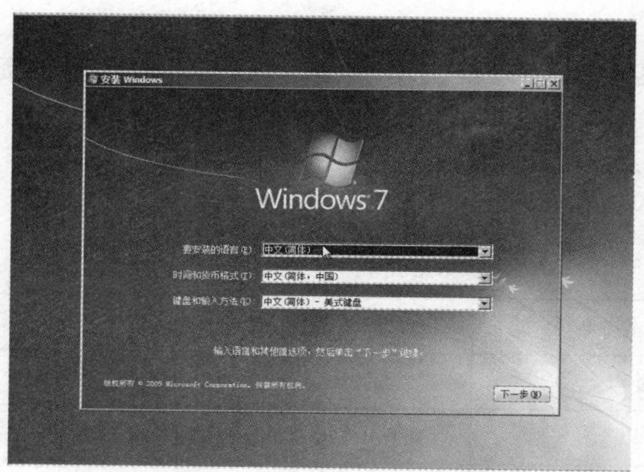

图 2–1　Windows 7 的安装界面

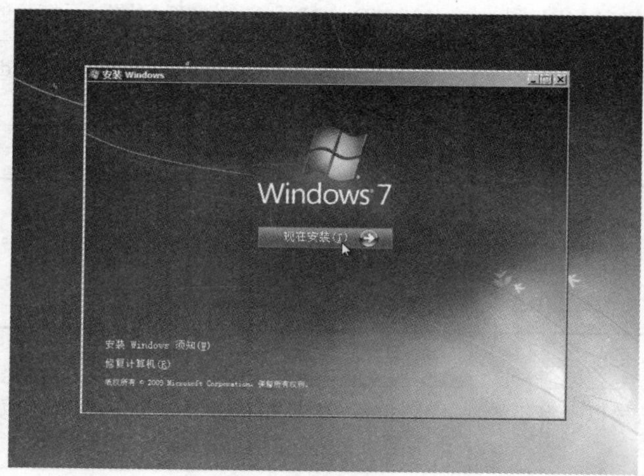

图 2–2　“开始安装”对话框

（2）确认接受许可条款，单击“下一步”按钮继续，如图 2–3 所示。

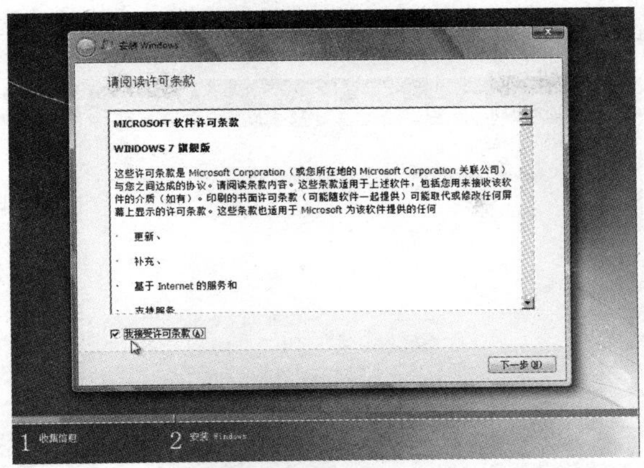

图 2–3 “许可条件”对话框

（3）选择安装类型，如图 2–4 所示。

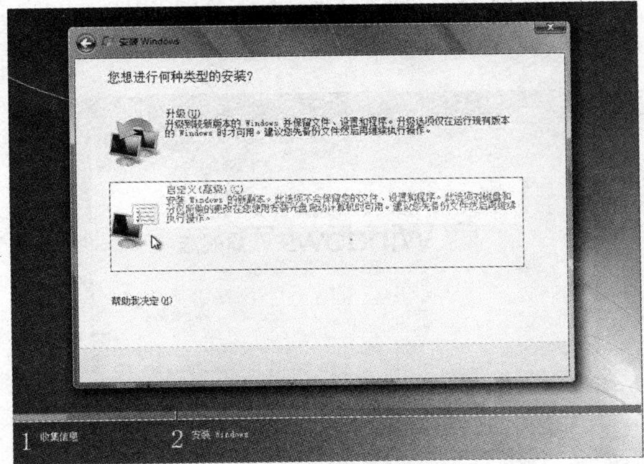

图 2–4 选择安装类型

（4）选择安装方式后，需要选择安装位置。默认将 Windows 7 安装在第一个分区（如果磁盘未进行分区，则安装前要先对磁盘进行分区），单击“下一步”按钮继续，如图 2–5 所示。

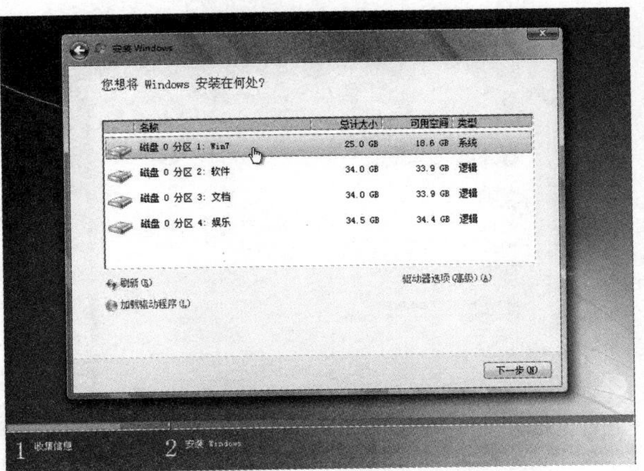

图 2–5 “分区选择”对话框

（5）开始安装 Windows 7，如图 2–6 所示。

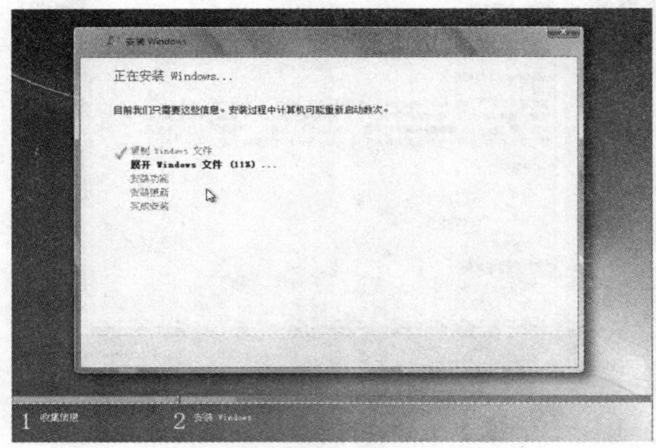

图 2–6 “安装过程”对话框

（6）计算机重启数次，完成所有安装操作后进入 Windows 7 的设置界面，设置用户名和计算机名称，如图 2–7 所示。

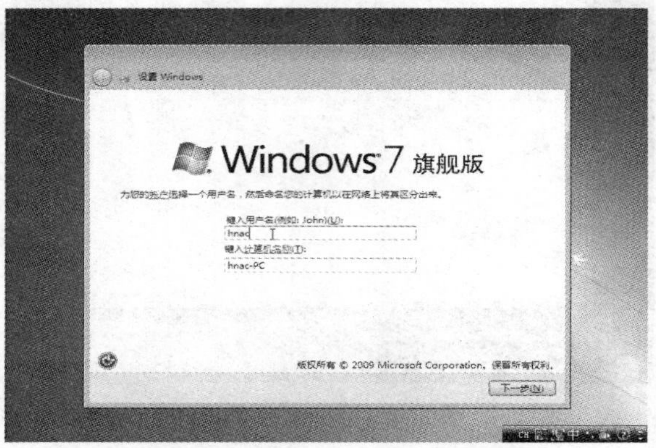

图 2–7 “用户名和计算机名称设置”界面

（7）为您的 Windows 7 设置密码，如图 2–8 所示。

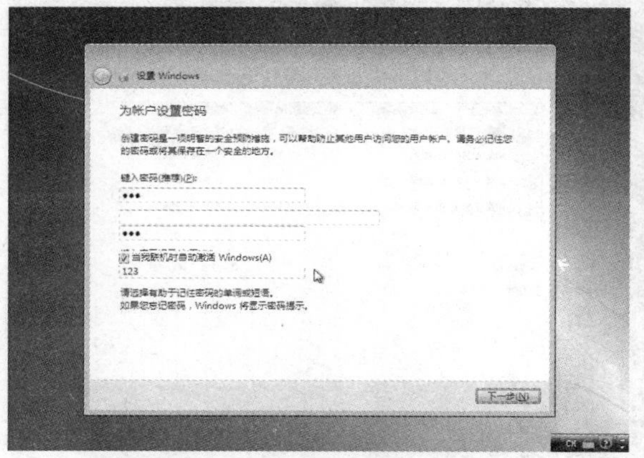

图 2–8 “密码设置”对话框

（8）输入产品密钥，如图 2–9 所示。

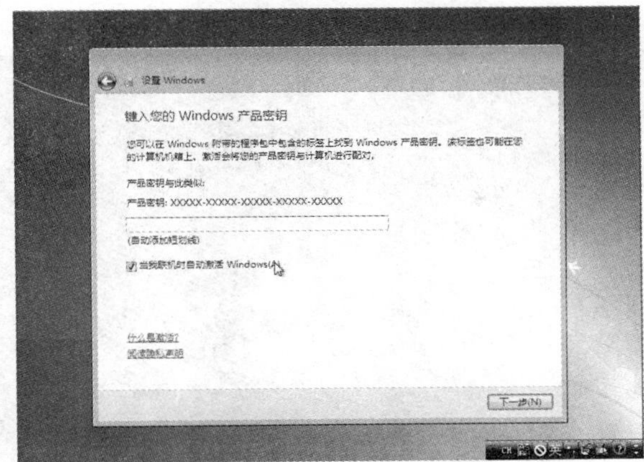

图 2–9 “输入产品密钥”对话框

（9）选择“帮助您自动保护计算机以及提高 Windows 的性能”选项，如图 2–10 所示。

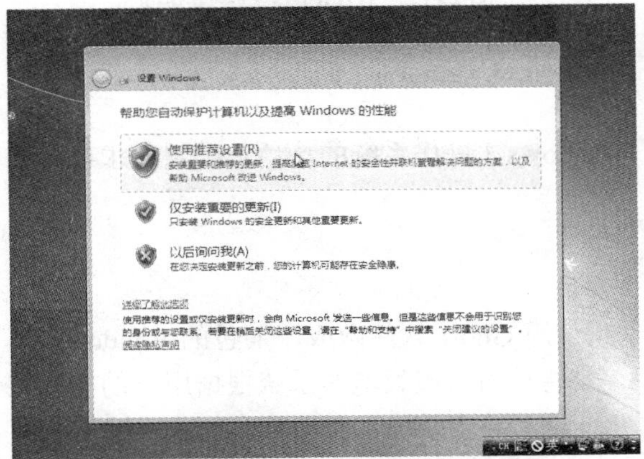

图 2–10 “帮助您自动保护计算机以及提高 Windows 的性能”选项

（10）进行时区、时间、日期设定，如图 2–11 所示。

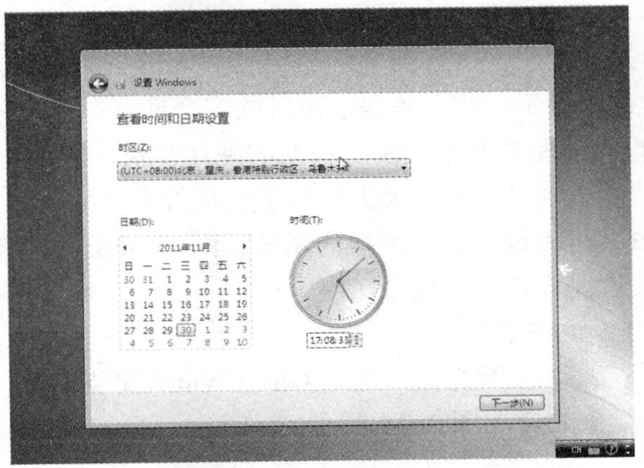

图 2–11 “时区、时间、日期设定”对话框

（11）等待 Windows 7 完成设置，完成安装后，首次登录 Windows 7 的界面如图 2–12 所示。

图 2–12　Windows 7 操作界面

五、项目小结

本项目主要介绍了 Windows 7 操作系统的特色、配置要求以及安装方法。

六、项目拓展

1. Ghost Windows 7 系统

Ghost Windows 7 是指使用 Ghost 软件做成压缩包的 Windows 7，俗称 Ghost 版 Win 7。用 Ghost 版的目的是节省安装时间。该版本的系统根据用户的实际工作需要，融合了许多实用的功能。它通过一键分区、一键装系统、自动装驱动、一键 Ghost 备份（恢复）等一系列手段，使装系统花费的时间缩至最短，极大地提高了工作效率。

网上流行的 Ghost Win 7 绝大多数是旗舰版，Ghost Win 7 与原版 Win 7 的区别是：

（1）原版 Win 7 安装过程的步骤比较多，且安装后的设置项目较多，对于新人来讲操作不易，容易出错。

（2）原版安装的时间比较长，Ghost 版一般在 10 min 左右即可完成安装，而且最新的 Ghost 版本集成最新软件、补丁、驱动等保证系统的安全性。

（3）原版 Win 7 自带的驱动并不能满足最新的硬件要求，需手动安装，而 Ghost Win 7 集成最新的驱动包并智能识别与安装，大大提高了装机效率，减少了安装时间。

（4）原版 Win 7 安装可以说是完全纯净的系统。网上 Ghost 封装的 Win 7 多数集成一些软件，也不乏集成流氓软件或者木马程序在内。

2. Ghost Windows 7 系统安装

（1）计算机重启后，插入安装光盘，进入 Ghost Win 7 安装界面，如图 2–13 所示。选择“安装 Ghost Win 7”开始安装，如图 2–14 所示。

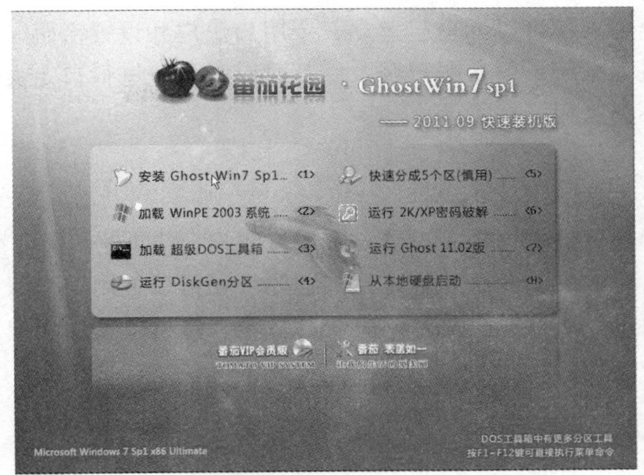

图 2–13　Ghost Win 7 安装界面

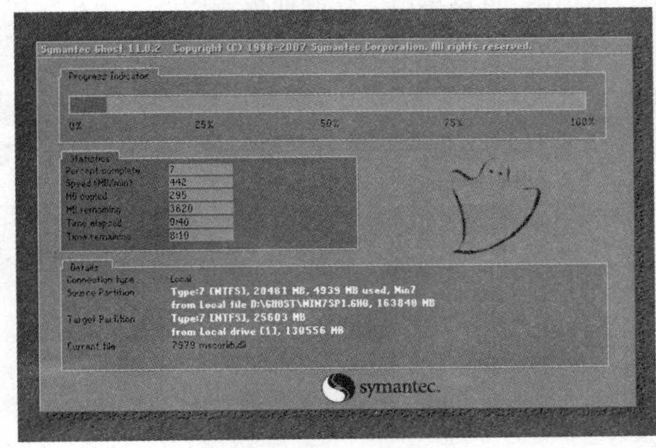

图 2–14　开始安装

（2）等待进度完成后，重启计算机，进入图 2–13 所示界面后，选择“从本地硬盘启动”，等待安装程序进行“更新注册表设置”“启动服务”“安装设备”“应用系统设置”“优化系统”“驱动安装”等一系列步骤后，即可进入 Windows 7 系统，完成系统安装。

项目二　创建 Windows 7 系统账户

一、项目引入

王鑫的操作系统已经安装好了，因为有时候朋友会用他的计算机，所以王鑫希望别人利用其他的账户来使用计算机，毕竟自己计算机中的一些资料是不希望别人看到的。王鑫打算创建其他新的账户来方便别人使用他的计算机。

二、项目分析

Windows 7 是一个多用户多任务的操作系统，它允许每个使用计算机的用户拥有自己的专用工作环境。每个用户都可以为自己建立一个用户账户并设置密码，只有正确地输入用户名和密码之后才能进入系统。每个账户登录后都可以对系统进行自定义设置，这样使用同一台计算机的用户就不会互相干扰了。

三、相关知识

可以为使用您的计算机的每个人设置一个用户账户，以便他们拥有个性化的体验。例如，每个人都可以设置自己的桌面背景和屏幕保护程序，还可以使用用户账户来明确用户可以访问的程序和文件以及可以对计算机进行的更改。每个人都可以使用用户名和密码访问其用户账户。

四、项目实施

（一）创建新账户

如果要进行账户管理操作，可以单击“控制面板”中的“用户账户”选项，进入“用户账户”窗口进行用户的管理，如图 2–15 所示。

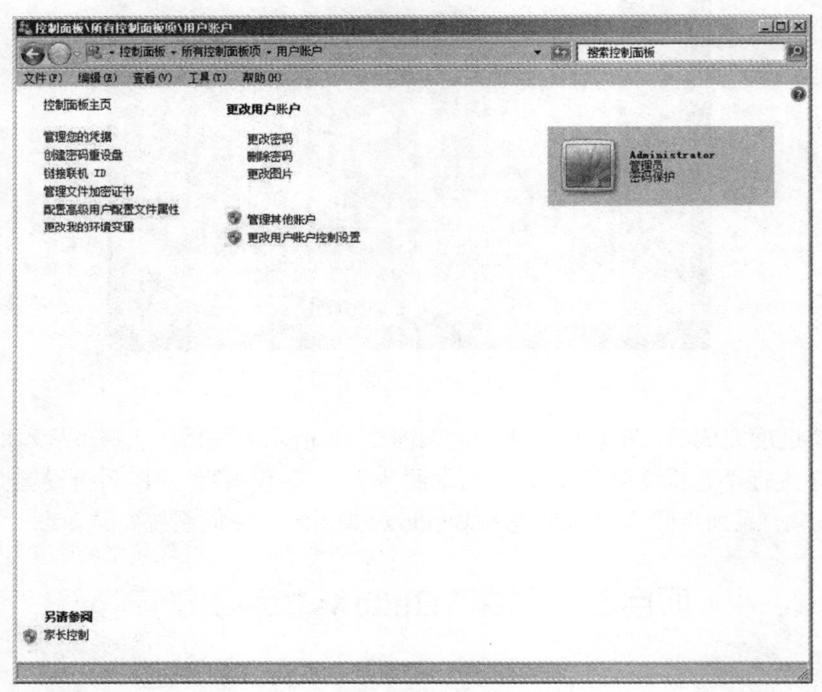

图 2–15 “用户账户”窗口

如果是第一次使用某一台计算机，并且想拥有自己的账户，就必须创建新账户。创建方法为：在“用户账户”窗口中单击“管理其他账户”选项，打开“管理账户”窗口，如图 2–16 所示，选择“创建一个新账户”选项，此时会打开“创建新账户”窗口，如图 2–17 所示。在“新账户名”文本框中填写自己的用户名，仔细阅读“标准用户”和“管理员”的说明信息后，选择适合该用户的权限，设置完成后，单击“创建账户”按钮，即创建了一个新账户，如图 2–18 所示。

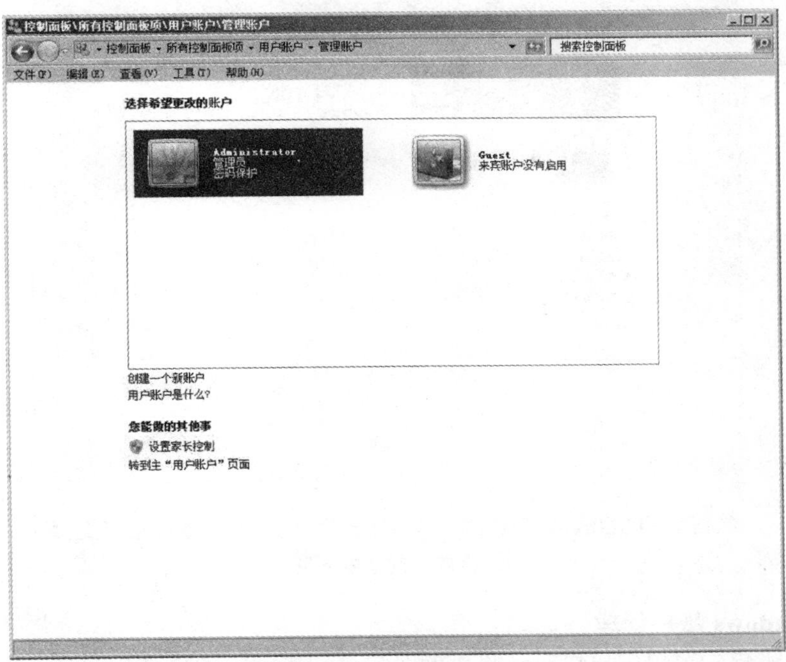

图 2–16 “管理账户”窗口

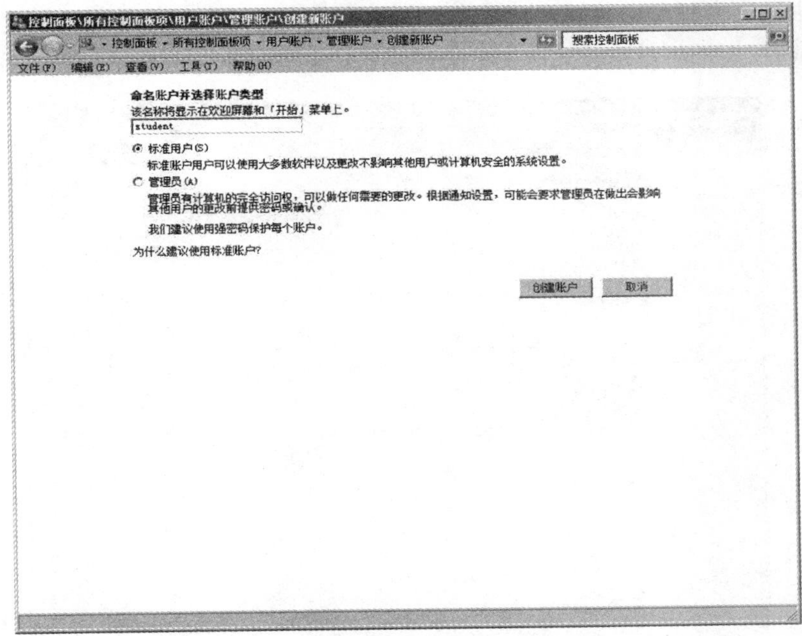

图 2–17 “创建新账户”窗口

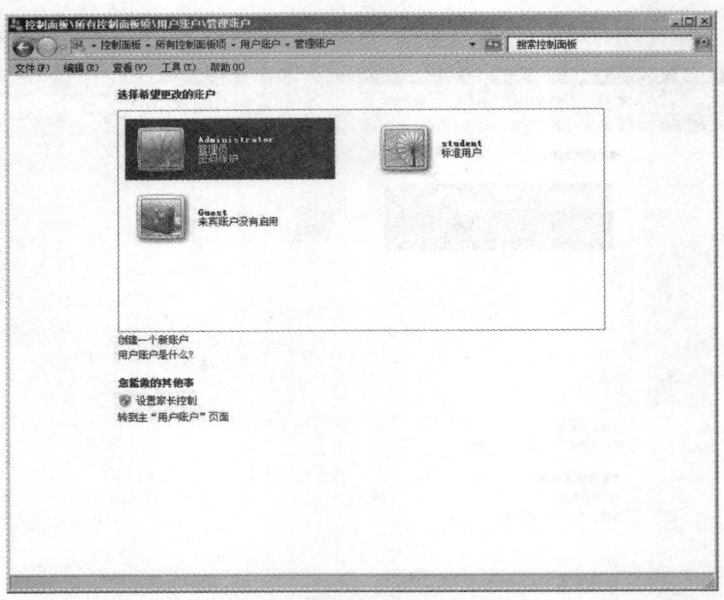

图 2–18　创建的新账户

（二）Windows 账户管理

在“管理账户”窗口中可以对计算机的账户进行管理，如果是新账户，为了保证账户的安全，我们必须为账户创建一个密码。单击刚才创建的 student 账户，进入“更改账户”窗口，如图 2–19 所示，单击“创建密码”选项，打开“创建密码”窗口，如图 2–20 所示，按照要求在文本框中输入密码及密码提示，单击“创建密码”按钮，完成密码的创建。此外，通过“更改账户”窗口，还可以执行更改密码、删除密码、删除账户、更改账户类型等功能。

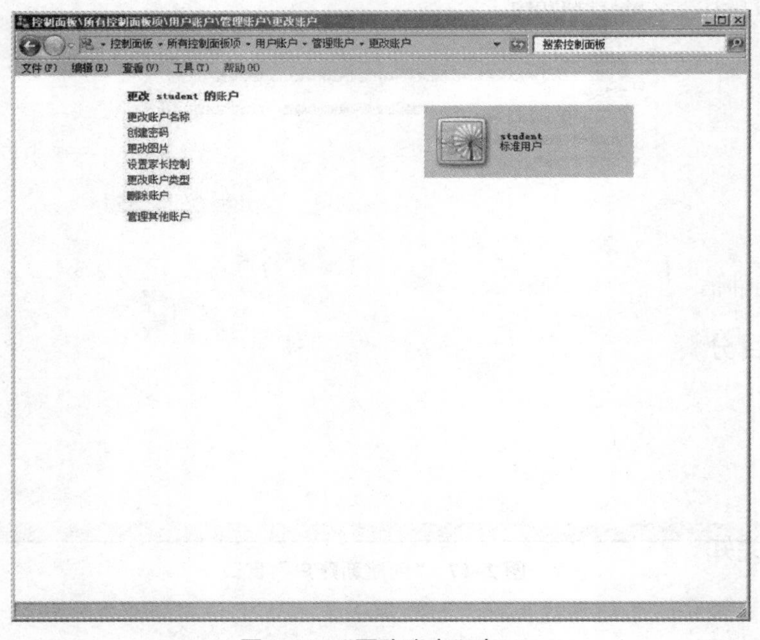

图 2–19　“更改账户”窗口

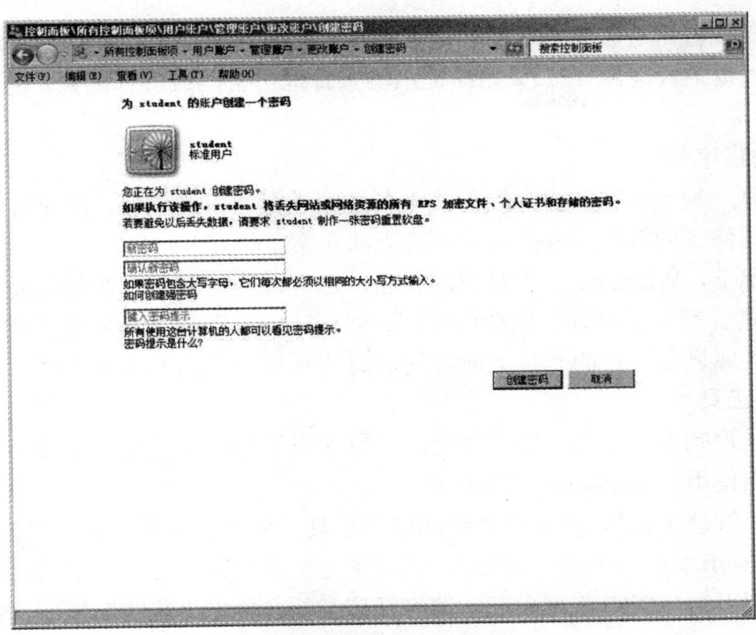

图 2–20 “创建密码”窗口

五、项目小结

本节我们介绍了什么是账户，以及账户是如何创建和管理的。

六、项目拓展

请试着创建几个不同的用户账户。

项目三 设 备 管 理

一、项目引入

王鑫已经可以熟练地使用自己的计算机完成日常的学习需要，此时他想通过 Windows 7 系统来查看硬件信息、调试声音、添加打印机、外接显示器等活动。

二、项目分析

Windows 7 操作系统是日常工作、生活中最常用的几个操作系统之一，操作系统是日常工作、学习使用计算机的平台，有了它才能更好地让计算机为人们服务。通过操作系统，我们才能使这些硬件更好地工作。

三、相关知识

（一）设备管理器

使用设备管理器，可以查看和更新计算机上安装的设备驱动程序，查看硬件是否正常工作以及修改硬件设置。有关详细信息，请参阅更新不能正常工作的硬件的驱动程序。

单击打开“设备管理器”，如果系统提示输入管理员密码或进行确认，请键入该密码或提供确认。

（二）驱动程序

驱动程序是一种允许计算机与硬件或设备之间进行通信的软件。如果没有驱动程序，连接到计算机的硬件（如视频卡或打印机）将无法正常工作。

大多数情况下，Windows 会附带驱动程序，也可以通过转到“控制面板”中的 Windows Update 并检查是否有更新来查找驱动程序。如果 Windows 没有所需的驱动程序，则通常可以在要使用的硬件或设备附带的光盘上或者制造商的网站中找到该驱动程序。

（三）管理工具

管理工具是控制面板中的一个文件夹，它包含用于系统管理员和高级用户的工具。该文件夹中的工具因使用的 Windows 版本而异。

单击打开“管理工具”，该文件夹中的很多工具（如“计算机管理”）是包含其自身的帮助主题的 Microsoft 管理控制台（MMC）管理单元。若要查看 MMC 工具的特定帮助或搜索以下列表中未列出的 MMC 管理单元，请打开该工具，单击“帮助”菜单，然后单击“帮助主题”选项。

该文件夹中包括以下这些常用的管理工具：

（1）组件服务。配置和管理组件对象模型（COM）组件。组件服务是专门为开发人员和管理员使用而设计的。

（2）计算机管理。通过使用单个综合的桌面工具管理本地或远程计算机。使用“计算机管理”工具，可以执行很多任务，如监视系统事件、配置硬盘以及管理系统性能。

（3）数据源（ODBC）。使用开放式数据库连接将数据从一种类型的数据库（“数据源”）移动到其他类型的数据库。有关详细信息，请参阅“什么是 ODBC”。

（4）事件查看器。查看有关事件日志中记录的重要事件（如程序启动、停止或安全错误）的信息。

（5）iSCSI 发起程序。配置网络上存储设备之间的高级连接。有关详细信息，请参阅“什么是 Internet 小型计算机系统接口（iSCSI）”。

（6）本地安全策略。查看和编辑组策略安全设置。

（7）性能监视器。查看有关中央处理器（CPU）、内存、硬盘和网络性能的高级系统信息。

（8）打印管理。管理打印机和网络上的打印服务器以及执行其他管理任务。

（9）服务。管理计算机后台中运行的各种服务。

（10）系统配置。识别可能阻止 Windows 正确运行的问题。有关详细信息，请参阅“使用系统配置”。

（11）任务计划程序。计划要自动运行的程序或其他任务。有关详细信息，请参阅“计划任务”。

（12）具有高级安全的 Windows 防火墙。在该计算机以及网络上的远程计算机上配置高级防火墙设置。

（13）Windows 内存诊断。检查计算机内存以查看是否正常运行。

（四）计算机性能

性能信息和工具、Windows体验指数和ReadyBoost都提供有助于提高计算机性能的方法。

1. 可帮助提高性能的任务

“性能信息和工具”左窗格中的任务可帮助提高计算机性能。

2. 打开“性能信息和工具”的方法

单击打开“性能信息和工具”，如图2–21所示。

任务	描述
调整视觉效果	通过更改菜单和窗口的显示方式来优化性能。
调整索引选项	索引选项可帮助在计算机上快速、容易地找到要找的项目。 通过缩小搜索范围来集中到常用的文件和文件夹，可以使搜索更有效。有关详细信息，请参阅使用索引提高 Windows 搜索速度：常见问题。
调整电源设置	更改有关电源设置，使计算机更有效地从节能设置恢复，以及调整便携式计算机的电池使用情况。
打开磁盘清理	这个工具删除硬盘上不需要的文件或临时文件，可以增加所拥有的存储空间数量。有关详细信息，请参阅使用磁盘清理删除文件。
高级工具	访问系统管理员和 IT 专业人员经常用于解决问题的高级系统工具，例如“事件查看器”、“磁盘碎片整理程序”和“系统信息”。还可以查看性能相关问题和如何处理这些问题的通知。例如，如果 Windows 检测到驱动程序正在降低性能，请单击通知了解哪个驱动程序导致了该问题，并查看关于如何更新驱动程序的帮助。列表开头列出的问题对系统的影响比列表中后面的问题对系统的影响大。

图2–21 性能信息和工具

3. 查看有关计算机功能的详细信息

Windows体验指数测量计算机硬件和软件配置的功能，并将此测量结果表示为称作基础分数的一个数字。较高的基础分数通常表示计算机比具有较低基础分数的计算机运行得更好和更快（特别是在执行更高级和资源密集型任务时）。

4. 查看计算机基础分数的步骤

单击打开“性能信息和工具”。

此页上显示计算机的Windows体验指数基本分数和子分数。如果没有看到子分数和基础分数，请单击“为此计算机分级”选项。如果系统提示输入管理员密码或进行确认，请键入密码或提供确认。如果最近升级了硬件并想知道自己的分数是否发生了更改，请单击“重新运行评估”选项。如果系统提示输入管理员密码或进行确认，请键入密码或提供确认。

Windows体验指数供其他软件制造商使用，因此可以购买与计算机的基础分数匹配的程序。有关详细信息，请参阅“什么是Windows体验指数”。

若要查看有关计算机硬件（如处理器速度、已安装的随机存取内存（RAM）的数量及硬盘大小）的详细信息，请单击“查看和打印详细的性能和系统信息”选项。

四、项目实施

（一）查看当前计算机的硬件

打开设备管理器，可以查看当前计算机的硬件，打开步骤：

在“计算机”上单击鼠标右键，单击“管理”选项，如图2–22所示，打开“计算机管理”窗口，选择“设备管理器”选项。

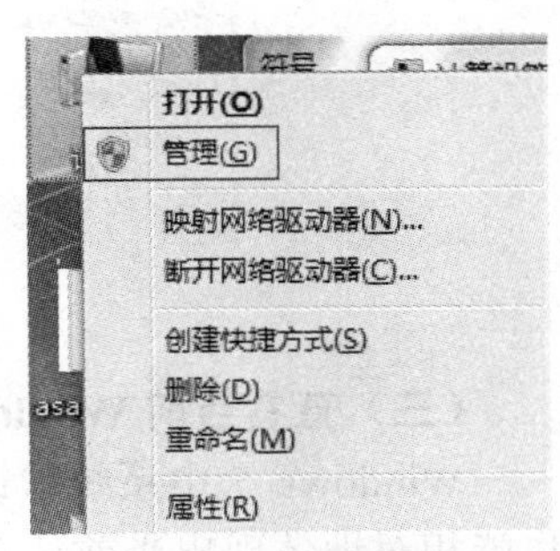

图2–22 鼠标右击计算机

或者采用打开“设备管理器”的另一种方法：单击“开始”按钮，在搜索框中键入“设备管理器”，然后在结果列表中单击“设备管理器”选项，如图2–23所示。

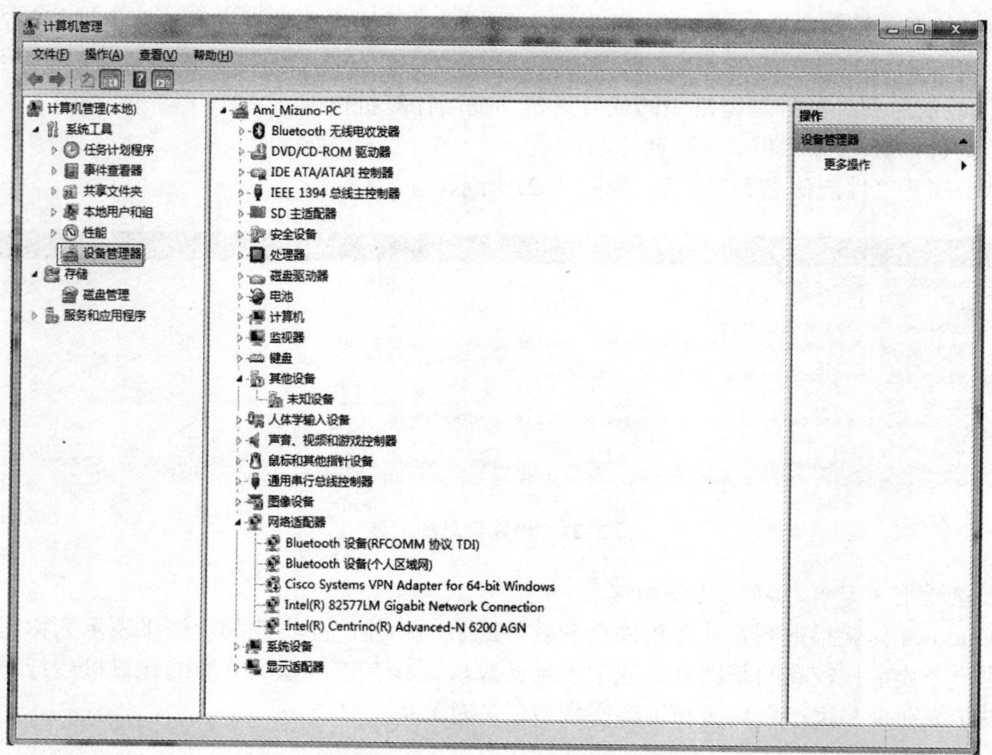

图 2–23　设备管理器

（二）查看硬件

打开控制面板，选取“硬件和声音”选项，这里可以进一步设置计算机的声音、添加打印机等设备，如图 2–24 所示。

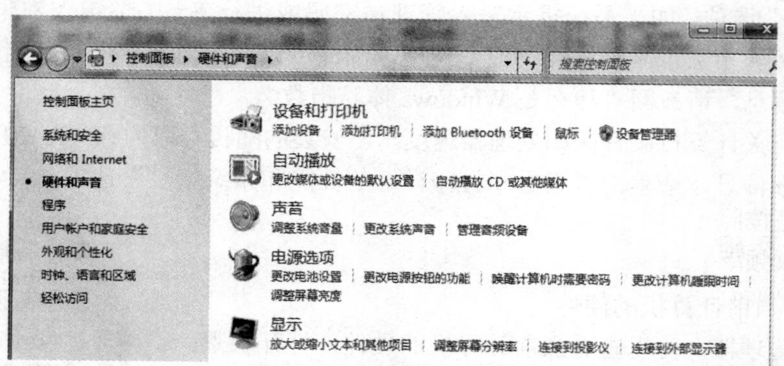

图 2–24　“硬件和声音”选项

（三）查看当前 Windows 7 对硬件的评分

Windows 7 中系统默认的有对计算机硬件进行评分的软件，虽然不一定非常专业，但是也能相对地体现出当前计算机的一些性能。

打开步骤如图 2–25、图 2–26 所示。

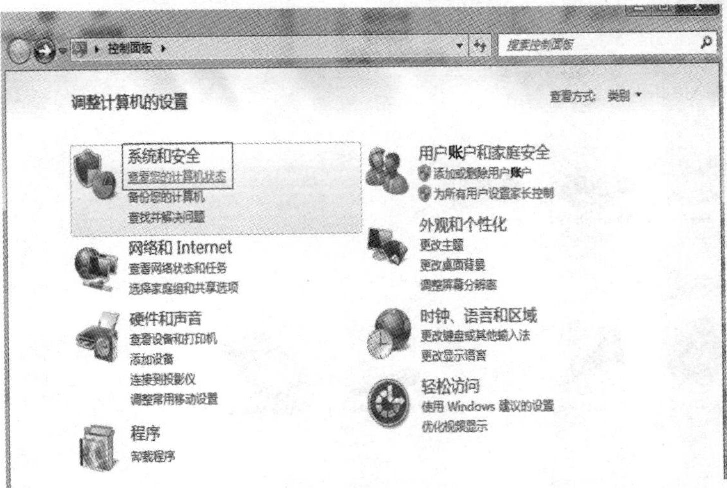

图 2–25 “系统和安全”选项

图 2–26 “性能信息和工具”界面

这个性能是按照当前计算机的最低一项打的分，当然这个分数也能作为参考。(例如通过系统对内存读取频率进行设置可以影响到这个分数。)

(四) 添加打印机

进入图 2–27 所示界面。在图示的各个设备中，可以选择当前所使用的打印机，一般厂商的打印机接入 Windows 7 后会自动识别，此时可以使用原打印机所配的驱动光盘来驱动打印机，或者在其官方网站上下载相对应的驱动程序，即可使打印机正常工作。

五、项目小结

本项目介绍了 Windows 7 里关于硬件的相关管理，可以在系统内查看硬件信息，进一步设置声音等硬件，会使用系统自带的性能查看软件查看当前计算机的性能，及添加打印机。

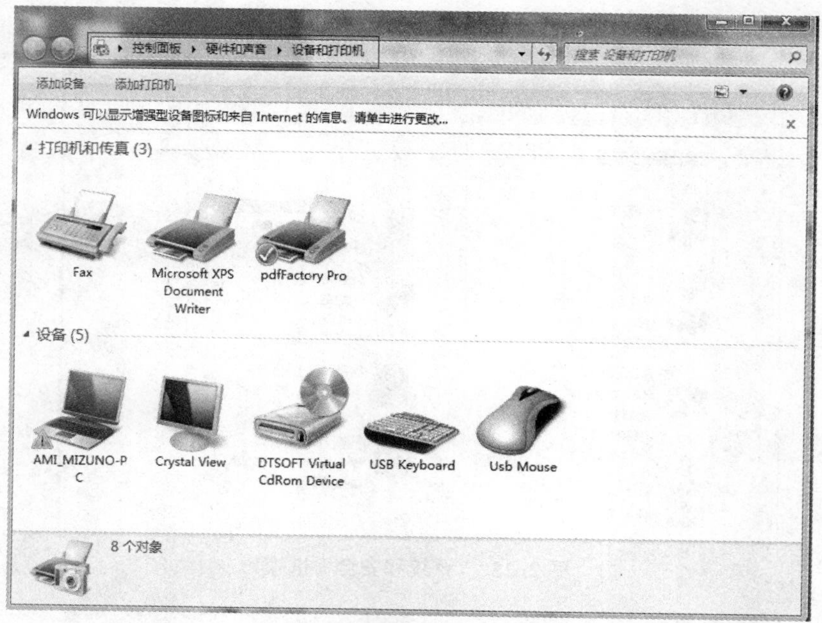

图 2–27 “添加打印机”界面

六、项目拓展

试着查看自己计算机的性能如何。

根据计算机硬件配置的基本要求等，检验 Windows 7 操作系统是否符合用户的需要，以及用户的计算机是否适合安装 Windows 7 操作系统。

项目四 Windows 7 外观和主题的设置

一、项目引入

王鑫的 Windows 7 操作系统安装好了，但是外观和主题都还只是系统默认的情况，这样缺少了个性化，而且默认的背景只是 Windows 7 的大标志，不是自己喜欢的形式，所以他想在系统内通过进一步的操作来进行修改。

二、项目分析

计算机的操作系统装好后，系统的设置都是默认的，为操作方便，需要对计算机系统做些个性化的设置。

三、相关知识

（一）个性化

可以通过更改计算机的主题、颜色、声音、桌面背景、屏幕保护程序、字体大小和用户账户图片来向计算机添加个性化设置，还可以为桌面选择特定的小工具。

（二）主题

主题包括桌面背景、屏幕保护程序、窗口边框颜色和声音，有时还包括图标和鼠标指针。可以从多个 Aero 主题中进行选择；可以使用整个主题，或通过更改图片、颜色和声音来创建自定义主题；还可以在 Windows 网站上联机查找更多主题。

1. 主题中包含的组件

1）Aero

Aero 是 Windows 7 的高级视觉体验，其特点是透明的玻璃图案中带有精致的窗口动画，以及全新的“开始”菜单、任务栏和窗口边框颜色。

2）声音

例如，可以更改接收电子邮件、启动 Windows 或关闭计算机时计算机发出的声音。

3）桌面背景

桌面背景（也称为“壁纸”）是显示在桌面上的图片、颜色或图案。它为打开的窗口提供背景。可以选择某个图片作为桌面背景，也可以以幻灯片形式显示图片。有关详细信息，请参阅“创建桌面背景幻灯片和更改桌面背景（壁纸）”。

2. 屏幕保护程序

屏幕保护程序是在指定时间内没有使用鼠标或键盘时，出现在屏幕上的图片或动画，可以选择各种 Windows 屏幕保护程序。

3. 字体大小

可以通过增加每英寸点数（DPI）比例来放大屏幕上的文本、图标和其他项目；还可以降低 DPI 比例以使屏幕上的文本和其他项目变得更小，以便在屏幕上容纳更多内容。

4. 用户账户图片

用户账户图片有助于标识计算机上的账户。该图片显示在欢迎屏幕和“开始”菜单上。可以将用户账户图片更改为 Windows 附带的图片之一，也可以使用自己的图片。

5. 桌面小工具

桌面小工具是一些可自定义的小程序，它能够显示不断更新的标题、幻灯片图片或联系人等信息，无须打开新的窗口。

四、项目实施

（一）“个性化”和“控制面板”窗口

在 Windows 7 操作系统中，用户有更大的调整设置的自由度和灵活性，桌面的设置是用户个性化工作环境最明显的体现。

Windows 7 系统设置离不开“个性化”和“控制面板”窗口，具体设置步骤如下：

（1）在桌面空白处单击鼠标右键，在弹出的快捷键菜单中选择“个性化”命令，如图 2–28 所示。

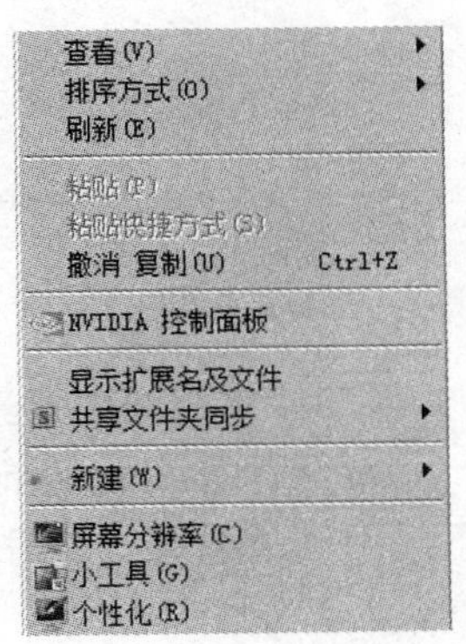

图 2–28 快捷菜单

（2）此时会弹出“个性化”窗口，如图 2–29 所示。要进入“控制面板”窗口，可单击左上方的“控制面板主页”选项。

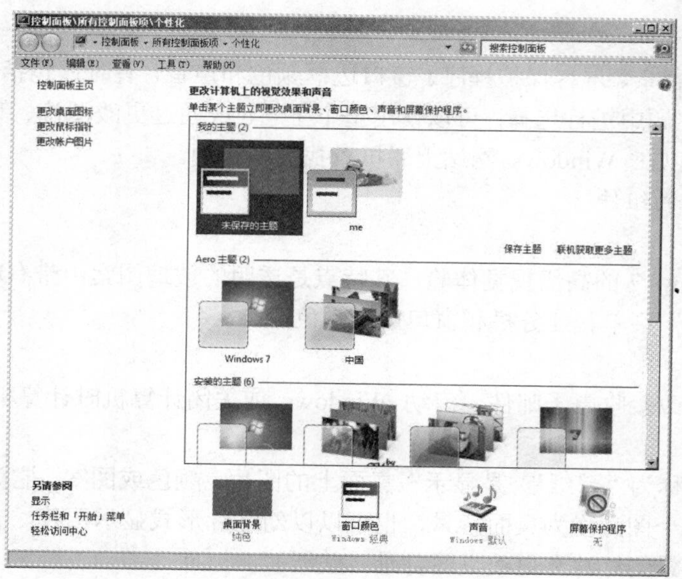

图 2–29 “个性化”窗口

（3）也可从“开始”菜单中进入“控制面板”窗口，如图 2–30 所示，“控制面板”窗口如图 2–31 所示。

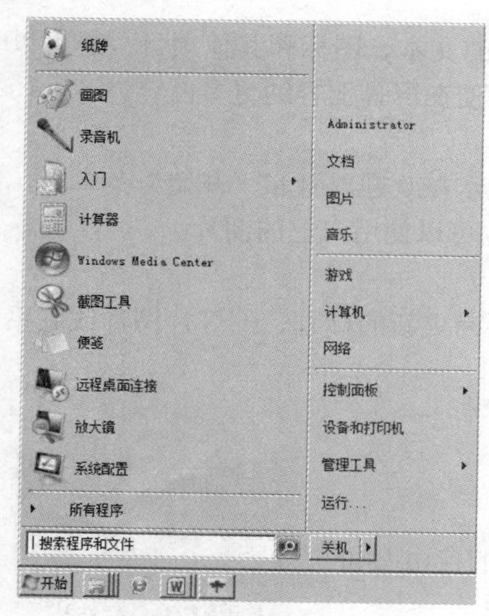

图 2–30 “开始”菜单

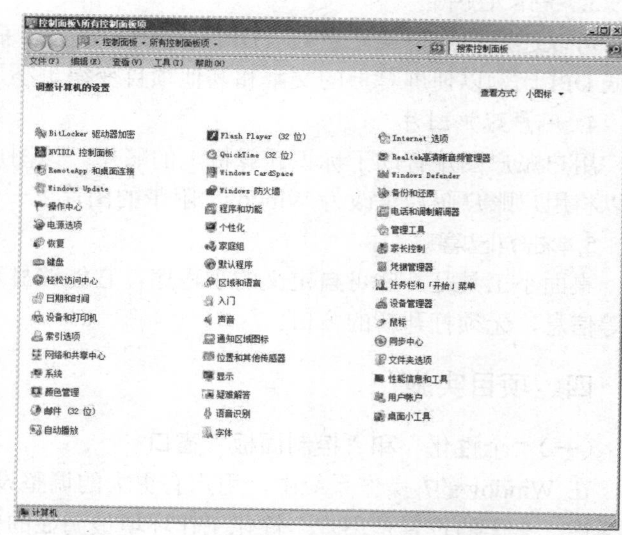

图 2–31 “控制面板”窗口

（二）更改桌面背景

桌面背景就是 Windows 7 操作系统桌面的背景图案，也称为壁纸。新安装的系统桌面背景采用的是系统安装时默认的设置，用户可以根据自己的爱好更换桌面背景。下面将介绍设置桌面背景的方法。

（1）打开“个性化”窗口，单击左下方的“桌面背景”选项，进入桌面背景窗口，即可设置桌面背景，如图 2–32 所示。

图 2–32 “桌面背景”对话框

（2）在“图片位置”下拉框中，可选择一组图片或一张图片（如果选择的是一组图片则可设置“更改图片时间间隔”和“无序播放”选项），在“图片位置”选项设置图片填充类型。

（3）设置完成后，单击“保存修改”按钮，即可完成桌面背景设置。

（三）更改主题

Windows 7 自带多个系统主题，主题是已经设计好的一套完整的系统外观和系统声音的设置方案。如果用户要更改主题，打开“个性化”窗口，单击自己喜欢的主题即可。

（四）设置屏幕保护程序

屏幕保护程序简称屏保，是专门用于保护计算机屏幕的程序，使显示器处于节能状态。在一定时间内，如果没有使用鼠标或键盘进行任何操作，显示器将进入屏保状态。需要时晃动一下鼠标或按下键盘上的任意键，即可退出屏保。若屏幕保护程序设置了密码，则需要用户输入密码才能进入原来的桌面。如果不需要使用屏保，可以将屏幕保护程序设置为“无”。

设置方法如下：

（1）单击“个性化”窗口右下角的“屏幕保护程序”选项，进入“屏幕保护程序设置”对话框，如图 2–33 所示。

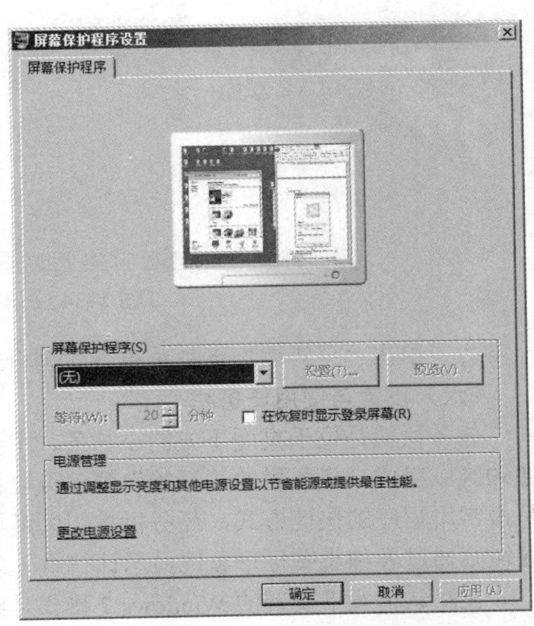

图 2–33 “屏幕保护程序设置”对话框

（2）在“屏幕保护程序”下拉框中选择一种屏幕保护程序，设置好“等待”时间，单击“确定”按钮即完成屏幕保护程序的设置。

（五）更改显示器分辨率

显示器的设置主要包括显示器的分辨率和刷新率，分辨率是指显示器所能显示点的数量，计算机显示画面的质量与屏幕分辨率息息相关。

不同尺寸的显示器分辨率设置是不同的，目前液晶显示器的屏幕多是 16:10 或 16:9 比例，16:10 屏对应分辨率有 1 280×800，1 440×900，1 680×1 050，1 920×1 200 等，16:9 屏对应分辨率有 1 280×720，1 440×810，1 680×945，1 920×1 080 等。

那么，如何确定自己显示器的最佳分辨率呢？方法非常简单，对液晶显示器而言，如果是原配显示屏和显卡，只需要把分辨率调整到范围最大值即可（注：一般与物理分辨率相同），如果是自配组装机，在未安装显示器驱动的前提下，只需参照上表比例选择一个最佳分辨率（一般也是最大值），保证可以满屏显示即可。如果你对设置分辨率没有把握，最好查看一下显示屏或笔记本电脑的说明书，上面有明确的分辨率支持列表。

设置方法如下：

（1）在桌面空白处单击鼠标右键，在弹出的快捷键菜单中选择“屏幕分辨率”命令，进入“屏幕分辨率”对话框，如图 2–34 所示。

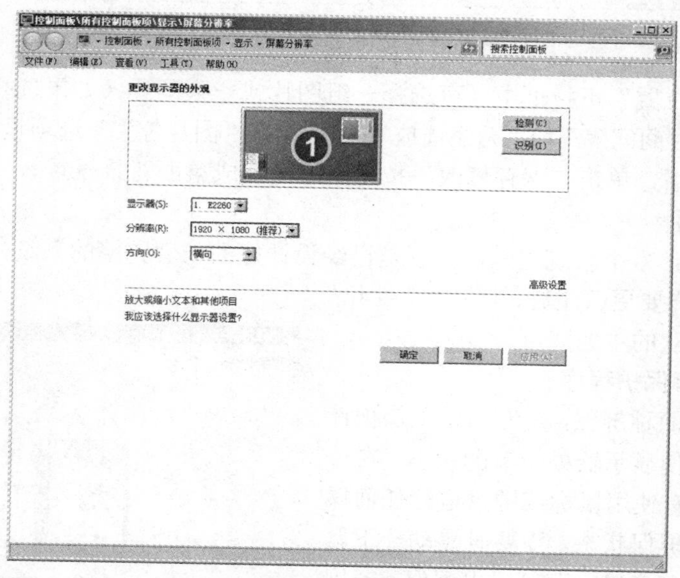

图 2–34 “屏幕分辨率”对话框

（2）单击“分辨率”下拉菜单设置到合适的分辨率。

（六）设置与使用任务栏

任务栏就是位于桌面下方的小长条，主要由“开始”菜单、快速启动栏、任务按钮区及通知区域组成。任务栏的“开始”菜单可以打开大部分已安装的软件，快速启动栏中存放的是最常用程序的快捷方式，任务栏按钮区是用户进行多任务工作时的主要区域之一，而通知区域则通过各种小图标形象地显示计算机软硬件的重要信息。

在默认情况下安装的 Windows 7 操作系统中，任务栏主要显示“开始”菜单和快速启动栏等内容。要对任务栏进行设置，在任务栏空白处单击鼠标右键，在弹出的快捷菜单中选择

“属性”命令，如图 2–35 所示，即可打开“任务栏和‘开始’菜单属性”对话框，如图 2–36 所示。

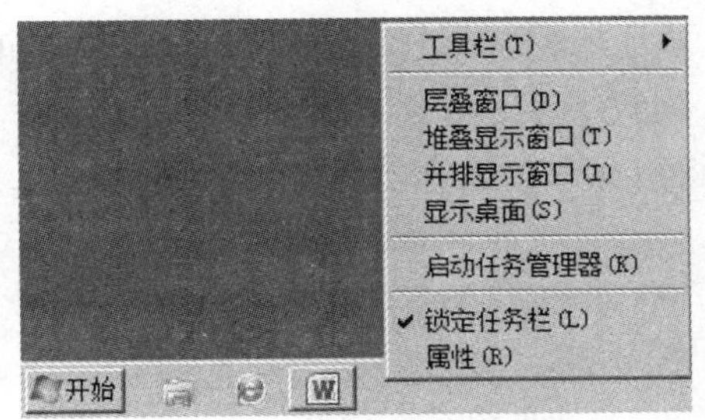

图 2–35 “属性”命令

1. 任务栏外观设置

在“任务栏外观”选项组中有多个复选框及设置效果选项，各复选框及选项的含义如下：

“锁定任务栏”复选框：选中该复选框，任务栏的大小和位置将固定不变，用户不能对其调整。

“自动隐藏任务栏”复选框：选中该复选框，任务栏将被隐藏起来，只有将鼠标靠近任务栏时，任务栏才会显示出来。

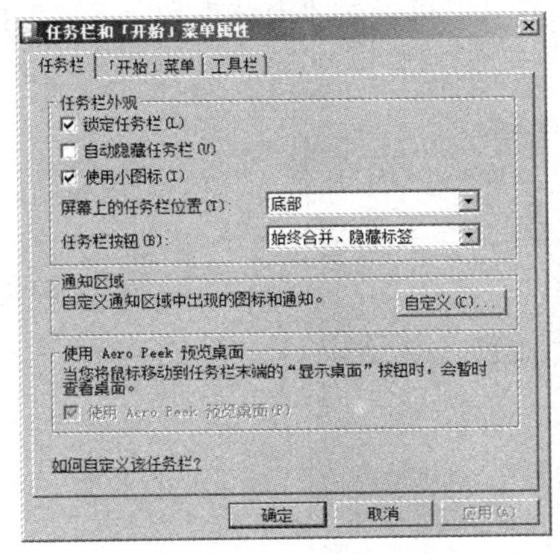

图 2–36 “任务栏和‘开始’菜单属性”对话框

“使用小图标”复选框：选中该复选框，任务栏上的图标以小图标形式显示。

“屏幕上的任务栏位置”选项：通过该选项的下拉列表可以设置任务栏在屏幕上的位置。

“任务栏按钮”选项：该选项右侧的下拉列表中有三个设置项，“始终合并、隐藏标签”选项可以把用户打开的内容按照文件夹、网页、文档等分组合并隐藏，在任务栏上只以小图标的形式显示，这样可以节省任务栏空间；“当任务栏被占满时合并”选项则只有在任务栏被占满时才进行合并；“从不合并”选项则不对任务栏上的内容进行合并。

2. 通知区域设置

在图 2–36 所示的“通知区域”栏单击右侧的“自定义”按钮打开“通知区域图标”窗口，如图 2-37 所示，即可对通知区域进行设置。

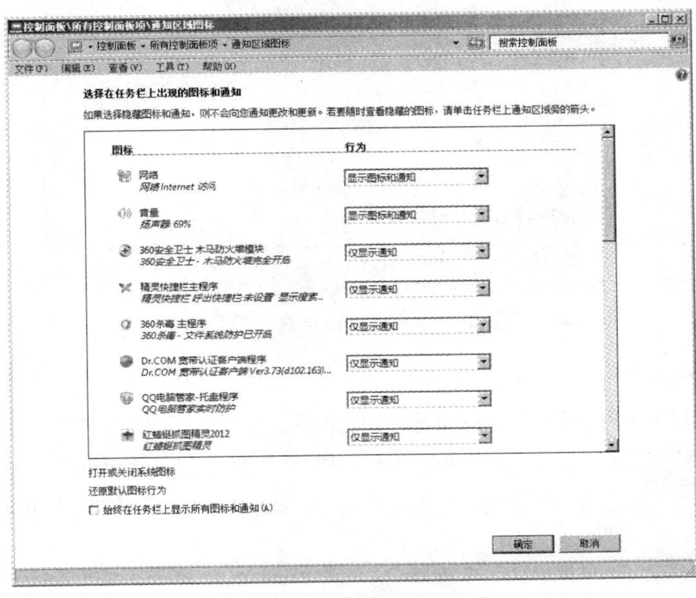

图 2–37 “通知区域图标”窗口

“通知区域图标”窗口显示所有正在执行的应用程序的图标和名称，可以在“行为”下拉列表中设定如何显示图标和通知。

（七）输入法和时间设置

计算机的输入法和计算机的显示时间是用户在使用计算机时最常用的两个基本功能，如果它们出现问题，会对用户的使用造成很大的麻烦，因此必须掌握对输入法和时间设置的基本方法。

1. 设置键盘输入法

在控制面板中单击“区域和语言”选项，打开“区域和语言”对话框，选择“键盘和语言”选项卡，如图 2–38 所示。单击“更改键盘”按钮，打开“文本服务和输入语言”对话框，如图 2–39 所示，在该对话框中可以添加、删除输入法，并且可以通过“上移”和“下移”按钮更改输入法的顺序。

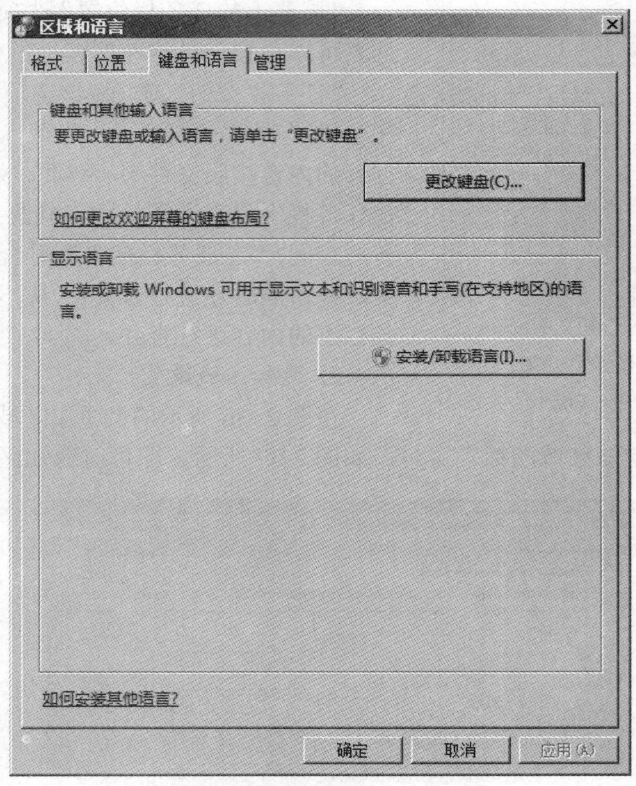

图 2–38 “键盘和语言”选项卡

2. 日期和时间设置

计算机的日期和时间默认显示在桌面的右下角，在控制面板中单击“日期和时间”选项，打开“日期和时间”对话框，如图 2–40 所示，单击“更改日期和时间”按钮，打开“日期和时间设置”对话框，如图 2–41 所示，通过该对话框可以设置系统的日期和时间。

五、项目总结

本项目介绍了 Windows 7 操作系统的基本知识，简单介绍了 Windows 7 的个性化设置，

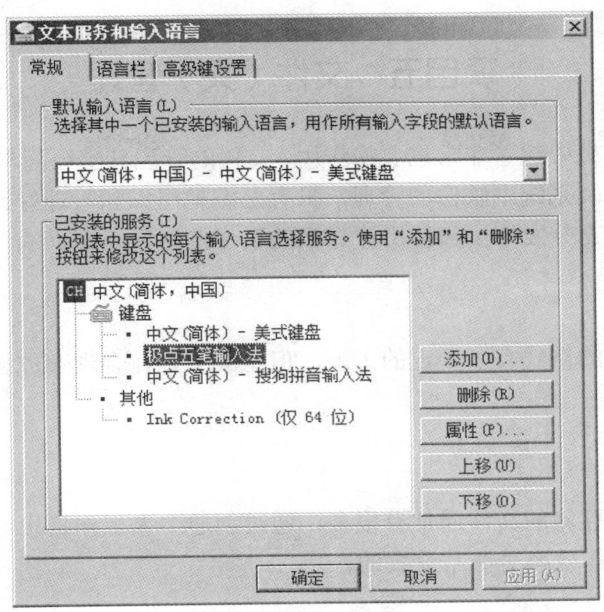

图 2-39 “文本服务和输入语言”对话框

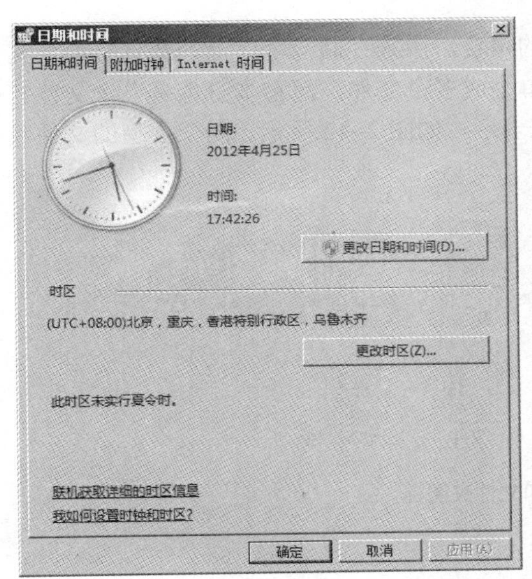

图 2-40 “日期和时间”对话框

图 2-41 “日期和时间设置”对话框

通过对计算机的主题、颜色、声音、桌面背景、屏幕保护程序、字体大小和用户账户图片的更改来向计算机添加个性化设置，以及为桌面选择特定的小工具。

六、项目拓展

试设置自己的个性化 Windows 7，更改桌面背景以及屏幕保护程序，将自己的照片设置成用户账户图片。

项目五　文件（夹）管理

文件管理在计算机中起着非常重要的作用，文件的管理其实很简单，主要包括账户管理、文件和文件夹管理以及系统中软件的管理，只有熟练地组织和管理好计算机中的文件，才能轻松当个文件管家，充分发挥用户使用计算机的工作效率。

一、项目引入

王鑫已经对文件的格式有了一定的了解，但是关于如何合理存放自己的文件，他还有一些疑问。

二、项目分析

在计算机中用户存储的文件通常有很多，通过创建个人工作目录能够很好地管理这些文件，对提高用户的工作效率是非常重要的。

三、相关知识

（一）文件与文件夹的概念

文件是存储在计算机硬盘上的一系列数据的集合，用来存储一套完整的数据资料。文件夹是用来存储文件的，也叫目录，它可以存放单个或多个文件，而它本身也是一个文件。在 Windows 7 操作系统中，文件用文件名和图标来表示，如图 2–42 所示，同一类型的文件具有相同的图标。

图 2–42　文件和文件夹图标

（二）文件的类型

在计算机中，存储的文本文档、电子表格、数字图片、歌曲等都属于文件。在 Windows 7 中不允许同一个位置存储两个名字相同的文件，为了区分不同的文件，需要给不同的文件命名，文件名包含名称和扩展名两部分，文件的扩展名决定了文件的类型，常用的文件类型和扩展名如表 2–3 所示。

表 2–3　常用文件类型和扩展名对照表

文件类型	扩展名	文件含义
图像文件	.jpeg、.bmp、.gif、.tiff	记录图像信息，如扫描后存在计算机中的图片

续表

文件类型	扩展名	文件含义
声音文件	.mp3、.wav、.wma、.mid	记录声音和音乐的文件
Office 文档	.docx、.doc、.xls、.xlsx、.ppt	Microsoft Office 办公软件使用的文件格式
文本文件	.txt	只记录文字的文件
字体文件	.fon、.ttf	为系统和其他应用程序提供字体的文件
可执行文件	.exe、.com、.bat	双击此类文件，可执行程序，如游戏
压缩文件	.rar、.zip	由压缩软件将文件压缩后形成的文件
网页动画文件	.swf	可用 IE 浏览器打开，是网上常用的文件
Pdf 文件	.pdf	Adobe Acrobat 文档
网页文件	.html	Web 网页文件
动态链接库文件	.dll	为多个程序共同使用的文件
影视文件	.avi、.rm、.flv、.mov、.mpeg	记录动态变化的文件，同时支持声音

（三）文件的属性

选择文件，然后在文件上单击鼠标右键，在快捷菜单中选择“属性”命令，可以打开“属性”对话框，如图 2–43 所示。

“属性”对话框中包含了一些文件的基本信息，如文件类型、位置、大小及创建、修改、访问的时间；还包括了文件的两种属性：只读、隐藏。因为文件类型的不同，打开的文件属性对话框也会有所不同。

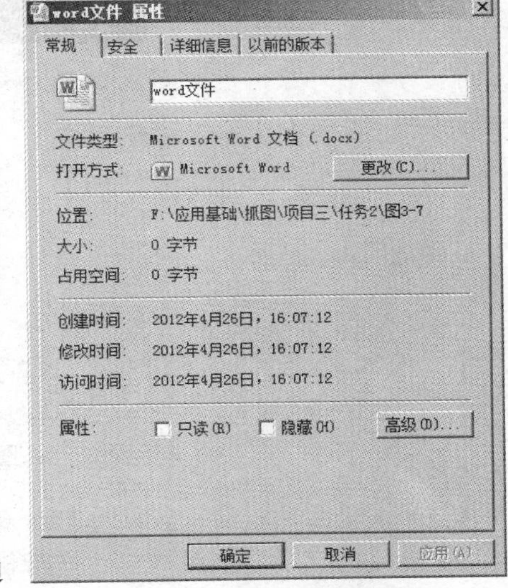

图 2–43 “属性”对话框

四、项目实施

（一）新建文件或文件夹

为了存储不同的文件和对不同的文件分类存储，用户需要新建文件或文件夹，新建文件或文件夹的方法通常有两种：

（1）通过鼠标右键快捷菜单创建。单击鼠标右键，在弹出的快捷菜单中选择“新建”命令，选择要新建的文件类型或文件夹，如图 2–44 所示。

（2）通过计算机窗口菜单创建。在“计算机”窗口下，单击“文件”→“新建”命令，选择要新建的文件类型或文件夹，如图 2–45 所示。

（二）创建个人工作目录

打开“计算机”窗口，选择“磁盘驱动器 H”，在右侧空白处单击鼠标右键，在弹出的快捷菜单中选择“新建”→“文件夹”命令，新建一个文件夹，输入文件夹名为“影视”，若文

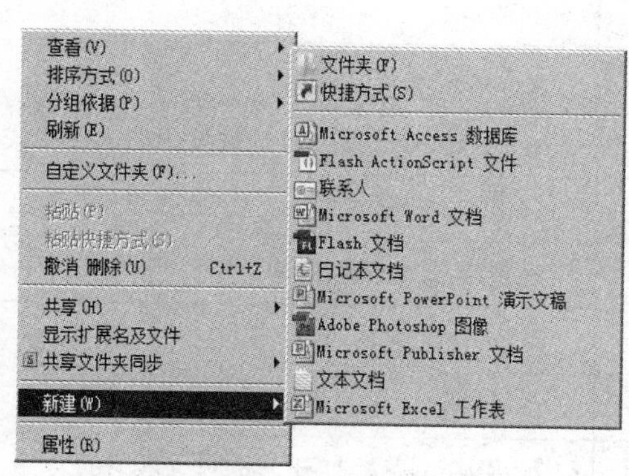

图 2–44 通过鼠标右键打开“新建”命令

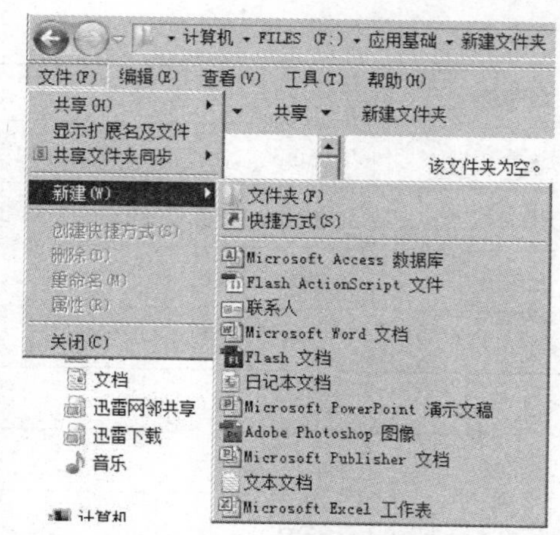

图 2–45 通过“文件”菜单打开“新建”命令

件夹新建后没有立即命名，则需要选中文件夹，单击鼠标右键，在弹出的快捷菜单中选择“重命名”命令，修改文件夹的名称，如图 2–46 所示。依次创建“影视”“软件”“图片”“文件”“学习”“音乐”“游戏”文件夹，组建自己的工作目录，如图 2–47 所示。

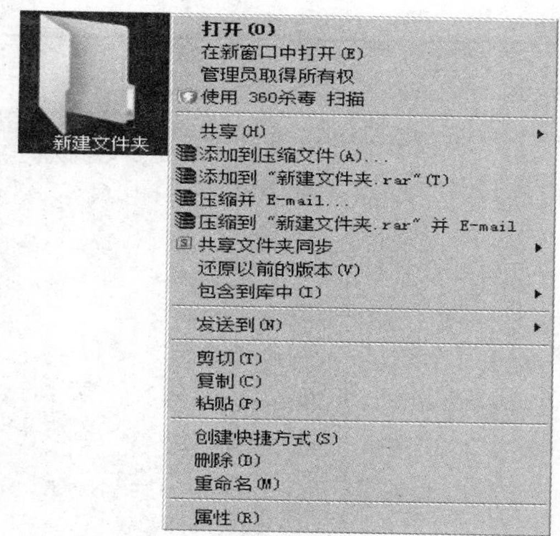

图 2–46 重命名文件夹

图 2–47 工作目录

（三）移动文件

如果很多文件堆放在一起，则显得很乱，不方便用户管理，当个人工作目录建好后，就可以将文件进行分类存储。下面将图 2–48 所示的文件分别移动到创建好的相应分类目录内，例如，要将 4 个 MP3 类型的音乐文件移动到“音乐”文件夹内，首先，选中 4 个文件后单击鼠标右键，在弹出的快捷菜单中选择“剪切”命令，然后进入“音乐”文件夹下，在空白处单击鼠标右键，在弹出的快捷菜单中选择“粘贴”命令，这些文件就被移动到“音乐”文件夹内。同样，依次将其他文件按类型移动到相应文件夹内。

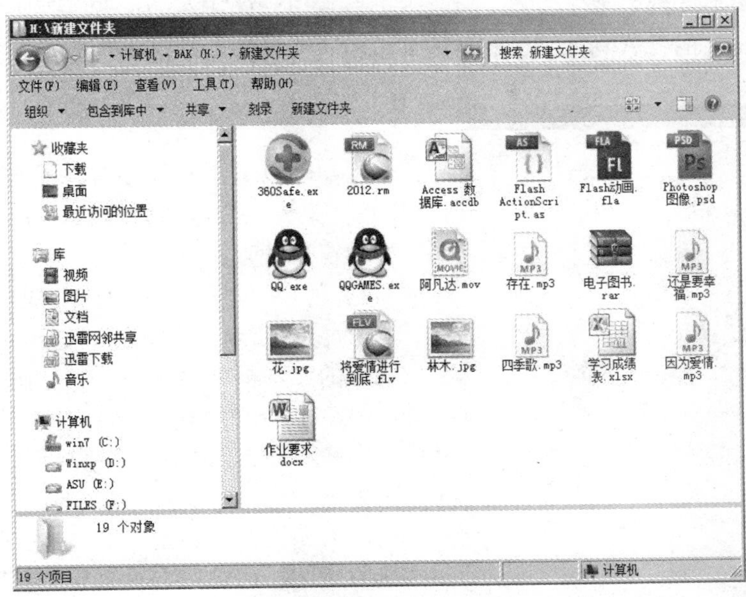

图 2–48 “新建文件夹”窗口

（四）创建快捷方式

对于经常使用的文件或文件夹我们希望能快速访问，此时，用户可以通过创建“快捷方式”，并把此快捷方式放到桌面上来实现快速访问。

例如，要为“学习”工作目录在桌面上创建快捷方式，操作方法为：选中“学习”文件夹，单击鼠标右键，在弹出快捷菜单中选择“发送到”→“桌面快捷方式”命令，如图 2–49

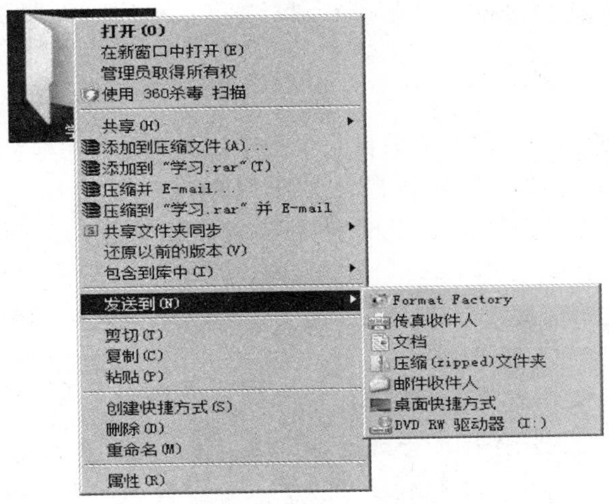

图 2–49 创建桌面快捷方式

所示。回到桌面就可以看到“学习”文件夹的快捷方式，双击该快捷方式可以快速访问“学习”文件夹。

（五）浏览与查看计算机中的文件

计算机可以存储的文件有很多，因此难免会忘记文件所在的位置，在需要使用该文件时可以使用 Windows 的搜索功能将其找出。Windows 7 的搜索功能十分强大，搜索界面也更加人性化。

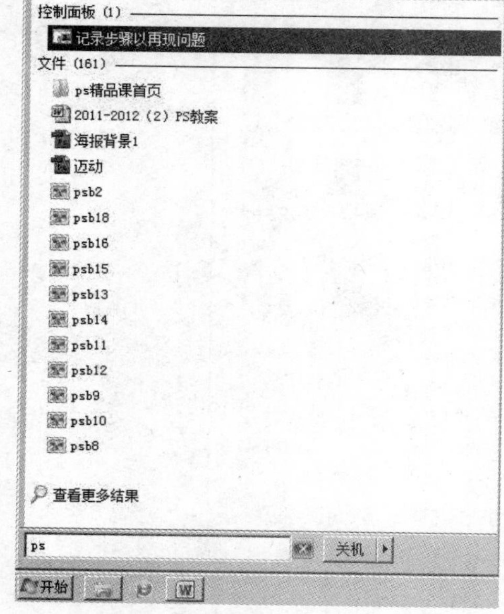

图 2–50　在“开始”菜单中搜索

1. 搜索文件和文件夹

用户可以采用两种方式进行搜索，一种是使用“开始”菜单搜索框进行搜索，另一种是使用“计算机”窗口搜索框进行搜索。

1）使用“开始”菜单搜索框

（1）单击“开始”按钮，打开“开始”菜单，在最底部的文本框中输入关键字。在关键字输入的同时，搜索过程已经开始，而且搜索速度很快，搜索结果在你键入关键字之后会立刻显示在“开始”菜单中，如图 2–50 所示。

（2）如果在“开始”菜单中的搜索结果中没有要找的文件，可以单击“查看更多”选项，打开文件夹窗口查看搜索结果。

2）使用“计算机”窗口搜索

（1）启动“计算机”窗口，在窗口右上角的搜索框中输入查询关键字，在输入关键字的同时系统开始进行搜索。进度条显示了搜索的进度，如图 2–51 所示。

图 2–51　在“计算机”窗口中搜索

“计算机”窗口中的搜索框仅在当前目录中搜索，因此只有在根目录“计算机”下才会以整台计算机为搜索范围。例如，进入 D 盘目录下，使用搜索栏进行搜索，则系统只在 D 盘中搜索目标文件。如果想在某个特定文件下搜索文件，应首先进入此文件夹目录下，然后在搜索框中输入关键字即可。

（2）用户可以通过单击搜索框启动“添加搜索筛选器”选项，通过设置“搜索筛选器”来提高搜索精度，如图 2–52 所示。

2. 以不同方式显示文件

在“文件夹”窗口中可用不同的方式显示文件，便于用户查阅文件。在“文件夹”窗口右侧单击 按钮，在弹出的下拉列表中提供了 8 种显示方式，如图 2–53 所示，用户可改变文件的显示方式。单击 按钮可以控制是否显示预览窗格，如图 2–54 所示。

图 2–52　通过“搜索筛选器”搜索

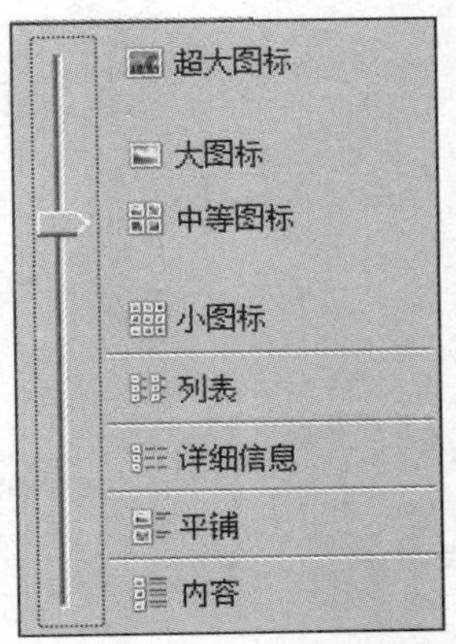

图 2–53　“显示方式”命令

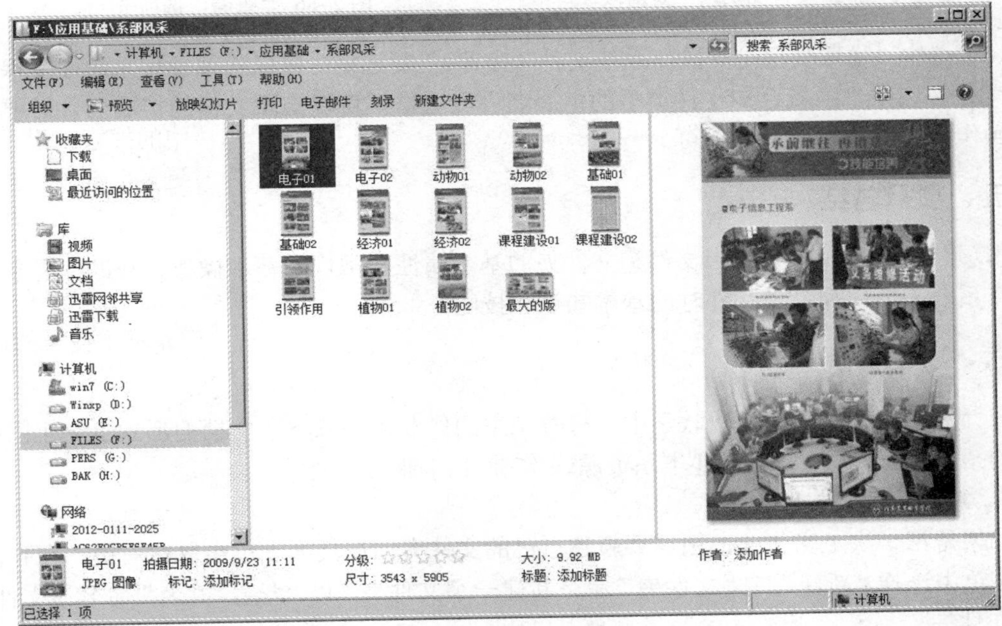

图 2–54　“文件夹”的预览窗格

3. 查看隐藏文件

在计算机中，有些文件和文件夹被隐藏了起来（用户也可自己隐藏文件），如果要显示隐藏的文件或文件夹。操作方法如下：

（1）在“计算机”窗口的菜单中，选择“工具”→“文件夹选项”命令，打开“文件夹选项”对话框，如图 2–55 所示。

（2）单击“查看”选项卡，选中“显示隐藏的文件、文件夹和驱动器”选项，如图 2–56 所示，单击“确定”或“应用”按钮，即可显示隐藏的文件。相反，如果不想显示隐藏的文件，可选择“不显示隐藏的文件、文件夹或驱动器”选项。

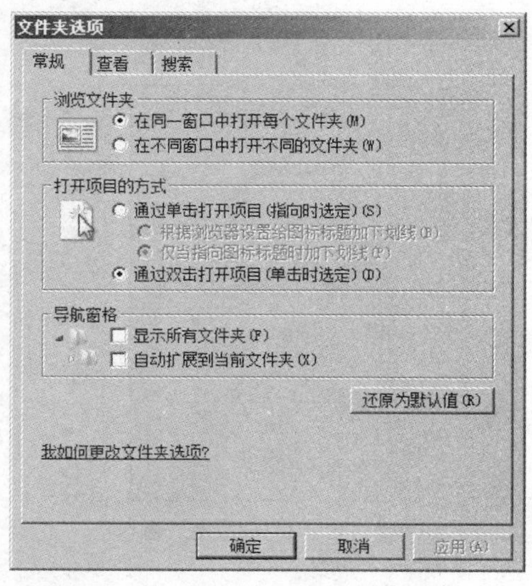

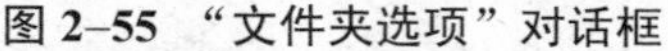
图 2–55 “文件夹选项”对话框

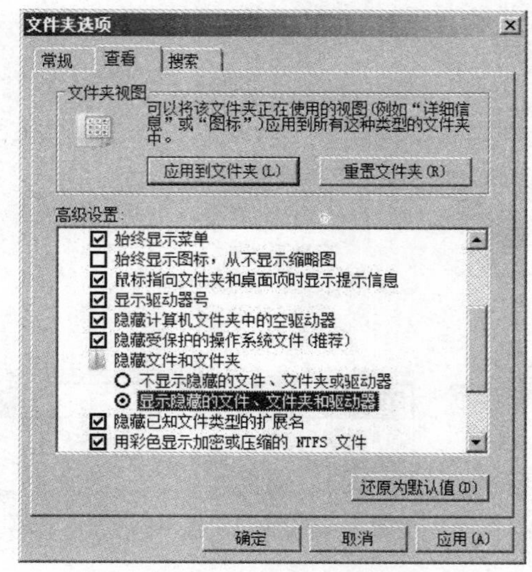

图 2–56 “查看”选项卡

（3）选中“隐藏受保护的操作系统文件（推荐）”复选框，可以隐藏操作系统中受保护的重要文件，选中“隐藏已知文件类型的扩展名”复选框，可以隐藏文件的扩展名，若要执行相反操作只需去掉相应选项即可。

五、项目总结

本项目介绍了操作系统中文件和文件夹的基本属性和常规的基本操作，帮助读者掌握使用操作系统来使用和管理文件时的基本知识和技能。

六、项目拓展

在计算机应用基础的实践教学中，有时学生的作业需要以电子文档的形式上交至网络服务器的指定位置，例如“\\accd\本系资源\交作业处\作业上交处”。

1. 建立个人文件夹

如果是第一次上交作业，则需要新建自己的文件夹，在桌面上单击鼠标右键，在弹出的快捷菜单中选择“新建”→“文件夹”命令新建一个文件夹，以“学号 姓名”命名该文件夹。如“01 张三”。

2. 移动作业至个人文件夹

选择做好的作业，单击鼠标右键，在弹出的快捷菜单中选择“剪切”命令，然后进入个人文件夹，在空白处单击鼠标右键，在弹出的快捷菜单中选择“粘贴”命令，此时作业文件就被移动到了个人文件夹内。

3. 作业上交

在桌面上双击“计算机”或“网络”图标，在打开的“计算机”或“网络”窗口的地址栏内输入作业上交的地址，例如“\\accd\本系资源\交作业处\作业上交处”，打开作业上交的目标位置。选择刚才创建的个人文件夹，使用剪切命令，将个人文件夹移到交作业处。若交作业处已有自己的个人文件夹，则只需移动本次作业文件即可。

项目六　网络基础与应用

一、项目引入

本项目的任务要求是网络环境下个人计算机的典型设置。这些设置分为网络连接的设置、文件夹共享的设置、上网浏览器的设置、收发邮件环境的设置和网络即时通信环境的设置。

二、项目分析

完成本项目需要解决的问题：

网络连接设置是在完成个人计算机与网络的物理连接后所必须完成的逻辑连接。该逻辑连接主要通过本地连接属性设置来完成，其中，TCP/IP（或 Internet 协议）属性是随着上网地点的不同而经常变化的，其他属性则可以用默认的设置，并且一经设置很少改变。

三、相关知识

网络并不新鲜。在计算机时代早期，众所周知的巨型机时代，计算机世界被称为分时系统的大系统所统治。分时系统允许通过只含显示器和键盘的哑终端来使用主机。哑终端很像 PC，但没有它自己的 CPU、内存和硬盘。靠哑终端，成百上千的用户可以同时访问主机。这是如何工作的呢？由于分时系统的威力，它将主机时间分成片，给用户分配时间片。片很短，会使用户产生错觉，以为主机完全为他所用。

在 20 世纪 70 年代，大的分时系统被更小的微机系统所取代。微机系统在小规模上采用了分时系统。所以说，并不是直到 20 世纪 70 年代 PC 发明后才有了今天的网络。

远程终端计算机系统是在分时计算机系统基础上，通过 Modem（调制解调器）和 PSTN（公用电话网）向地理上分布的许多远程终端用户提供共享资源服务的。这虽然还不能算是真正的计算机网络系统，但它是计算机与通信系统结合的最初尝试。远程终端用户似乎已经感觉到使用“计算机网络”的味道了。

在远程终端计算机系统基础上，人们开始研究把计算机与计算机通过 PSTN 等已有的通信系统互连起来。为了使计算机之间的通信连接可靠，建立了分层通信体系和相应的网络通信协议，于是诞生了以资源共享为主要目的的计算机网络。由于网络中计算机之间具有数据交换的能力，提供了在更大范围内计算机之间协同工作、实现分布处理甚至并行处理的能力，联网用户之间直接通过计算机网络进行信息交换的通信能力也大大增强。

1969 年 12 月，Internet 的前身——美国的 ARPA 网投入运行，它标志着我们常说的计算机网络的兴起。这个计算机互联的网络系统是一种分组交换网。分组交换技术使计算机网络的概念、结构和网络设计方面都发生了根本性的变化，它为后来的计算机网络打下了基础。

20 世纪 80 年代初，随着 PC 个人微机应用的推广，PC 联网的需求也随之增大，各种基于 PC 互联的微机局域网纷纷出台。这个时期微机局域网系统的典型结构是在共享介质通信网平台上的共享文件服务器结构，即为所有联网 PC 设置一台专用的可共享的网络文件服务器。PC 是一台“麻雀虽小，五脏俱全”的小计算机，每个 PC 用户的主要任务仍在自己的 PC 上运行，仅在需要访问共享磁盘文件时才通过网络访问文件服务器，体现了计算机网络中各计算机之间的协同工作。由于使用了较 PSTN 速率高得多的同轴电缆、光纤等高速传输介质，PC 网上访问共享资源的速率和效率大大提高。这种基于文件服务器的微机网络对网内计算机进行了分工：PC 面向用户，微机服务器专用于提供共享文件资源。所以它实际上就是一种客户机/服务器模式。

计算机网络系统是非常复杂的系统，计算机之间相互通信涉及许多复杂的技术问题，为实现计算机网络通信，计算机网络采用的是分层解决网络技术问题的方法。但是，由于存在不同的分层网络系统体系结构，它们的产品之间很难实现互联。为此，国际标准化组织（ISO）在 1984 年正式颁布了“开放系统互联基本参考模型”OSI 国际标准，使计算机网络体系结构实现了标准化。

进入 20 世纪 90 年代，计算机技术、通信技术以及建立在计算机和网络技术基础上的计算机网络技术得到了迅猛的发展。特别是 1993 年美国宣布建立国家信息基础设施 NII 后，世界上许多国家纷纷制定和建立本国的 NII，从而极大地推动了计算机网络技术的发展，使计算机网络进入了一个崭新的阶段。目前，全球以美国为核心的高速计算机互联网络即 Internet 已经形成，Internet 已经成为人类最重要的、最大的知识宝库。而美国政府又分别于 1996 年和 1997 年开始研究发展更加快速可靠的互联网 2（Internet 2）和下一代互联网（Next Generation Internet）。可以说，网络互联和高速计算机网络正向最新一代的计算机网络的发展方向。

四、项目实施

（一）完成计算机与网络的逻辑连接

在断网状态下，可以进行本地连接和无线连接，如果需要本地连接，直接插网线就可以；如果要进行无线连接，单击图 2–57 所示图标，选中要连接的无线信号就可以了，如图 2–58 所示。

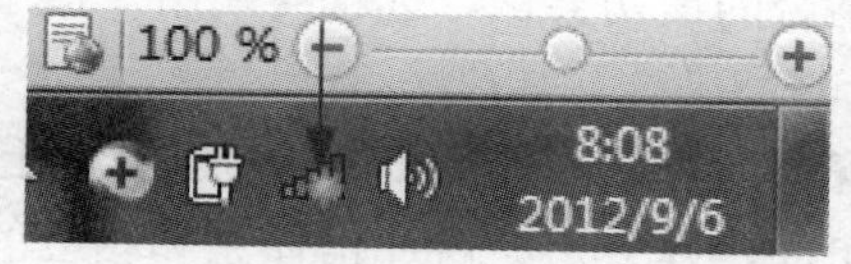

图 2–57　网络未连接的状态

图 2–58　无线已连接上的状态

如果要断开网络，单击图 2–58 或图 2–59 所示图标，将需要断开的网络信号断开就可以了。

如果显示图 2–60 所示图标，右击此项图标选择“打开网络或共享中心”。

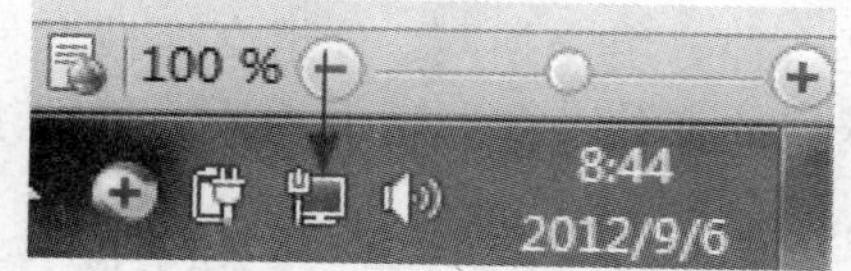

图 2–59　本地连接已连接上的标志

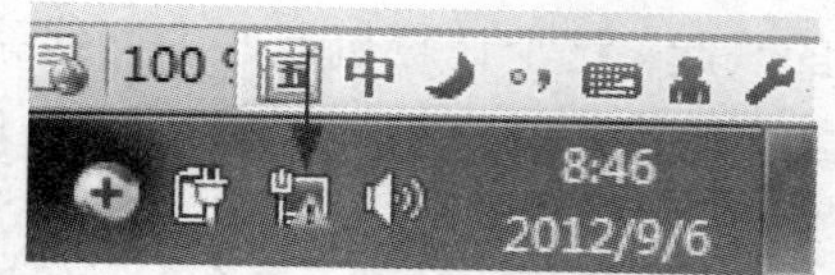

图 2–60　网线连接配置有问题

从图 2–61 中可以看到，网络是不通的，单击红色叉叉，会出现图 2–62 所示过程，以及图 2–63 所示结果，如果是自动获取 IP 的，则图 2–63 中会自动修复成功，但是如果是非自动获取 IP，是修复不了的，我们要进行设置。

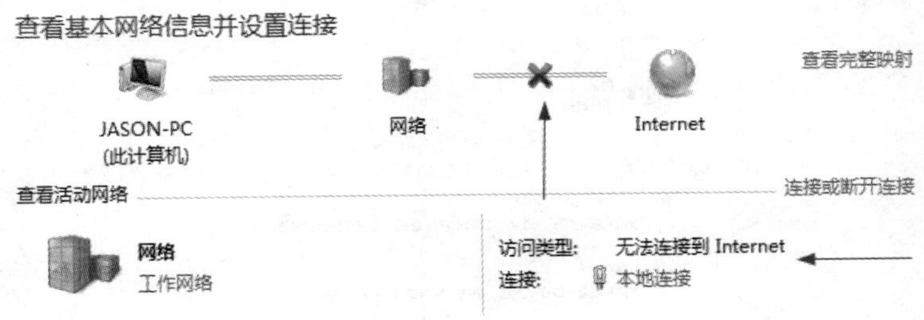

图 2–61　打开网络和共享中心

图 2–62　Windows 网络诊断

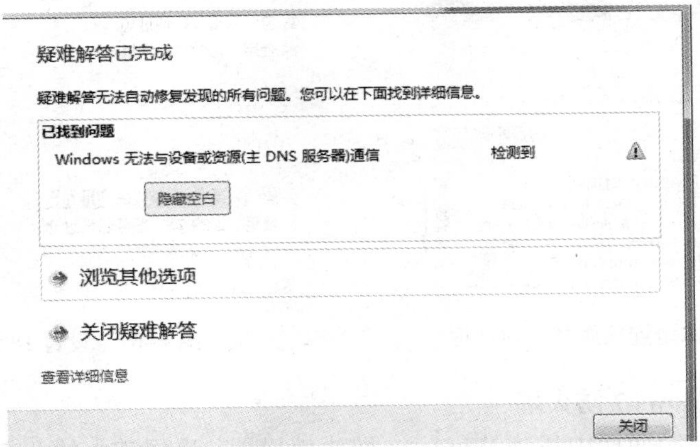

图 2–63　自动获取和手动获取的设置

在“网络和共享中心”界面中，单击图 2–64 箭头所示图标，然后会出现图 2–65 所示状态。

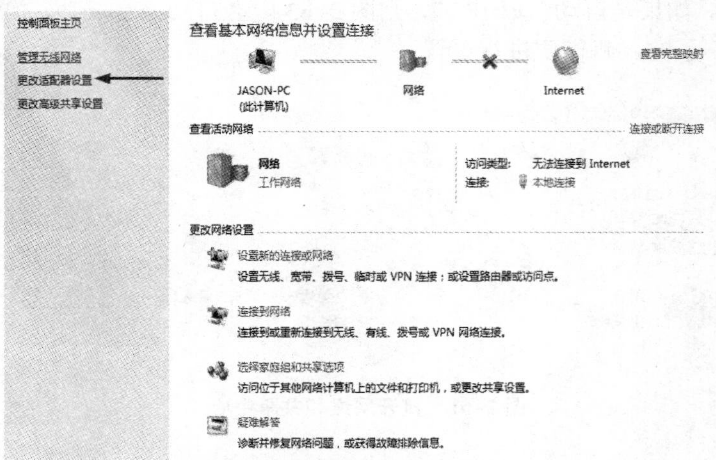

图 2–64 “网络和共享中心”界面

图 2–65 本地连接

然后在本地连接或无线网络连接处单击鼠标右键，选择“属性”选项。无线和本地改法一样，所以只讲一个将箭头 1 所指的滚动条下拉，双击箭头 2 所指 Internet 协议版本 4（TCP/IPv4）。

这里单击选择“自动获得 IP 地址”选项，如果需要指定 IP，就向网络管理员索取。

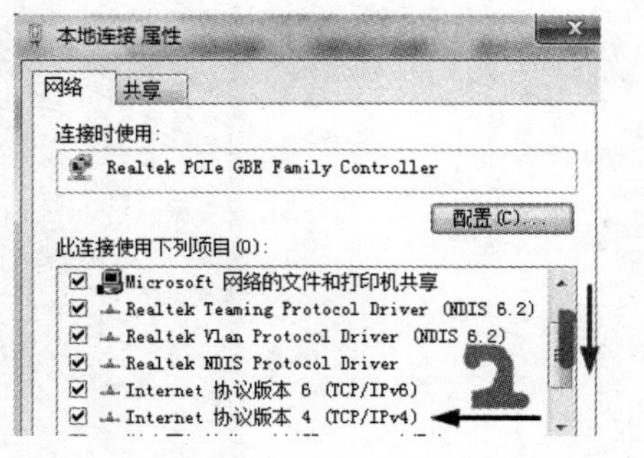

图 2–66 “本地连接属性”对话框

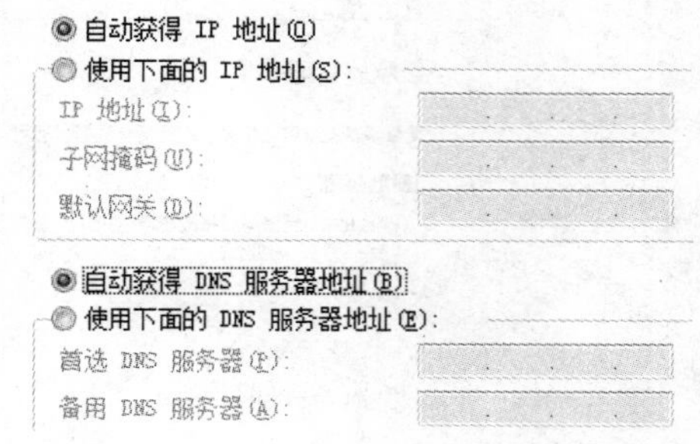

图 2–67 设置 IP 地址

（二）启用 Windows 7 防火墙

在 Windows 7 控制面板中找到 Windows 防火墙设置，选择其中的“启用或关闭 Windows 防火墙”选项，如图 2–68、图 2–69 所示。

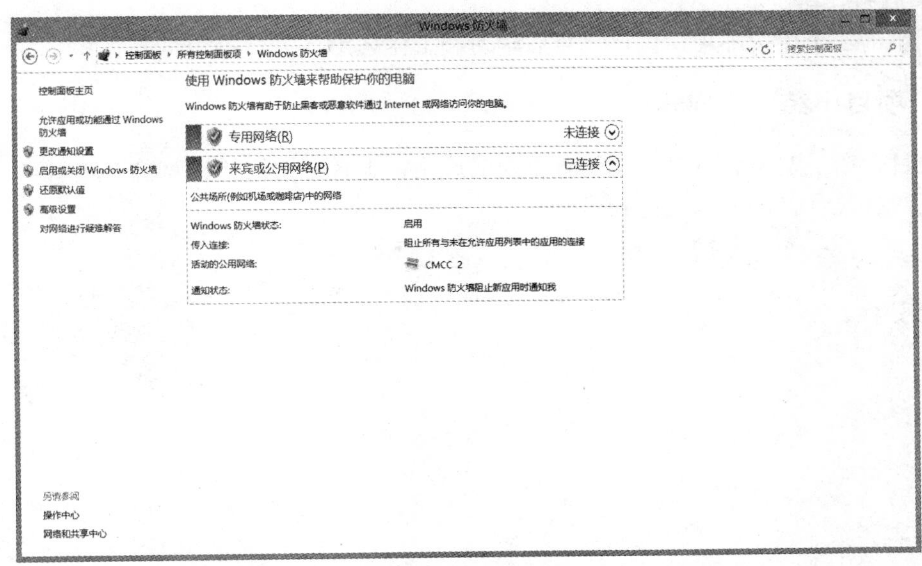

图 2–68　选择“启用或关闭 Windows 防火墙”选项

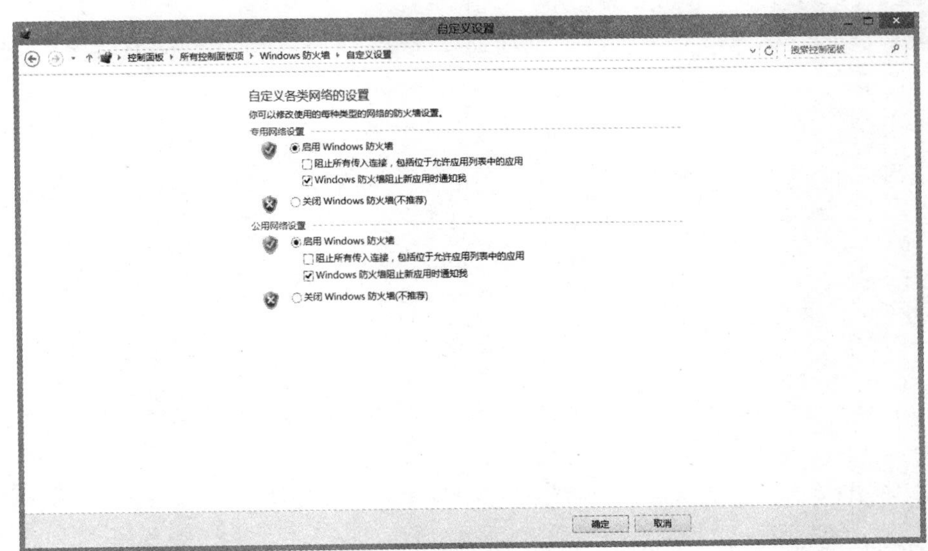

图 2–69　“自定义设置”界面

五、项目拓展

1. 拓展项目一

试观察各自计算机的 IP 地址和相邻同学计算机的 IP 地址，并比较这两种 IP 地址，找出它们的相同之处和不同之处，然后试着用 PING 命令测试本计算机与相邻计算机的连接性，最后，请按域名方法测试一些知名网站的连通性。

以上练习在启用 Windows 防火墙后再试试。

2. 拓展项目二

分别申请三个免费邮箱，供自己今后学习和工作之用。

六、项目小结

本项目介绍了 Windows 7 下网络各方面的应用，配置好网络让计算机连上网络，设置防火墙保证网络安全。

Word 2010 操作应用

Word 2010 是微软公司推出的一款功能强大的文字处理软件，属于 Office 2010 软件中的一个重要产品，是目前常用的文字处理软件之一。Word 2010 界面友好，工具丰富多彩，操作一目了然，除了具有文字格式设置、段落设置、文字排版、表格处理、图文混排等功能外，还能方便快捷地进行屏幕截图和简单抠图、编辑和发送电子邮件，甚至可以编辑和发布个人博客。Word 2010 已被广泛应用于各种办公文档的处理，是提高文字能力和效率，以及实现无纸化办公中不可或缺的工具和助手。

项目一　文档的编辑与排版

一、项目引入

王巧是一名应届毕业生，进入广东某科技公司实习，由于公司发展壮大，近期招聘了一批计算机专业人才。新员工上岗之前需要进行培训，公司领导专门制定了一套完整的办公设备管理手册，让王巧用 Word 2010 制作出来，供新员工培训使用。

二、项目分析

办公设备管理手册是一种常见的办公文档。王巧了解到制作办公设备管理手册需要用到文档的建立、文本的输入与编辑、文本的格式设置、符号和日期、项目符号和编号、文档的保存、文本的查找与替换等功能。

三、相关知识

文字处理是最基础的日常工作之一，文字处理软件是计算机上最常见的办公软件，用于文字的格式化和排版。Word 2010 是微软公司推出的 Office 2010 办公套件中的重要组件，是全球通用的文字处理软件，也是日常办公使用频率最高的文字处理软件，适用于制作各种文档。Word 2010 界面友好、功能强大，为用户提供了一个智能化的工作环境。

1. 文档的建立

建立文档一般有四种方法，常用的方法是：直接启动 Word，自动建立一个名为“文档 1”

的 Word 文档。

2. 文本的输入与编辑

编辑文本主要指选定文本、移动与复制文本，以及查找和替换文本。

3. 文本的格式设置

文本的格式设置包括设置字符的格式与设置段落的格式，主要可以设置文本的字体、字号、字形、颜色等，以及设置段落的对齐方式、缩进等。

4. 符号和日期

符号主要指的是一些无法从键盘上直接输入的特殊符号，有时还需要输入日期和时间。

5. 项目符号和编号

项目符号和编号是放在文本前的点或其他符号，起到强调作用。合理使用项目符号和编号，可以使文档的层次结构更清晰、更有条理。

6. 文档的保存

如果是新建的文档，需要选择“文件”列表中的“保存”命令，在“另存为”对话框中进行保存；如果是已经存在的文档，若不需要修改文件名或文件存放位置，可以直接选择“文件”列表中的“保存”命令；若需要修改文件名或文件位置，可以选择“文件”列表中的“另存为”命令，打开“另存为”对话框进行保存。

7. 文本的查找与替换

查找文本是指从指定的文档中根据指定的内容查找到匹配的文本。而替换文本则是在指定的文档中根据指定的内容查找出匹配的文本后，用其他文本来替换掉原文本。替换文本还可以用设置过格式的文本替换掉没有设置格式的文本。

四、项目实施

（一）Word 2010 的启动与退出

1. 启动 Word 2010

启动 Word 2010 的方法有很多种，常用的启动方法主要有三种。

（1）菜单方式。单击“开始”→“程序”→“Microsoft Office”→“Microsoft Word 2010”命令，即可启动 Word 2010。

（2）快捷方式。双击建立在 Windows 桌面上的“Microsoft Office Word 2010”快捷方式图标或快速启动栏中的图标即可快速启动 Word 2010。

（3）双击某一已经创建好的 Word 文档，在打开该文档的同时，启动 Word 2010 应用程序。

2. 退出 Word 2010

常用的退出 Word 2010 的方法有三种。

（1）单击 Word 2010 窗口右上角的“关闭”按钮。

（2）单击“文件”列表中的“退出”命令。

（3）双击 Word 2010 窗口左上角的图标，或单击该图标，选择“关闭”命令。

（二）熟悉 Word 2010 的工作界面

从 Word 2007 起，Word 打破了原有的 Office 软件“菜单+工具栏”的模式，采用了全新的用户界面，Word 2010 工作界面由标题栏、选项卡标签、快速访问工具栏、功能区、编辑窗口、状态栏、视图按钮和显示比例等组成，如图 3–1 所示。

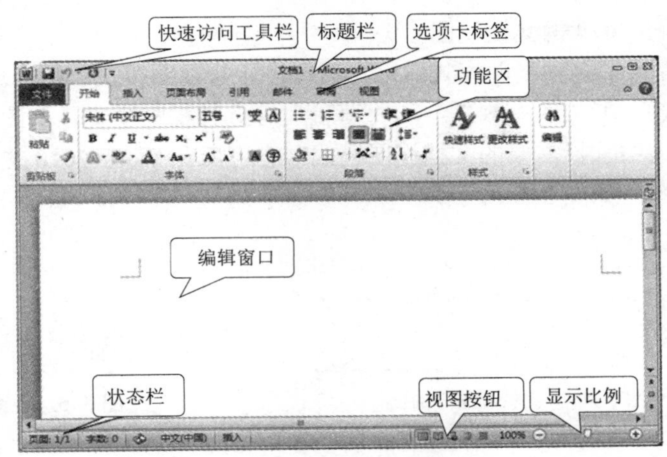

图 3–1 Word 2010 工作界面

1. 标题栏

显示正在编辑的文档的文件名及所使用的软件名。其中还包括标准的“最小化”“最大化”（或“还原”）和“关闭”按钮。

2. 选项卡标签

选项卡标签位于标题栏的下方，由文件列表和开始、插入、页面布局、引用、邮件、审阅、视图和加载项八项标签组成，每个标签下都有相应的功能。

3. 功能区

功能区有工作时需要用到的命令按钮。功能区的外观会根据监视器的大小改变。Word 2010 通过更改控件的排列来压缩功能区，以便适应较小的监视器。

4. 状态栏

状态栏位于 Word 2010 窗口的最下方，用来显示该文档的基本数据，如“页面：1/1”表示该文档一共有 1 页，当前显示的是第 1 页；“字数”显示文档的字数，单击可打开“字数统计”对话框，如图 3–2 所示。

5. 显示比例

显示比例可用于更改正在编辑文档的显示比例设置。Word 2010 有两种调整显示比例的方法。第一种方法是用鼠标拖动位于 Word 2010 窗口右下角的显示比例按钮，向⊕拖动将放大显示比例，向⊖拖动则缩小显示比例。第二种方法是选择“视图”选项卡“显示比例”组中的显示比例，进行显示比例的设置，如图 3–3 所示。在“显示比例”组中还可以设置显示时的页数及页宽。

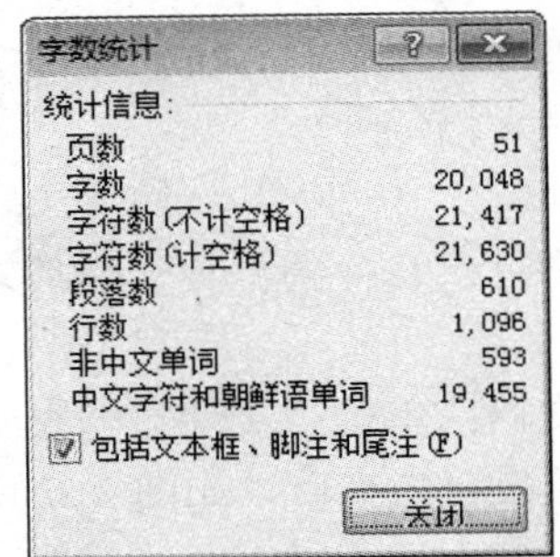

图 3–2 “字数统计”对话框

图 3–3 “显示比例”组

（三）了解 Word 2010 的文档视图

Word 2010 中提供了多种视图模式供用户选择，这些视图模式包括“页面视图”“阅读版式视图”“Web 版式视图”“大纲视图”和“草稿”等五种视图模式，如图 3–4 所示。用户可以在“视图”功能区中选择需要的文档视图模式，也可以在 Word 2010 文档窗口的右下方单击视图按钮选择视图，如图 3–5 所示。

图 3–4 “文档视图”组

图 3–5 视图按钮

1. 页面视图

“页面视图”可以显示 Word 2010 文档的打印结果外观，主要包括页眉、页脚、图形对象、分栏设置、页面边距等元素，是最接近打印结果的页面视图。

2. 阅读版式视图

“阅读版式视图”以图书的分栏样式显示 Word 2010 文档，“文件”按钮、功能区等窗口元素被隐藏起来。在阅读版式视图中，用户还可以单击“工具”按钮选择各种阅读工具。

3. Web 版式视图

“Web 版式视图”以网页的形式显示 Word 2010 文档，Web 版式视图适用于发送电子邮件和创建网页。

4. 大纲视图

“大纲视图”主要用于 Word 2010 文档的设置和显示标题的层级结构，并可以方便地折叠和展开各种层级的文档。大纲视图广泛用于 Word 2010 长文档的快速浏览和设置。

5. 草稿

“草稿”取消了页面边距、分栏、页眉页脚和图片等元素，仅显示标题和正文，是最节省计算机系统硬件资源的视图方式。当然现在计算机系统的硬件配置都比较高，基本上不存在由于硬件配置偏低而使 Word 2010 运行遇到障碍的问题。

（四）文档的创建与打开

在使用 Word 2010 过程中，首先要创建文档，而后编辑。在退出程序时必须保存文档才不会丢失所做工作。保存文档时，文档会以文件的形式存储在计算机上，用户可以在以后打开、更改和打印该文件。

1. 创建新的文档

单击“文件”列表中的“新建”命令，弹出“可用模板”对话框，如图 3–6 所示，选择“空白文档”，单击“创建”按钮，即可新建一个空白文档。

2. 打开已有文档

若要打开文档，则执行下列操作：将鼠标定位到存储文件的位置，然后双击该文件。此时将显示 Word 2010 启动画面，然后显示该文档。

用户也可以在 Word 2010 中采用以下方式打开文档：单击“文件”列表中的“打开”命令，找到文档存储的位置并选中，单击“打开”按钮或双击文档，如图 3–7 所示。若要打开最近保存的文档，可单击“最近所用文件”选项，如图 3–8 所示。

图 3–6 “可用模板”对话框

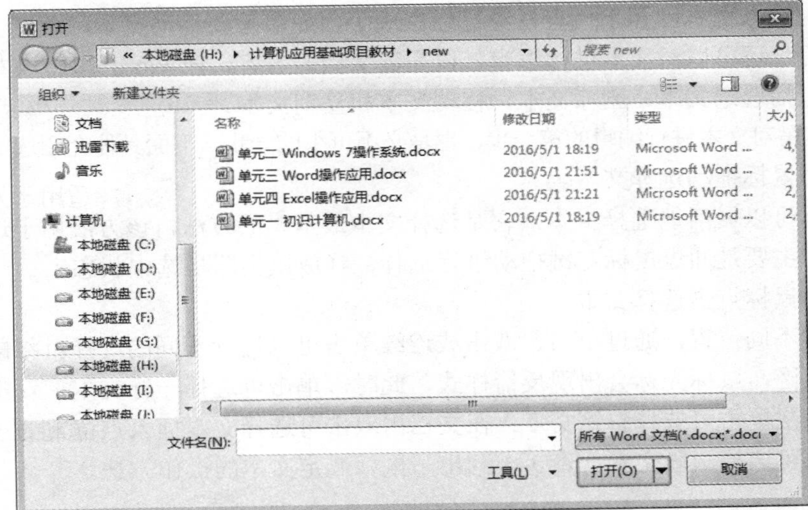

图 3–7 “打开”对话框

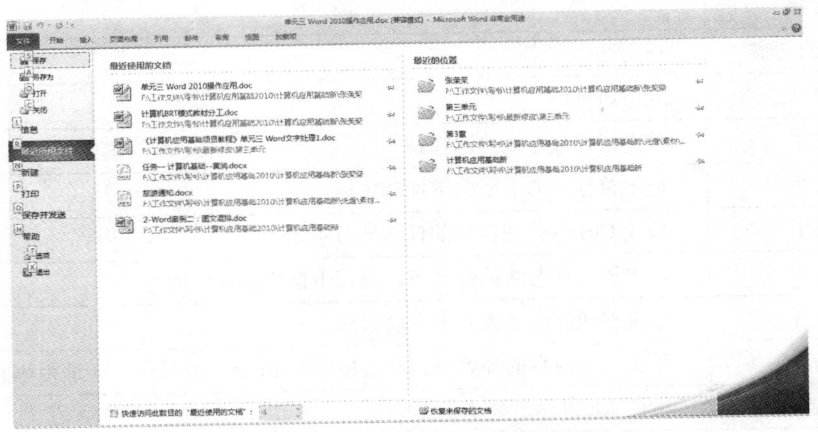

图 3–8 打开最近使用文件

（五）文档的输入与编辑

1. 文档的输入

在 Word 中输入文本是创建一个完整文档的主要操作，通过输入文本来充实空白文档，赋予文档实际意义，这也是制作文档的第一步。启动 Word 2010，新建文档或打开已经创建好的文档，就可以直接在文档中输入内容了。

（1）插入模式和改写模式。Word 2010 提供了两种输入模式，分别是插入模式和改写模式。插入模式和改写模式的不同在于：在插入模式下输入的文本将在插入点左侧，插入点自动向后移，在改写模式下输入的文本将覆盖插入点后面的文本。

插入模式和改写模式显示在状态栏中，这两种模式间的切换可以通过单击鼠标左键或按键盘中 Insert 键进行。Word 2010 默认的模式为插入模式。

（2）输入文字。输入文本时，需要先将鼠标定位至需要输入文本处，然后直接使用键盘就可以输入文本。需要输入什么类型的文本，就把输入法调整到相应的状态。

2. 文档的编辑

在文档中输入文本，并不代表任务已经完成了，如果想要移动文本，改变文本版式或发现操作错误等，还可以对文本进行编辑，以完善文档的内容。在 Word 2010 文档中，文档最基本的编辑包括选定文本、删除文本、移动文本和复制文本。

选定文本是对文本进行编辑的第一步，也是必不可少的一步，下面具体介绍选定文本的方法。

（1）使用鼠标拖动选择文本。

拖动鼠标可以灵活地选择文本，它是选择文本最基本的方法，该方法用于选择小范围内的连续文本，主要是通过鼠标左键拖动进行选择，释放鼠标即呈选中状态。

（2）使用鼠标点击选择文本。

在文档的不同位置，通过单击、双击或连续单击可以进行不同的选择。将鼠标光标移到文档左侧选定区，鼠标光标会出现反箭样式，此时，单击可选择一行文本，双击可选择一段文本，连续三次单击可选择整篇文章；在文档内双击可选择文本插入点位置的一个文字或词语，连续三次可选择一段文本。表 3–1 列出了鼠标选定文本的操作方法。

表 3–1　使用鼠标选定文本的操作方法

选择内容	操　作　方　法
任意数量的文字	拖动这些文字
一个单词	双击该单词
一行文字	单击该行最左端的选择条
多行文字	选定首行后向上或向下拖动鼠标
一个句子	按住 Ctrl 键后在该句的任何地方单击
一个段落	双击该段最左端的选择条，或三击该段的任何地方
多个段落	选定首段后向上或向下拖动鼠标
连续区域文字	单击所选内容的开始处，然后按住 Shift 键，最后单击所选内容的结束处
矩形区域文字	按住 Alt 键然后拖动鼠标
整片文档	三击选择条中的任意位置或按住 Ctrl 键后单击选择条中的任意位置

（3）使用键盘配合鼠标选择文本。

使用键盘上的特殊键配合鼠标可以进行更多样式的选择。

① 选择不相邻的多个文本。拖动鼠标选择一段文本，再按住 Ctrl 键，将鼠标光标移动到下一段要选择的文本前拖动鼠标，即可选择不相邻的多个文本。

② 选择连续文本。将光标定位到要选择文本的起始位置，按住 Shift 键后单击结束位置，可选择其间的所有连续文本。

③ 选择矩形文本区域。按住 Alt 键并拖动鼠标，可以选择矩形文本区域，通常在需要对一列文本进行编辑时使用。

使用键盘选择文本主要是使用一些快捷键进行操作，使用键盘选择时可以充分利用左右手之间的配合，以提高工作效率。表 3–2 列出了使用键盘选定文本的操作方法。

表 3–2　使用键盘选定文本的操作方法

选　择　内　容	组　合　键
选定插入点右边的一个字符或汉字	Shift+→
选定插入点左边的一个字符或汉字	Shift+←
选定到上一行同一位置之间的所有字符或汉字	Shift+↑
选定到下一行同一位置之间的所有字符或汉字	Shift+↓
从插入点选定到它所在行的开头	Shift+Home
从插入点选定到它所在行的末尾	Shift+End
从插入点选定到它所在段的开头	Ctrl+Shift+↑
从插入点选定到它所在段的末尾	Ctrl+Shift+↓
从插入点选定到文档末尾	Ctrl+Shift+End
选定整篇文档	Ctrl+A
选择整个表	Alt+5

（六）文档的格式设置

文档的格式设置包括设置文本字符格式和设置文档的段落格式。设置字符格式就是对字符的外观效果进行设置，包括字体、字号、字形、字符编号和底纹等；段落格式的设置包括段落的对齐、行和段落间距、段落缩进和中文版式等。

1. 设置字符格式

设置字符格式主要指设置文字的字体、字形、字号、颜色、下划线、上标、下标以及动态效果等。Word 2010 中，设置字符格式主要有两种方法，一种是在“开始”选项卡中的“字体”组中设置字符的格式；另外一种是在“字体”对话框中设置字符的格式。

（1）在“开始”选项卡中的“字体”组中设置字符的格式，主要设置字体、字号、字形、颜色，还可以给文字加下划线、边框、底纹等，如图 3–9 所示。

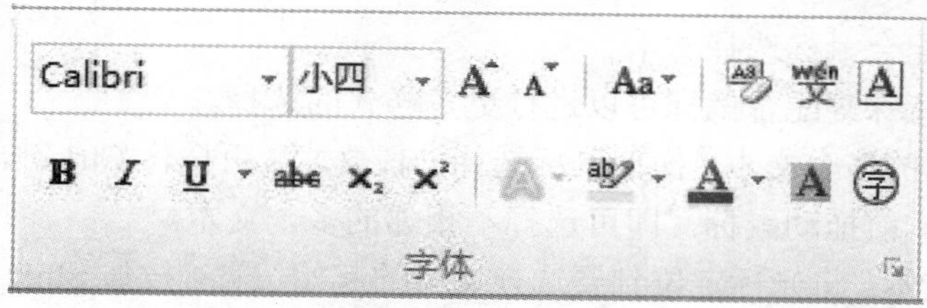

图 3-9 “字体”组

关于“字体”组中各主要对象的用法请参照表 3-3。

表 3-3 “字体”组各按钮名称和功能

按　钮	名　称	功　能
Calibri	字体	更改字体
小四	字号	更改文字大小
A˄	增大字体	增大文字大小
A˅	缩小字体	缩小文字大小
Aa	更改大小写	更改选中文字的大小写
	清除格式	清除选中文字的格式
	拼音指南	显示拼音字符并明确发音
A	字符边框	在一组字符周围应用边框
B	加粗	使选定文字加粗
I	倾斜	使选定文字倾斜
U	下划线	在选定文字下方绘制一条线
abc	删除线	绘制穿过选定文字中间的线
x_2 x^2	下标和上标	分别创建上下标
ab	文字突出显示颜色	荧光笔标记
A	字体颜色	更改字体颜色

（2）“字体”对话框的样式如图 3-10 所示。打开“字体”对话框的方法是：在“开始”选项卡的“字体”组中，单击右下角的“对话框启动器”按钮。在“字体”对话框中主要可以设置文字的字体、字形、字号、颜色，还可以给文字加下划线、着重号、文字效果，以及设置字符的间距和缩放比例。

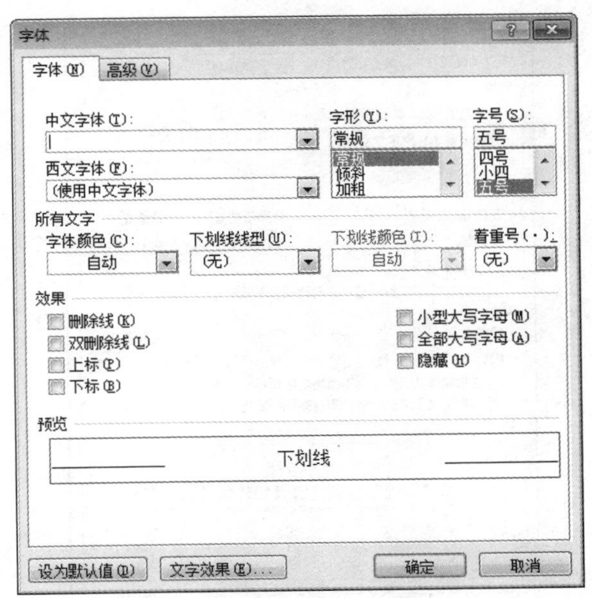

图 3–10 “字体”对话框

2. 设置段落格式

在设置了字符格式后，为了使文档层次更加鲜明，还需要对其进行段落格式的设置，包括段落的对齐方式、行和段落间距、段落缩进和中文版式等。设置段落格式主要有两种方法，一种是在“开始”选项卡的“段落”组中设置段落的格式；另外一种是在“段落”对话框中设置段落的格式。

（1）在“开始”选项卡的“段落”组中设置段落的格式，主要可以设置段落的对齐方式、行间距、段间距等，如图 3–11 所示。

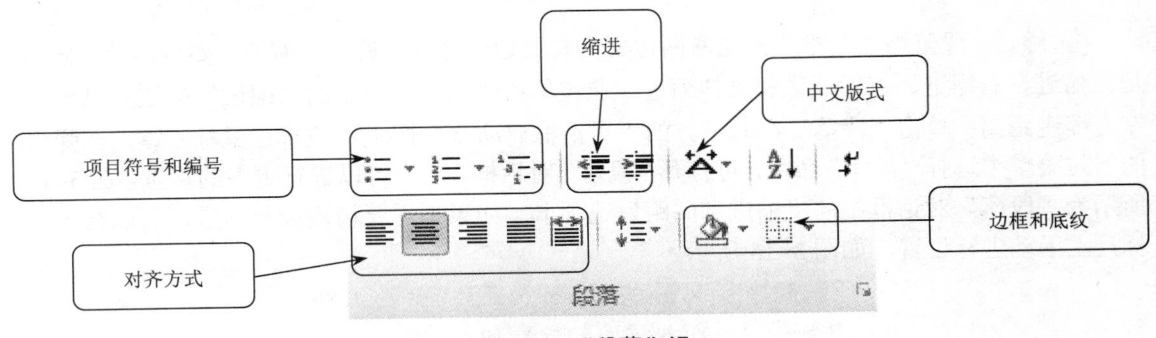

图 3–11 “段落”组

（2）利用“段落”对话框设置。打开“段落”对话框的方法是：在“开始”选项卡的“段落”组中，单击右下角的“对话框启动器”按钮。在“段落”对话框中设置段落的格式，主要可以设置对齐方式、大纲级别、缩进、段间距、行间距以及换行和分页，如图 3–12 所示。

① 对齐方式。Word 2010 中主要有 5 种对齐方式，分别是左对齐、居中、右对齐、两端对齐和分散对齐。这 5 种对齐方式的效果如图 3–13 所示。

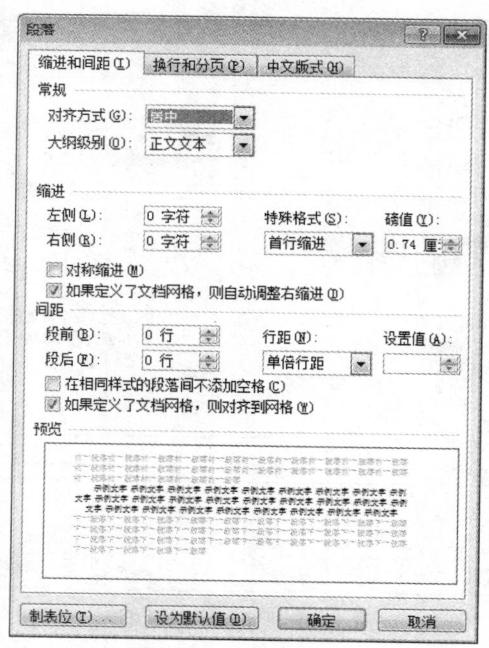

图 3–12 “段落”对话框

办公设备管理手册

办公设备管理手册

办公设备管理手册

办公设备管理手册

办　　　公　　　设　　　备　　　管　　　理　　　手　　　册

图 3–13 对齐效果

② 缩进。段落缩进是指段落左右两边文字与页边距之间的距离，缩进主要有四种，分别是左缩进、右缩进、首行缩进和悬挂缩进。通过单击“段落”组中的“缩进”按钮只可设置左右缩进距离；单击“段落”组右下方的“对话框启动器”按钮 或单击鼠标右键，在弹出的下拉菜单中选择“段落”命令，可打开“段落”对话框，从中可以进行更多的设置。图 3–14 所示为“段落”对话框中的“缩进和间距”选项卡。如果不需要精确设置缩进，可以在水平标尺上手动进行设置，如图 3–15 所示。

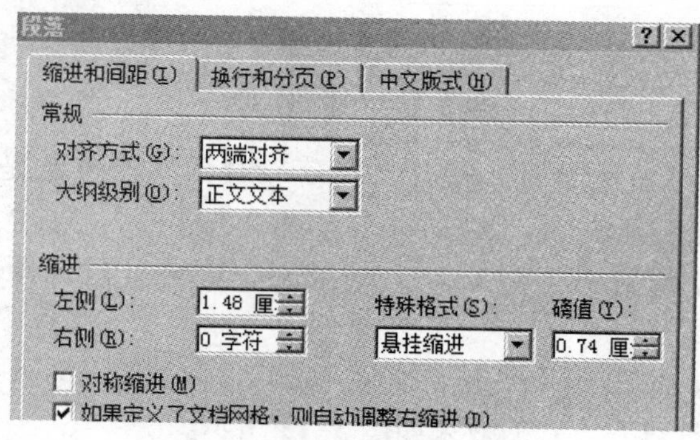

图 3–14 “缩进和间距”选项卡

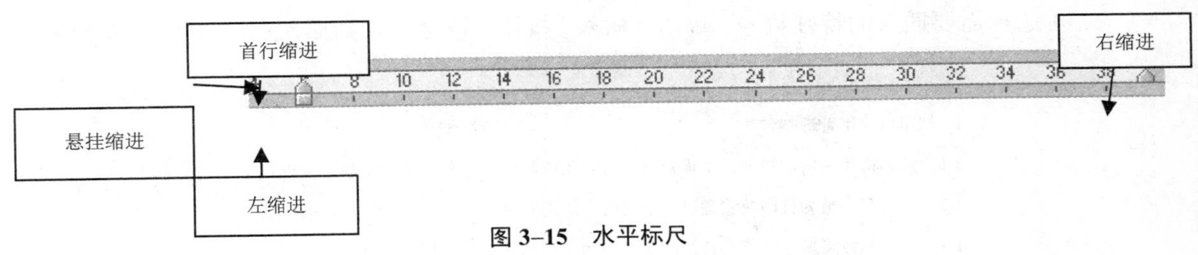

图 3–15 水平标尺

3. 首字下沉

首字下沉是指设置段落的第一行第一个字字体变大，并且下沉一定的距离，段落的其他部分保持原样。首字下沉效果经常出现在报刊中，文章或章节开始的第一个字字号明显较大并下沉数行，能起到吸引眼球的作用。设置首字下沉格式的步骤如下：

（1）把插入点定位于设置“首字下沉”的段落内。

（2）单击“插入”选项卡中的“首字下沉”选项，打开“首字下沉”下拉列表，在列表中选择“下沉”或“悬挂”方式，或者单击“首字下沉”选项，打开“首字下沉”对话框，如图 3–16 所示。

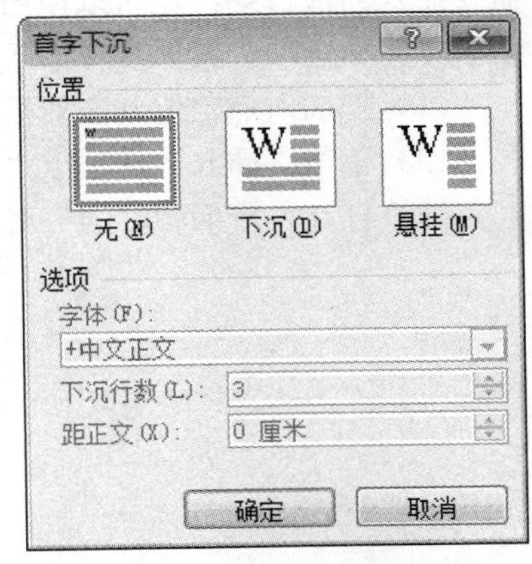

图 3–16 “首字下沉”对话框

（3）在“字体”“下沉行数”“距正文”框中分别选择字体、下沉的行数及距正文的距离等，最后单击“确定”按钮即可设置首字下沉。

（七）插入符号、日期、项目符号和编号

1. 插入符号

符号是标记、标识，标点符号可以通过键盘直接输入，实际工作中经常需要插入一些不能直接通过键盘输入的特殊符号，键盘上没有这类特殊符号。这类符号的插入方法如下：

图 3–17 “符号”组

（1）将光标定位到需要插入符号的文字处，如“新员工培训教材”之后，单击“插入”选项卡中的“符号”组，如图 3–17 所示。

（2）选择“符号”选项，单击“其他符号”命令，打开“符号”对话框，如图 3–18 所示。

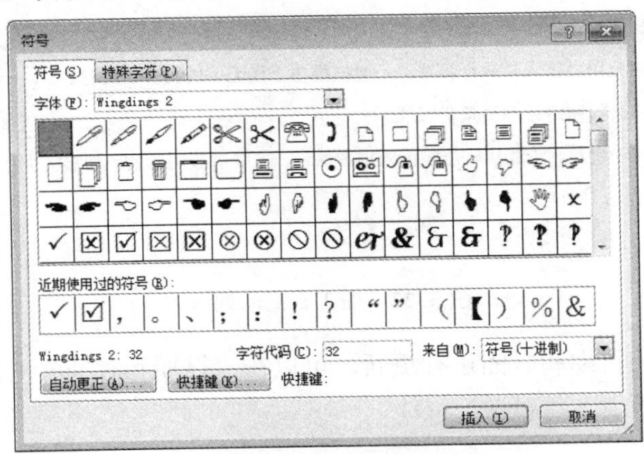

图 3–18 “符号”对话框

（3）选择需要插入的特殊符号，单击“插入”按钮，符号插入到插入点，如图 3–19 所示。

三、管理规定

1. 打印机使用管理规定

1.1 打印机作为内部设备，不得对外开放，不能打印与工作无关的资料、文件。

1.2 网络管理员为打印机管理员，负责打印机的管理。

1.3 打印机故障报修或相关耗材的更换，由其管理员负责上报行政处。

图 3–19 插入符号效果

2. 插入日期

Word 文档中经常需要插入日期，一般情况下日期的输入方法与普通文字的方法相同，若需要插入当前日期，还可以使用以下方法：选择“插入”选项卡中的“文本”组，单击“日期和时间”选项。具体步骤如下：

（1）把插入点定位到需要插入日期的文本处。

（2）单击“插入”选项卡“文本”组中的“日期和时间”选项，如图 3–20 所示。

（3）打开“日期和时间”对话框，如图 3–21 所示。

图 3–20 “文本”组

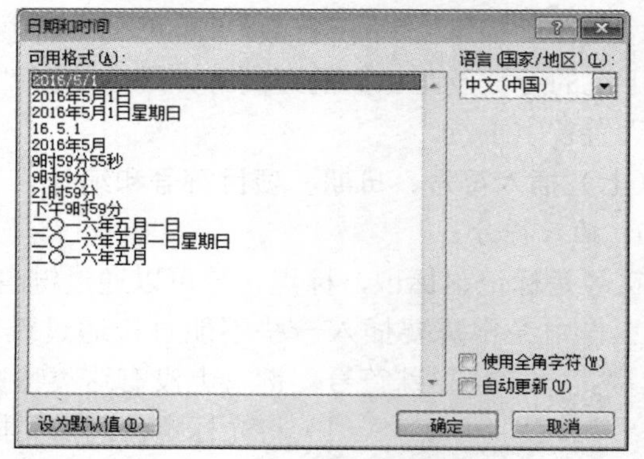

图 3–21 “日期和时间”对话框

（4）选择合适的日期格式，单击“确定”按钮，效果如图 3–22 所示。

5. 扫描仪、优盘、投影仪等管理规定

5.1 扫描仪由公司指定人员进行管理，不得扫描与工作无关的文件、资料。

5.2 投影仪由公司网络管理员负责管理。

5.3 优盘、移动硬盘、无线接收器等由领用者保管，应爱惜公司财物，如果丢失或者损毁，自行承担责任。

2013–02–04

图 3–22 插入日期的效果

如果需要对插入的日期和时间进行更新，可以在“日期和时间”对话框中选中“自动更新”复选框。

3. 项目符号和编号

如果文档中有一组并列关系的段落，可在各段落前添加项目符号；如果一组同类型段落有先后关系，或并列关系的段落需要进行数量统计，可对这组段落编号。

（1）设置编号。

① 选中需要设置编号的段落，如各部门对办公设备的管理职责、管理规定等。单击“开始”选项卡中“段落”组的编号，打开如图3–23所示的“编号集”。

② 在“编号集”中选择合适的编号，如“1.、2.、3.”，单击鼠标左键。效果如图3–24所示。

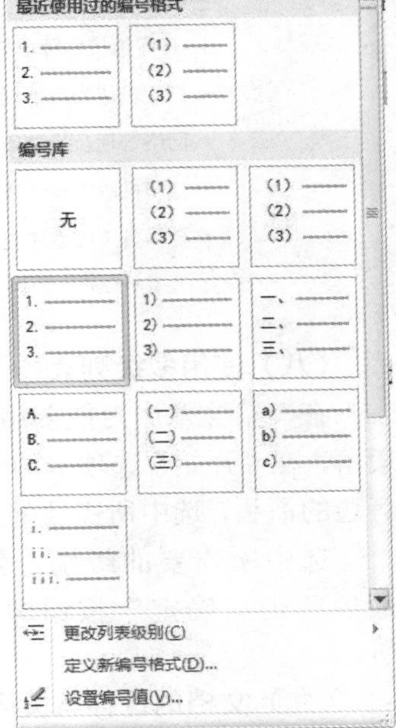

图3–23 编号集

二、各部门对办公设备的管理职责

1. 行政处是公司办公设备统一归口管理部门。

2. 行政处负责公司办公设备配置计划及调整方案的制定。

3. 行政处负责公司办公设备采购审核工作。

4. 行政处负责公司办公设备报修、网络故障排除及统一对外联系工作。

5. 行政处负责公司办公设备登记造册和日常检查工作。

6. 财务部负责公司办公设备进账、折旧及报废工作，做到账物相符，同时负责闲置办公设备的保管工作。

图3–24 设置编号效果

（2）设置项目符号。

为了让文本更醒目，可以给文本添加项目符号。添加项目符号的步骤如下：

① 选择要添加项目符号的文本，如“就职前培训”的段落，单击“开始”选项卡中“段落”组的项目符号，打开“项目符号集”，如图3–25所示。

② 也可以选择“定义新项目符号”选项，打开“定义新项目符号”对话框，如图3–26所示。

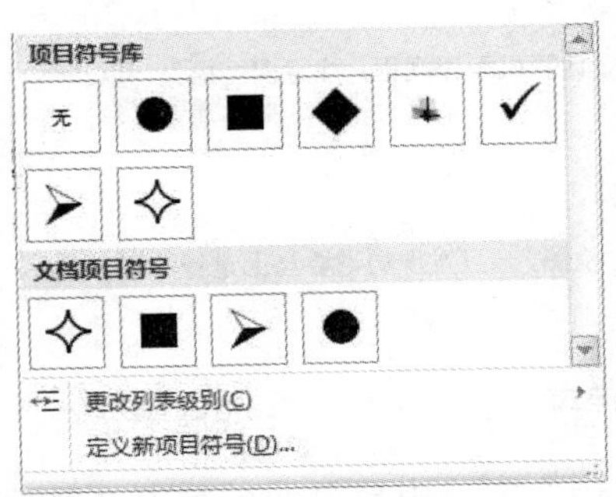

图3–25 项目符号集

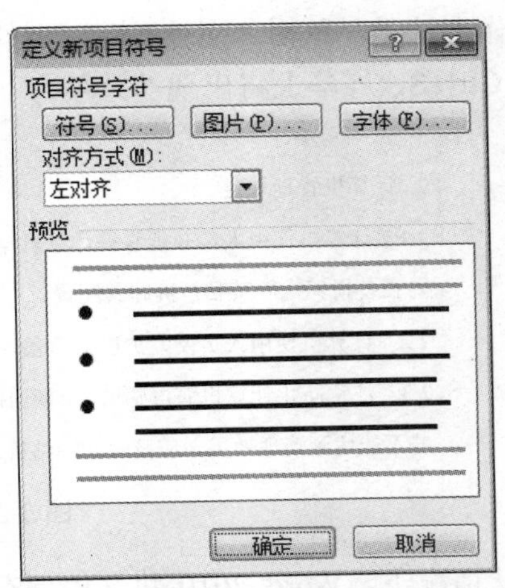

图3–26 “定义新项目符号”对话框

③ 选择适合的项目符号以及设置项目符号的对齐方式，单击“确定”按钮，效果如图 3–27 所示。

三、管理规定

1. 打印机使用管理规定

- 打印机作为内部设备，不得对外开放，不能打印与工作无关的资料、文件。
- 网络管理员为打印机管理员，负责打印机的管理。
- 打印机故障报修或其相关耗材的更换，由其管理员负责上报行政处。
- 全体员工应遵守规定，厉行节约，对违反规定的不合理要求，管理人员有权拒绝。

图 3–27　设置项目符号效果

（八）使用多级列表

在一篇文章中可能要用到多级列表功能，选中要设置的段落，在“开始”选项卡的“段落”组中，单击“多级列表”旁边的箭头，选中所需要的多级列表样式，如图 3–28 所示。

选中所需要的级别，然后设置其编号格式和位置，最后单击“确定”按钮即可。设置好的样式如图 3–29 所示。

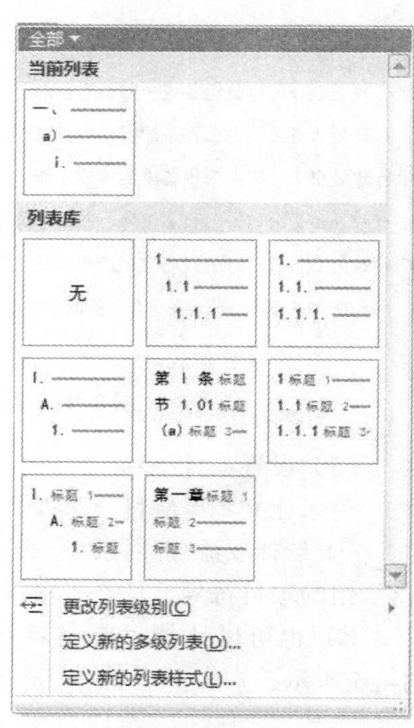

图 3–28　多级列表

（九）文档的保存与关闭

1. 文档的保存

在使用 Word 进行工作时，保存文档是对文档内容进行存储，是创建文档必不可少的一步，未经保存就关闭 Word 程序，文档内容则会丢失，必须将文档保存到磁盘上，才能达到永久保存的目的。在 Word 2010 中，有多种保存文档的方法。

（1）保存新文档。首次保存文档时，必须指定文件名称和文件存放的位置（磁盘和文件夹）以及保存文档的类型。具体操作方法是：单击“文件”列表中的“保存”命令或按快捷键 Ctrl+S，屏幕上将出现“另存为”对话框，如图 3–30 所示。

2. 计算机管理规定

2.1　计算机使用人员必须掌握计算机操作技能，严格遵守计算机操作规程，注意安全操作，以防设备损坏，严禁私自拆卸其配置。

2.2　计算机使用人员要爱护机器设备，发生故障及时报修。

2.3　注意防止计算机病毒感染，定期用病毒杀毒软件进行检测，一旦发现病毒要马上进行清理，若不能达到清理效果，应及时向网络管理员报告。

图 3–29　多级列表样式

默认情况下，Word 2010 将文档保存在“我的文档”中，用户可通过单击“保存位置”下拉列表框选择其他的保存位置。在“文件名”列表框中键入要保存的文件名，Word 2010

默认文件扩展名为“.docx”。若用户要保存为其他类型的文件，可单击“保存类型”列表框的下拉箭头，选择所需要的文件类型。

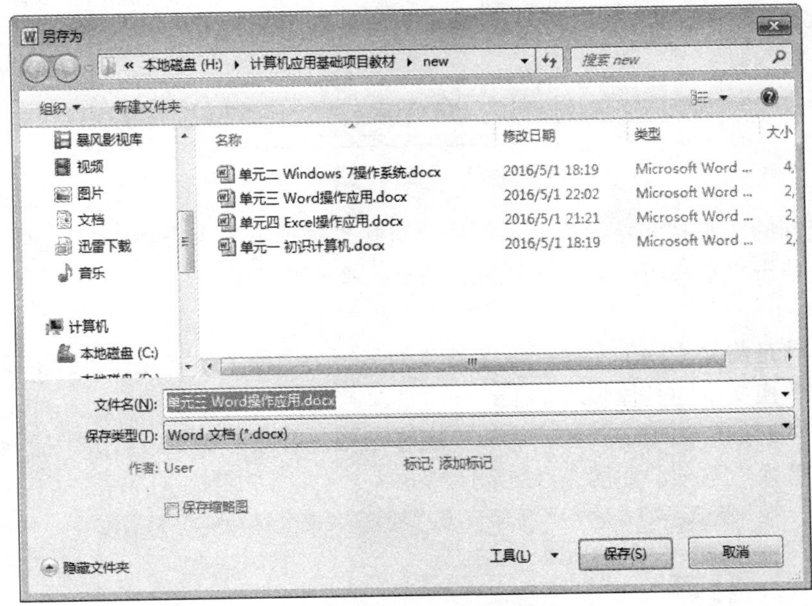

图 3–30 “另存为”对话框

（2）保存已有文档。新建文档经过一次保存，或以前保存的文件重新修改后，可直接用“文件”列表中的“保存”命令保存修改后的文档。

（3）另存文档。如果要将文档保存为其他名称或其他格式或保存在其他文件夹中，均可通过“另存为”命令实现。单击“文件”列表中的 “另存为”命令，弹出“另存为”对话框，其操作过程和保存新文档相同。

2. 文档的关闭

当文档编辑并保存完毕后，就可以将文档关闭。关闭文档的方法有以下几个：

（1）单击窗口右上角的“关闭”按钮。

（2）在“文件”选项卡中选择“关闭”命令。在关闭的过程中，若文档内容作了修改而没有保存，Word 2010 在正式关闭文档前会提示是否将更改保存到文档中，用户可根据需要选择是否保存文档。

（十）查找与替换

在文档编辑中，如果其中的数据很多，直接去找寻或是修改文本不仅会浪费大量的时间，还可能因为需要找寻或修改文本过多而漏掉某些地方。这种情况下，可以通过查找和替换功能来完成。

1. 查找文本

使用查找功能可以查找任意字符在文档中出现的位置，方法如下：

（1）打开“开始”选项卡，在“编辑”组中选中“查找”命令，在下拉列表中选择“高级查找”选项，打开“查找和替换”对话框，选择“查找”选项，如图 3–31 所示。

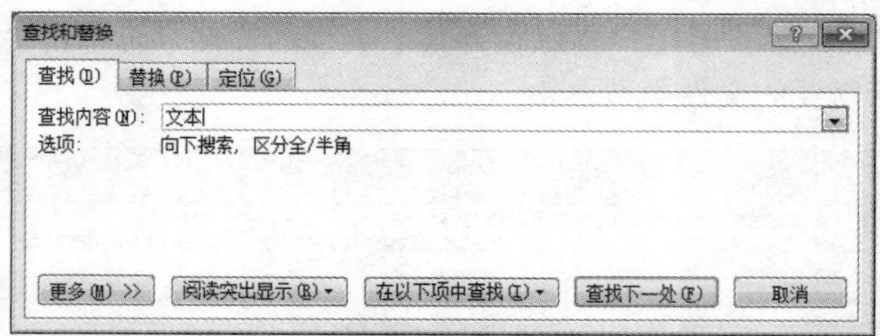

图 3–31 “查找”选项卡

（2）在打开的“查找和替换”对话框中“查找”选项卡的“查找内容”文本框内键入要查找的文本，单击“查找下一处”按钮或按 Enter 键开始查找。

2. 替换

替换文本就是将文本中的某个词或字修改为另一个词或字，它是在查找的基础上进行的进一步操作。替换文本的具体步骤如下：

（1）打开“开始”选项卡，在“编辑”组中选中“替换”命令，打开“查找和替换”对话框，选择“替换”选项，如图 3–32 所示。

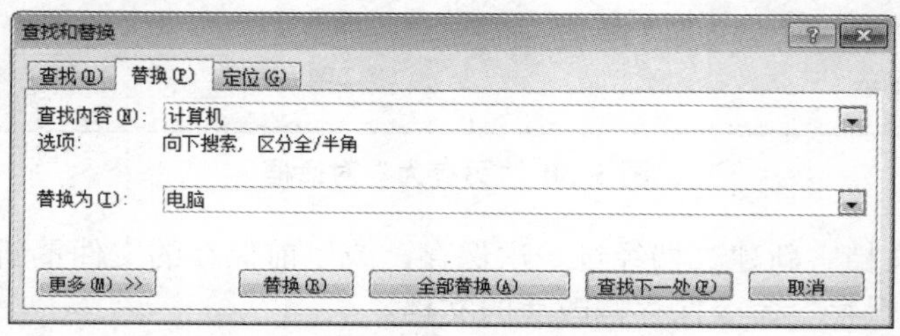

图 3–32 “替换”选项卡

（2）在“查找内容”框中键入要查找的文本“计算机”。

（3）在“替换为”框中键入替换的文本“电脑”。

（4）要查找文本的下一次出现位置，单击“查找下一处”按钮；如果要替换文本的某一个出现位置，单击“替换”按钮，Word 2010 将移至该文本的下一个出现位置；如果要替换文本的所有出现位置，则单击“全部替换”按钮。

3. 在屏幕上查找并突出显示文本

为了直观地浏览单词或短语在文档中出现的每个位置，用户可在屏幕上搜索其所有出现的位置并突出显示。虽然文本在屏幕上会突出显示，但在文档打印时并不会突出显示。

（1）在“开始”选项卡上的“编辑”组中选中“查找”命令，在下拉列表中选择“高级查找”选项，打开“查找和替换”对话框，选择“查找”选项，如图 3–33 所示。

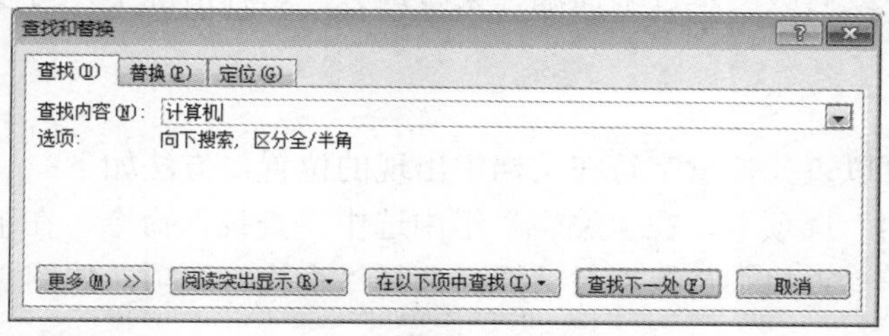

图 3–33 “查找”选项卡

（2）在“查找内容”框中键入要搜索的文本。

（3）单击“阅读突出显示”按钮，再单击“全部突出显示”命令。若要清除突出显示文本，则可单击“阅读突出显示”按钮，再单击“清除突出显示”命令。

五、项目小结

本项目以员工培训手册这种典型办公文档的编辑制作过程为例，详细地讲解了使用 Word 2010 软件制作办公文档时的一些基本操作方法与编辑技巧，如符号与编号列表的设置和更改、查找和替换等。通过本项目的学习，读者可以举一反三，轻松制作出各种类型的办公文档。

六、项目拓展

项目要求：

新建一个 Word 2010 文档，输入下列文字，并按要求进行设置：

（1）设置标题：字体为宋体，字号为二号，加粗，颜色为黑色。

（2）设置正文文字：字体为宋体，字号为小四号，颜色为黑色。

（3）将正文部分的段落格式设置为首行缩进两个字符，并设置行距为 1.5 倍行距。

（4）按前文所述方法给文本添加项目符号，并设置这几段文字为绿色、加粗。

（5）按前文所述方法给文本“计算机”添加着重号。

（6）为最后一段添加双下划线，并设置颜色为红色。

（7）保存文档，保存名称为“办公设备管理制度”。

文档内容：

（一）目的与定性

为了更有效地管理和使用公司的计算机、打印机等办公设备，使现代办公设备在本公司生产和管理中充分发挥作用，提高办公设备的使用效率和使用寿命，确保办公设备安全、可靠、稳定地运行，特制定本制度。

公司办公设备，包括计算机及附属设备、网络设施、电话、传真机、打印机、监控、投影仪等专用于公司办公、开会及培训所用的资讯设备。

（二）各部门对办公设备的管理职责

（1）行政处是公司办公设备统一归口管理部门。

（2）行政处负责公司办公设备配置计划及调整方案的制定。

（3）行政处负责公司办公设备采购审核工作。

（4）行政处负责公司办公设备报修、网络故障排除及统一对外联系工作。

（5）行政处负责公司办公设备登记造册和日常检查工作。

（6）财务部负责公司办公设备进账、折旧及报废工作，做到账物相符，同时负责闲置办公设备的保管工作。

（7）采购部负责根据经审核批准的办公设备采购申请单对外比价采购。

（8）采购部负责公司办公设备相关耗材，如纸张、墨盒、硒鼓等采购工作。

（9）办公设备使用部门负责设备的日常维护，并按本规定的要求正确使用。

（10）办公设备（计算机、电话等）使用人负责该设备的日常维护与保养，按本规定的要求正确使用。

（11）个人或部门领取办公设备需到行政处填写办公用品领用单，行政处做好备案。

项目二　图文混排

一、项目引入

王巧所在的公司近日要推出一款新产品，公司领导要求王巧制作该产品的使用说明书，以供用户了解该产品的具体功能。

二、项目分析

产品使用说明书是一种常见的办公文档。王巧要制作这种文档，需要掌握在 Word 中插入图形、图片、艺术字、文本框、剪贴画、水印等功能。

三、相关知识

（一）图片

在 Word 中可以通过两种方法插入图片，一种是来自文件的图形文件，另一种是剪贴画。插入的图片有两种排列方式：嵌入型和浮动型。嵌入型图片直接放置在文本的插入点处，占据了文本的位置；浮动型图片可以插入图形层，在页面上精确定位，也可以将其放在文本或其他对象的上面或下面。浮动型图片和嵌入型图片可以相互转换。插入的图片默认为嵌入型图片。

（二）艺术字

艺术字是一种文字型图片。利用艺术字可以在文档中插入有艺术效果的文字，如阴影、斜体、旋转和拉伸等，使文档更加美观。Word 中的艺术字是特殊的文本，对艺术字的操作和对图片的操作几乎相同。

（三）文本框

文本框是用来编辑、存放文字、图形、表格等内容的框。在 Word 中，文本框是指一种可移动、可调大小并且能精确定位文字、表格或图形的容器。文本框有两种，分别是横排文本框和竖排文本框。文本框内的文本编辑方法和普通段落文本相同。

四、项目实施

Word 2010 的文档内容是丰富多彩的，可以是文本、表格、图片，也可以是文本、表格、图片都有的文档，即图文混排文档。

（一）插入 SmartArt 图形

SmartArt 图形是信息的可视表示形式，可以有效地传达信息或观点。SmartArt 图形是 Office 2007 中才引入的新元素，使用 SmartArt 对象能够轻松地进行更加直观的信息呈现。Office 2010 提供了近 200 种不同的 SmartArt 形状。

1. 创建 SmartArt 图形并向其中添加文字

在“插入”选项卡的“插图”组中选择“SmartArt”选项，如图 3–34 所示。在“图示库”对话框中，单击所需的类型和布局，并单击“确定”按钮，如图 3–35 所示，在弹出的对话窗口，可以根据要表达的内容，选择某一类别下的某种 SmartArt 形状。

图 3–34 “插图”组

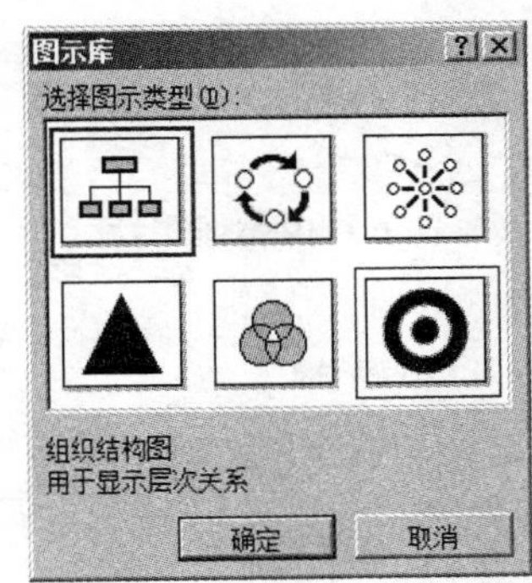

图 3–35 “图示库”对话框

单击 SmartArt 左侧的“展开编辑”按钮，或者直接在“文本”上单击，即可对 SmartArt 中的文本进行编辑，如图 3–36 所示。

2. 向 SmartArt 图形中添加形状及删除形状

选择 SmartArt 图形的一个形状，单击“SmartArt 工具”下的“设计”选项卡，在“创建图形”组中单击“添加形状”→“在后面添加形状”命令即可在所选形状之后插入一个形状；若要在所选形状之前插入一个形状，应单击“在前面添加形状”命令。

若要删除形状，首先要单击要删除的形状，然后按 Delete 键；若要删除整个 SmartArt 图形，需要单击 SmartArt 图形的边框，然后按 Delete 键。

（二）插入图片

浮动型图片和嵌入型图片的区别主要表现在：当单击选定图片时，图形周围出现 8 个小方块，称之为句柄，浮动型图片四周的句柄为空心柄，而嵌入型图片四周的句柄为实心柄。

1. 插入图片

1）插入来自文件的图片

选择在文档中要插入图片的位置，在“插入”选项卡上的“插图”组中，单击“图片”选项，如图 3–37 所示，弹出“插入图片”窗口，如图 3–38 所示。找到要插入的图片，并选中，单击“插入”按钮或双击要插入的图片。

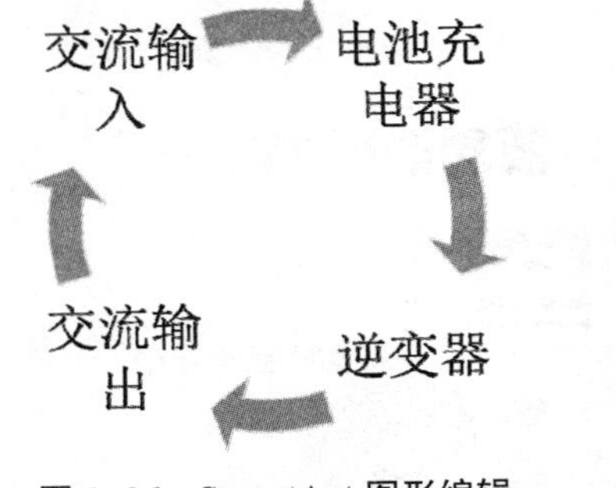

图 3–36 SmartArt 图形编辑

图片 剪贴画 形状 SmartArt 图表 屏幕截图
插图

图 3–37 “插图”组

2）插入网页中的图片

打开 Word 文档，在网页上右键单击要插入的图片，然后单击“复制”命令，在 Word 文档中，右键单击要插入图片的位置，然后单击“粘贴”命令。

（1）插入剪贴画。

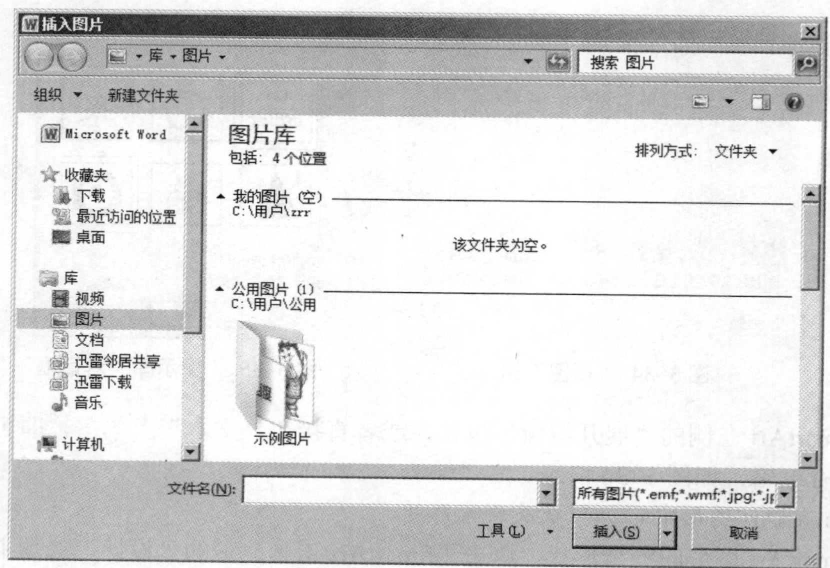

图 3–38 “插入图片”窗口

图 3–39 “插图”组

剪贴画是 Office 提供给 Word 的图片，在文本中插入图片的具体方法如下：

① 把光标定位到需要插入图片的位置。

② 选择“插入”选项卡下“插图”组中的“剪贴画”选项，如图 3–39 所示。

③ 单击“剪贴画”命令，打开“剪贴画”任务窗格，如图 3–40 所示。

④ 设置“搜索文字”和“结果类型”后，单击“搜索”按钮，显示剪辑库中的图片类型。从中选择所需的剪贴画，单击该剪贴画即可将其插入文本中。图 3–41 所示为插入图片后的效果。

图 3–40 “剪贴画”任务窗格

使用说明书

您最佳的选择！

图 3–41 插入图片的效果

（2）编辑图片。

插入图片后，只要用鼠标单击插入的图片，在选项卡标签中会出现“格式”选项卡。在“格式”选项卡下利用功能区中的工具就可以对图片进行各种编辑、设置。

① 更改图片大小。改变图片的大小有两种方法：

方法一：单击图片的任意位置选定图片，图片周围出现 8 个小方块，称为句柄，将鼠标指向某句柄时，指针变成双向箭头，此时拖动鼠标即可改变图片的大小。

方法二：单击图片的任意位置选定图片，选择“格式”选项卡中的“大小”组，如图 3–42 所示。在“大小”组中通过“高度”和“宽度”微调器改变图片的大小。

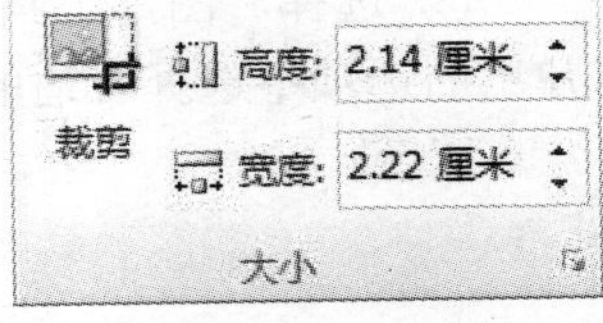

图 3–42 “大小”组

② 设置图片的亮度、对比度和重新着色。单击鼠标选中需要设置的图片，选择图片工具中“格式”选项卡下“调整”组中的“亮度”“对比度”和“重新着色”选项对图片进行设置。

③ 设置图片亮度。单击“调整”组中的“亮度”选项，在弹出的菜单中选择合适的图片亮度。如果需要设置的亮度不在这个范围之内，也可以单击“亮度”集中的“图片修正”选项，打开“设置图片格式”对话框，如图 3–43 所示，在“设置图片格式”对话框中的“图片”选项卡下设置图片的亮度。

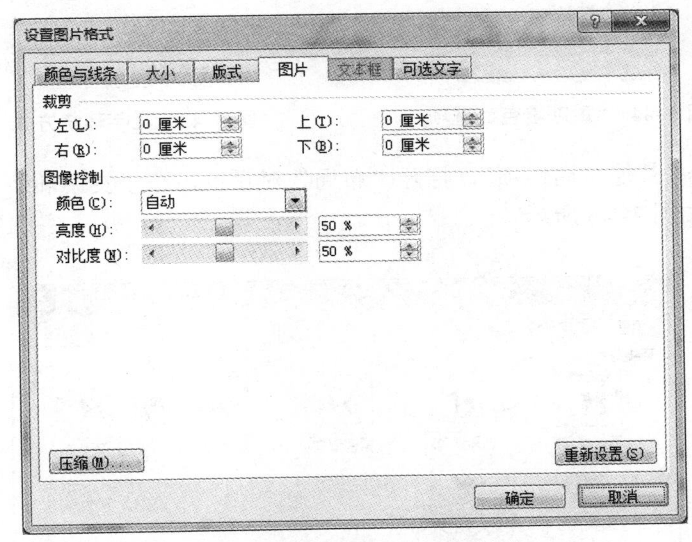

图 3–43 “设置图片格式”对话框

④ 设置图片对比度。单击“调整”组中的“对比度”选项，在弹出的菜单中选择合适的图片对比度。如果需要设置的对比度不在这个范围之内，也可以单击“对比度”集中的“图片更正”选项，打开“设置图片格式”对话框，在“设置图片格式”对话框中的“图片”选项卡下设置图片的对比度。

⑤ 设置图片重新着色。单击“调整”组中的“重新着色”选项，在弹出的菜单中选择合适的着色方式。如图 3–44 所示，着色方式主要有 5 种，分别是自动、灰度、黑白、冲蚀和设置透明色。“自动”表示图片以原来的颜色显示；“灰度”表示把图片转换成灰度图形显示；“黑白”表示把图片转换成黑白图形显示；“冲蚀”表示把图片以冲蚀方式显示；“设置透明色”

表示把图片中的颜色变为透明的。

（3）设置图片的文字环绕方式。

插入文本中的图片默认的是嵌入型图片，这种图片直接放置在文本的插入点处，占据了文本的位置，移动图片的时候不方便，并且插入文本中不太美观。因此需要把嵌入型的图片转换成浮动型图片，转换方法是通过设置图片的文字环绕方式进行调整。具体操作方法如下：

① 单击选中需要设置的图片。

② 选择“图片工具”中“格式”选项卡下的“排列”组，单击 “自动换行”按钮，在弹出的选项中选择合适的文字环绕方式，如图 3–45 所示。

图 3–44 “重新着色”选项

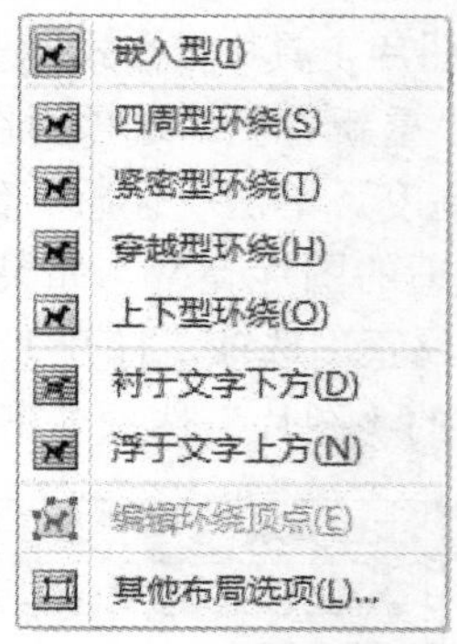

图 3–45 文字环绕方式

③ 或者单击“其他布局选项”，打开“布局”对话框，在“文字环绕”选项卡下设置合适的环绕方式，如图 3–46 所示。

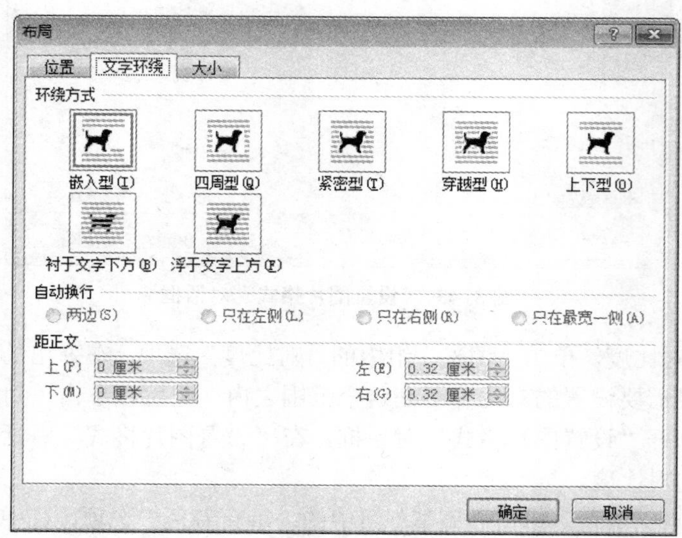

图 3–46 “布局”对话框

④ 例如把图片设置为“四周型环绕”，并拖动图片调整图片的位置，效果如图 3–47 所示。

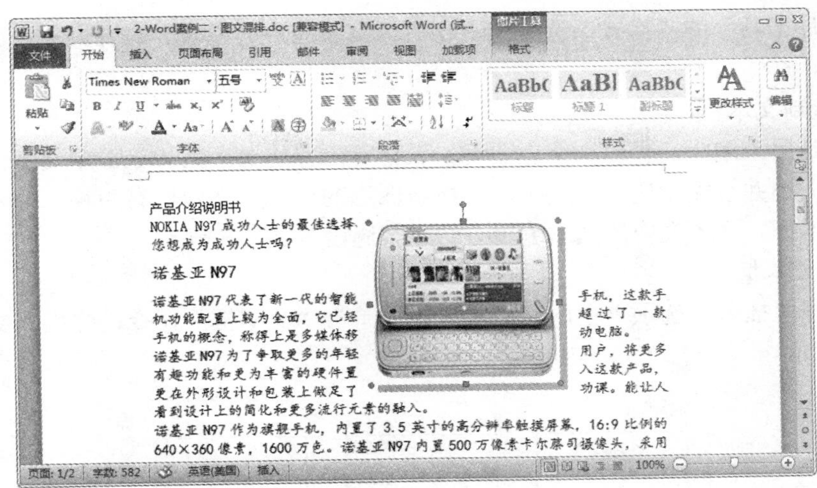

图 3–47 效果

（4）设置图片的边框和填充颜色。

把图片由嵌入型转换成浮动型之后，可以为图片添加边框和填充颜色。具体操作方法如下：

① 选中需要设置的浮动型图片。

② 在“图片工具”中“格式”选项卡下的“边框”组中设置边框，如图 3–48 所示。

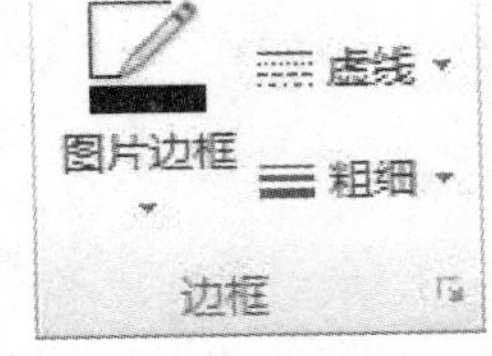

图 3–48 “边框”组

③ 在“边框”组中可以选择边框的线型、粗细，以及单击“图片边框”选择边框的颜色。

④ 单击“边框”中的“对话框启动器”按钮，打开“设置图片格式”对话框，在“颜色与线条”选项卡下可以设置图片的填充颜色和填充效果，如图 3–49 所示。

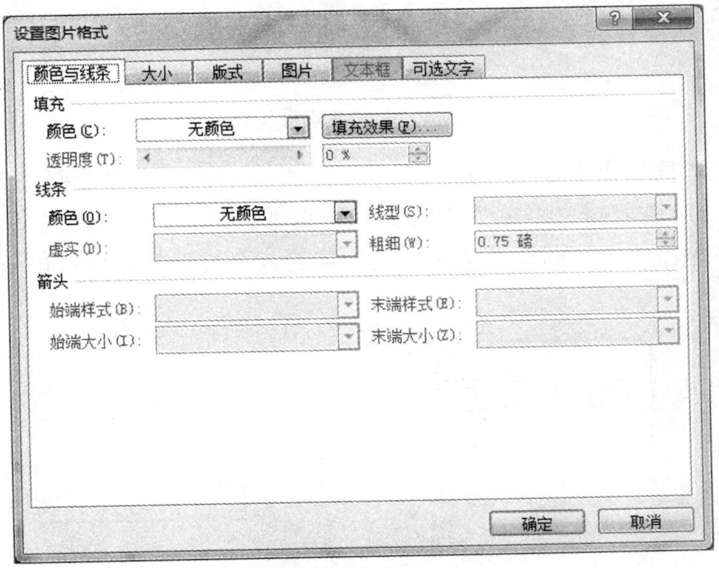

图 3–49 “设置图片格式”对话框

在“图片工具”的“格式”选项卡下还可以设置图片的位置、对齐方式、旋转以及对图片的剪裁等。

（三）绘制文本框

文本框是用来编辑、存放文字、图形、表格等内容的框。在 Word 中文本框是指一种可移动、可调大小并且能精确定位文字、表格或图形的容器。文本框有两种，分别是横排文本框和竖排文本框。文本框内的文本编辑方法和普通段落文本相同。

1. 插入文本框

（1）选择“插入”选项卡中的“文本”组，单击“文本框”命令，弹出“文本框”集，如图 3–50 所示。

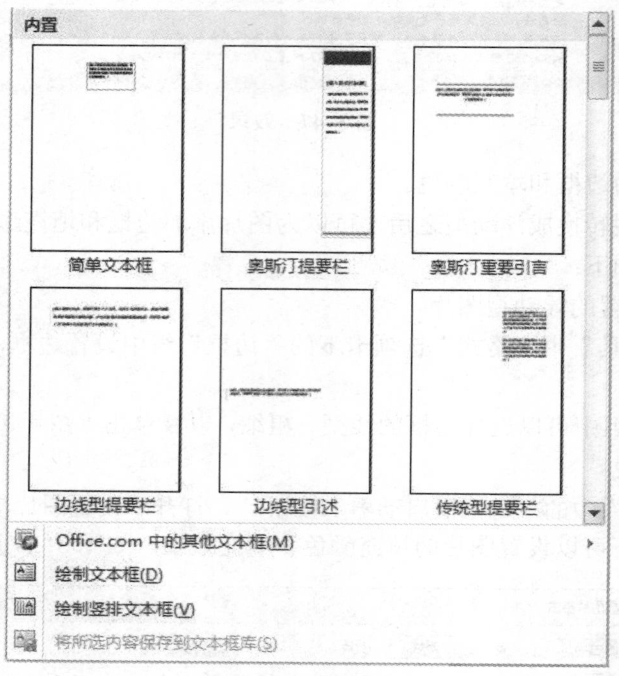

图 3–50 “文本框”集

（2）在“文本框”集中单击“绘制文本框”或“绘制竖排文本框”。“绘制文本框”中的文字为横排，“绘制竖排文本框”中的文字为竖排。如单击“绘制文本框”，这时鼠标指针变成“十”字形，单击鼠标拖动文本框到所需的大小与形状之后再松开鼠标，如图 3–51 所示。

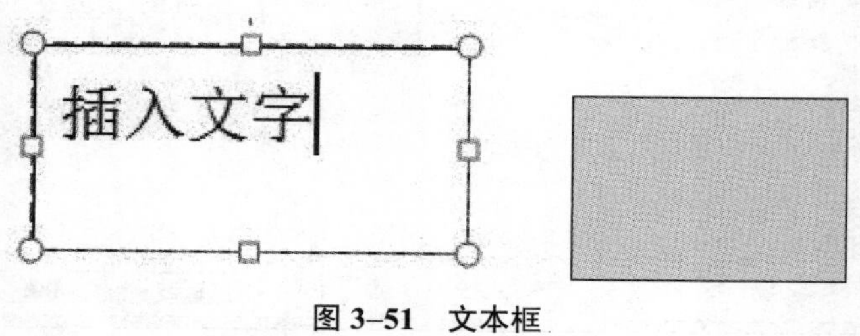

图 3–51 文本框

（3）插入文本框之后就可以在文本框中插入文字、图片、表格等内容了。

2. 将现有的内容纳入文本框

将现有的内容纳入文本框的具体方法如下：

（1）在页面视图方式下，选定需要插入文本框的所有内容。

（2）单击“插入”选项卡下“文本”组中的“绘制文本框”或“绘制竖排文本框”命令，即可将选定内容放入文本框中。

3. 编辑文本框

文本框具有图形的属性，所以对其操作与图形类似。对文本框的设置主要有两种方法。

方法一：可以利用“文本框工具”下“格式”选项卡中的选项进行设置，主要可以设置文本框样式、阴影效果、三维效果、位置和大小等。

方法二：在文本框的边框上单击鼠标右键，在弹出的快捷菜单上选择“设置文本框格式”命令，打开“设置形状格式”对话框，如图 3–52 所示，可设置文本框的填充、线条颜色、线型、阴影、映像、发光和柔化边缘、三维格式和三维旋转，等等。设置效果如图 3–53 所示。

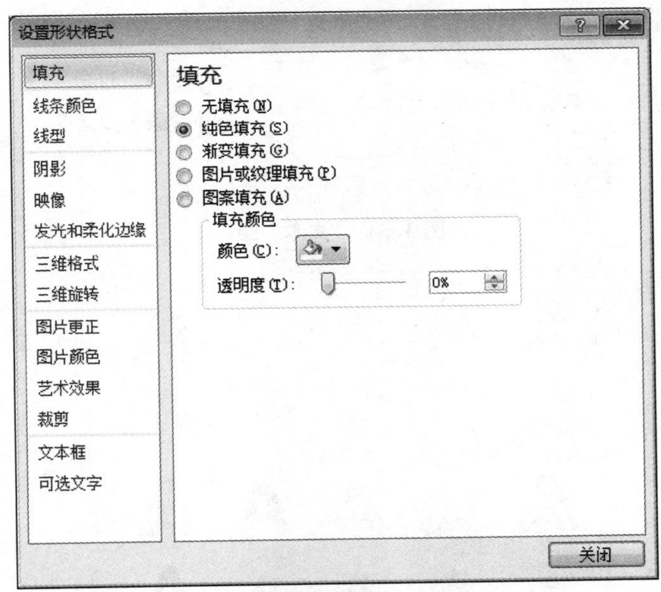

图 3–52 “设置形状格式”对话框

（四）编辑艺术字

艺术字可以使文字更加醒目，并且艺术字的特殊效果也会使文档更加美观、生动，所以在一些文档中经常需要插入艺术字。

1. 插入艺术字

（1）将光标定位于需要插入艺术字的位置，选择“插入”选项卡，单击如图 3–54 所示“文本”组中的“艺术字”按钮，即可弹出“艺术字样式”下拉菜单，如图 3–55 所示。

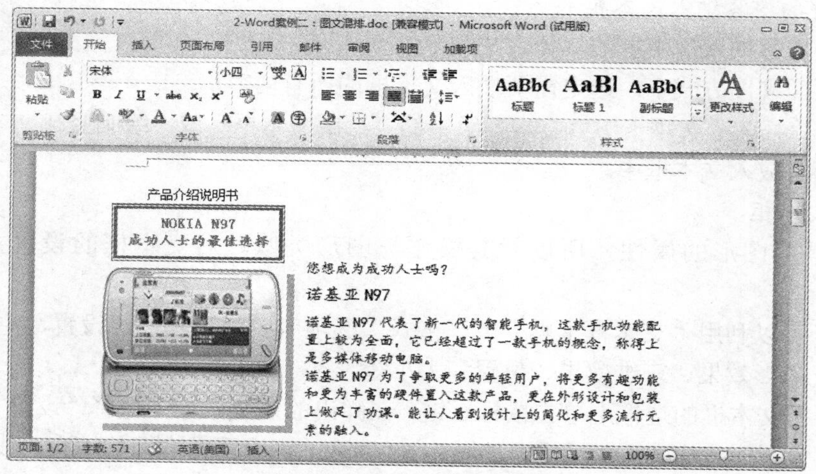

图 3–53　文本框设置效果

图 3–54　“文本”组

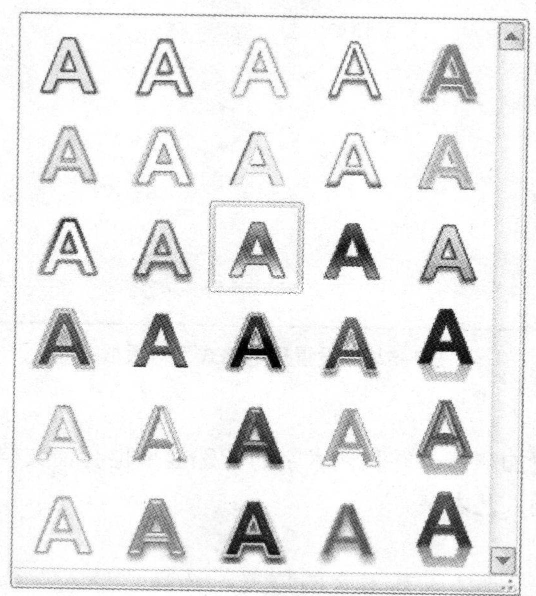

图 3–55　“艺术字样式”下拉菜单

（2）在“艺术字样式”下拉菜单中选择合适的艺术字样式，单击鼠标左键插入，如图 3–56 所示。

请在此放置您的文字

图 3–56　艺术字文字

2. 编辑艺术字

插入艺术字之后，可对插入的艺术字进行设置，主要可以设置艺术字样式、阴影效果、三维效果、大小以及重新编辑艺术字文字等。

（1）更改艺术字形状。对于插入的艺术字可以更改其形状，具体的更改方法是：

① 选中需要更改形状的艺术字，在“艺术字”的“格式”选项卡下，单击“艺术字样式”组中的“文本效果”选项，打开“转换”集，如图 3–57 所示。

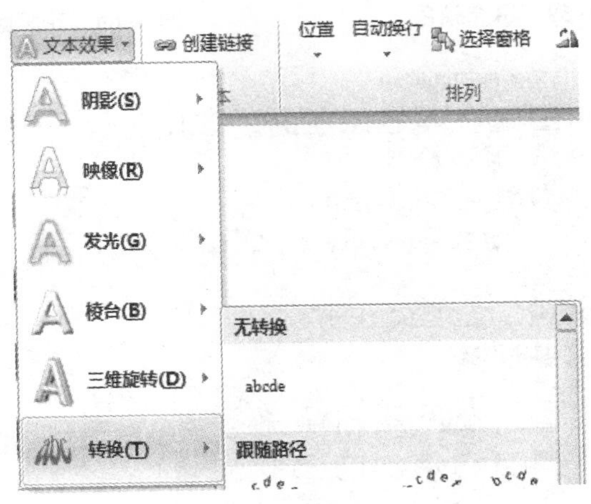

图 3–57　“转换”集

② 从中选择合适的艺术字形状，即可改变艺术字形状，效果如图 3–58 所示。

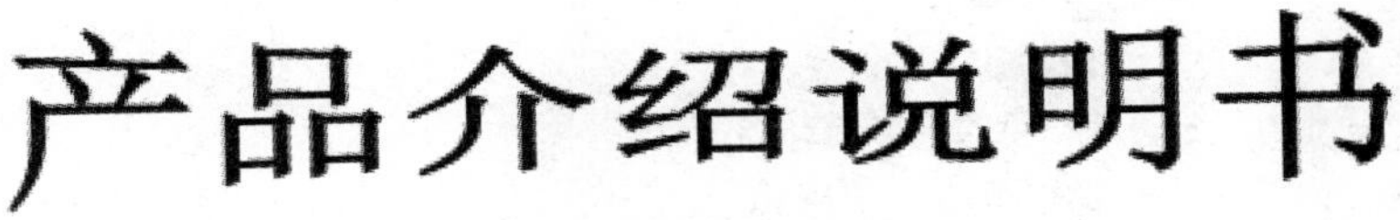

产品介绍说明书

图 3–58　更改艺术字形状效果

（2）设置艺术字颜色。艺术字的颜色分两类：填充颜色和轮廓颜色，如图 3–59 和图 3–60 所示。填充颜色是为艺术字的内部添加颜色，轮廓颜色是为艺术字的边框添加颜色。

（五）绘制自选图形

在 Word 中，除了可以插入一些已经制作完成的图片之外，用户也可以绘制一些自选图形插入文本之中，并且可以在文本中添加文字、项目符号、编号和快速样式。

1. 绘制自选图形

（1）在“插入”选项卡上的“插图”组中，单击“形状”选项，在弹出的“形状”集中选择所需形状，如图 3–61 所示，接着单击文档的任意位置，然后手动鼠标以放置形状。

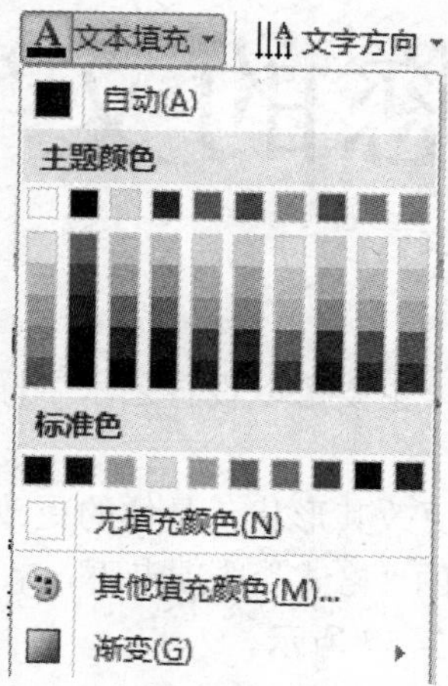

图 3-59　填充颜色

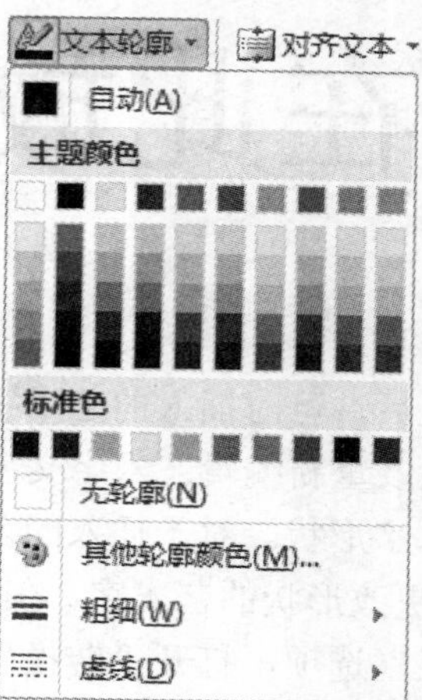

图 3-60　轮廓颜色

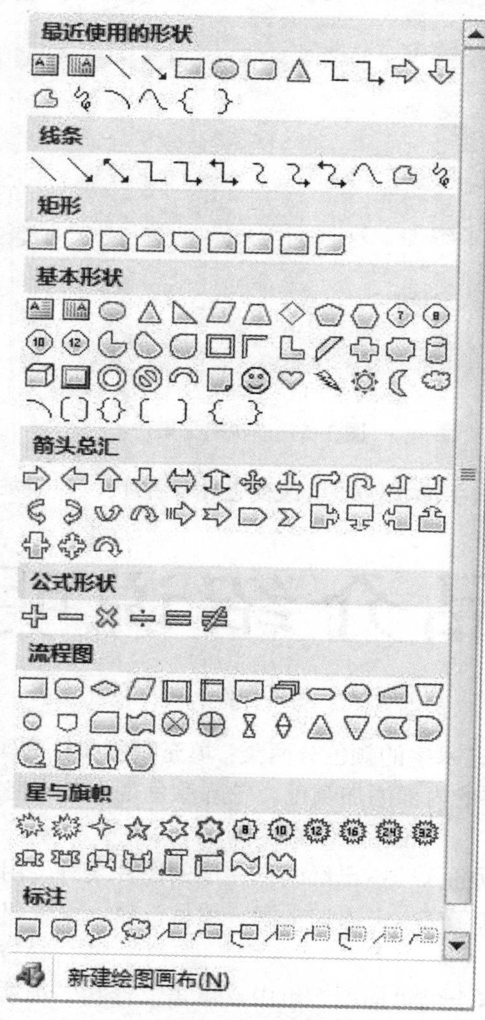

图 3-61　“形状”集

（2）在“形状”集中选择所需要的形状，如“流程图”中的“过程”。此时，鼠标指针变成“十”字形，在页面上拖动鼠标到所需的大小后松开鼠标即可，如图 3–62 所示。如果要保持图形的高度和宽度成比例缩放，在拖动鼠标时按下 Shift 键。

图 3–62 绘制自选图形

2. 设置自选图形的格式

自选图形绘制完毕之后，为了美化自选图形，需要对自选图形进行格式设置。设置自选图形的格式主要是对自选图形的线条颜色、字体颜色、阴影、三维效果、形状样式、大小等进行设置，也可以利用指定的颜色填充图形、设置图形的叠放次序及对指定图形进行微调、旋转与翻转等操作。

设置自选图形的格式主要是在“绘图工具”的“格式”选项卡中进行的，如图 3–63 所示。

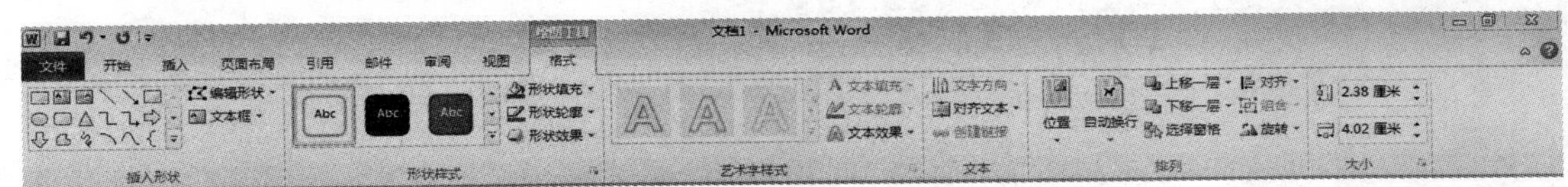

图 3–63 “绘图工具”的“格式”选项卡

同时还可以利用“设置形状格式”对话框进行设置。打开“设置形状格式”对话框的方法是：选中需要进行设置的自选图形，单击鼠标右键，在弹出的快捷菜单中选择“设置形状格式”选项，即可打开“设置形状格式”对话框，如图 3–64 所示。

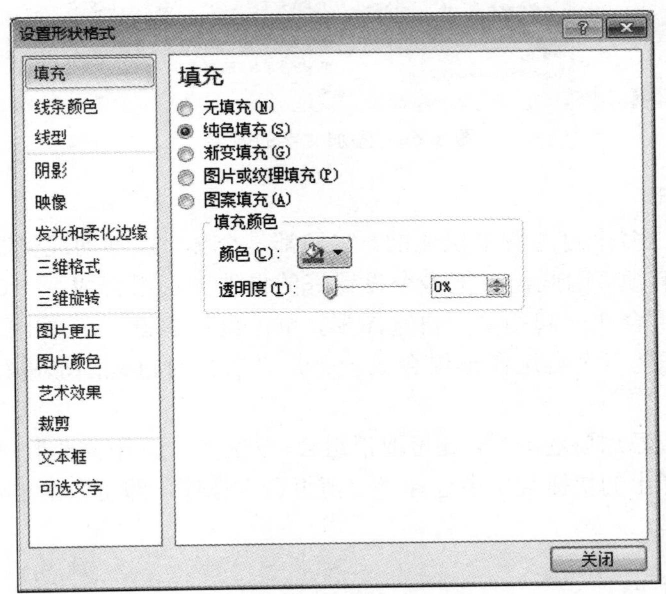

图 3–64 “设置形状格式”对话框

3. 在自选图形上添加文字

除直线和任意多边形外，用户还可以在自选图形上添加文字。鼠标右键单击要添加文字的开关，在弹出的快捷菜单中选择“添加文字”选项，形状中会出现一个光标，如图 3–65 所示。

图 3–65　添加文字

利用插入点即可在自选图形上插入文字，并对文字进行格式设置，效果如图 3–66 所示。

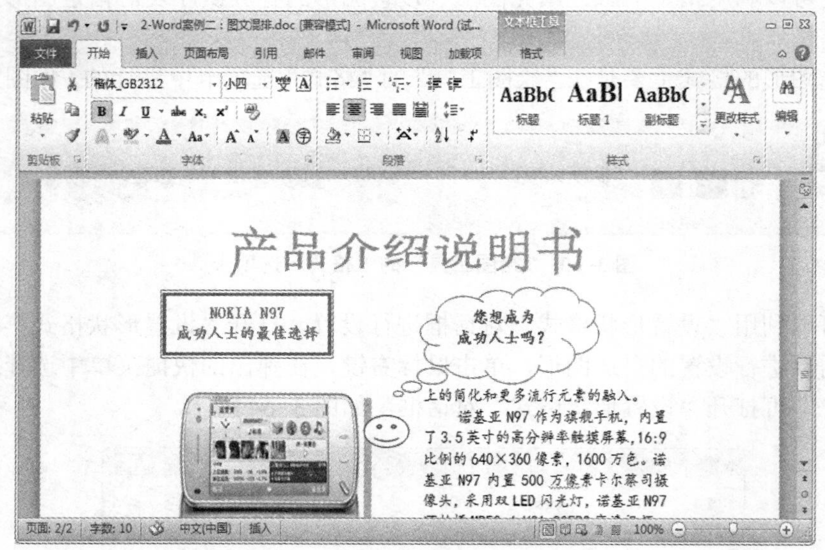

图 3–66　添加文字的效果

4. 组合自选图形

有时一幅图是由多个自选图形组成的，它们都是个体，在移动或复制等操作时需要单独操作，这样比较麻烦。因此需要把多个设置好的自选图形组合成一个，具体的组合方法是：同时选中需要组合在一起的多个自选图形，单击鼠标右键，在弹出的快捷菜单中选择“组合”选项，即可把多个自选图形组合成一个，之后再对自选图形进行移动、复制等操作即可一次完成。

如果需要删除或添加自选图形，还可取消组合，方法是：选中需要取消组合的自选图形，单击鼠标右键，在弹出的快捷菜单中选择“取消组合”选项，即可取消组合在一起的自选图形，把它们变为个体。

五、项目小结

本项目以制作产品使用说明书为例，详细地讲解了使用 Word 2010 软件插入图形、图片、艺术字、文本框、剪贴画等功能，这些功能可以丰富 Word 文档的内容，使文档更加生动；介绍了制作办公文档时的一些基本的操作方法与编辑技巧，如符号与编号列表的设置和更改、查找和替换等。通过本项目的学习，读者可以举一反三，轻松制作出各种类型的办公文档。

六、项目拓展

项目要求如下：

（1）将全文字体设为小四号，浅蓝色。页面设置：A4 纵向，左边距 2.5 厘米，右、上、下边距 2 厘米。

（2）将标题转换为艺术字，使用艺术字库第 3 行第 5 列样式，字体为华文新魏，字号为 48 磅，加粗，环绕方式为四周型。

（3）在文档中相应位置插入剪贴画中的图形，大小缩放 50%，紧密型环绕方式，旋转 330 度，冲蚀图片。给文档添加背景水印，文字为“办公软件”（注：在 Word 2010 中设置尺寸为 105），隶书，蓝色，水平。

（4）在文档最后另起一段录入文字“办公软件”，并将其复制 5 次，成为一个段落，再将该段落复制一段，并设置字体格式为隶书，加粗倾斜，小四号字。

通过 Office 管理器的自定义功能，可以根据日常工作的需要，将计算机中常用软件的图标（如文件管理器、MS–DOS 提示符、计算器、游戏或图形处理软件等）加到工具栏，使操作更加便捷。

Microsoft Office 管理器在屏幕上显示一个工具栏。工具栏包含 Office 各主要成员的图标，单击相应的图标，可以迅速启动需要的应用程序或在已启动的应用程序间进行切换；或者启动当前应用程序的第二个实例；或者在屏幕平铺、排列两个应用程序。

最终效果如图 3–67 所示。

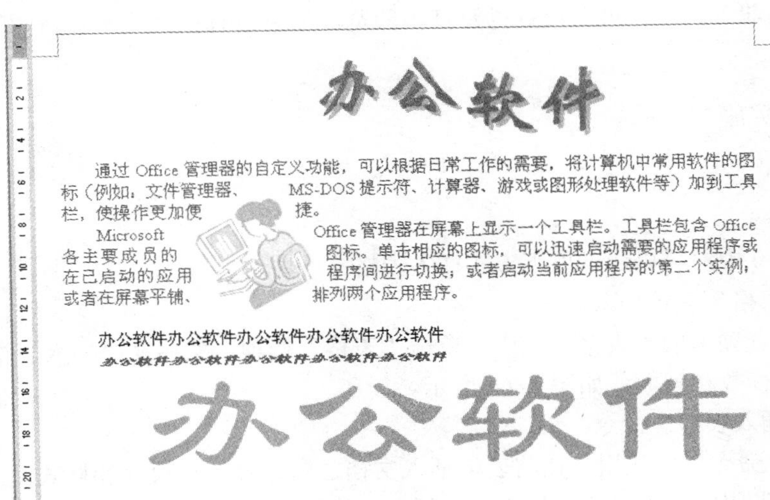

图 3–67　最终效果

项目三　Word 高级应用

一、项目引入

为丰富员工的暑期文化生活，增强企业的凝聚力，单位决定近期组织员工外出旅游。为了使员工很好地了解此次活动，公司领导指派小张做一份旅游手册。

二、项目分析

该手册中要统计参加的人数，并装订成册，因此小张需要了解文档中插入页眉、页脚、表格，设置目录和打印的功能。

三、相关知识

（一）表格基本元素

Word 表格由水平方向的行、垂直方向的列和行列交叉而形成的单元格组成。单元格内可输入数字、文本、日期、图片等内容。

（二）自动生成文档目录

目录是论文不可或缺的一部分，但在实际情况中，很多人会采用手动编制的方式在首页添加目录。这样的方式除了工作量巨大之外，还往往因为章节标题的格式调整、内容的页码变动等而使目录与正文出现差距。为了解决这些问题，Word 2010 提供了自动生成目录的功能，该功能不但能够自动生成目录，还能够在内容发生变动后方便快捷地更新目录。

（三）页面设置

在编辑好文本后，打印文本前，需要先对页面进行设置。页面设置主要是设置页边距、纸张方向、纸张大小等内容。

（四）打印 Word 文档

打印文档之前可以进行页面设置以及打印预览，如果没有错误或不合适的设置，就可以正式打印。

四、项目实施

（一）表格

1. 插入表格

在 Word 2010 中，可以通过以下方式插入表格：

1）使用“表格”菜单插入表格

在“插入”选项卡的“表格”组中，单击“表格”选项，然后在“插入表格”下拖拽鼠标以选择需要的行数和列数，如图 3–68 所示。

2）使用“插入表格”命令

“插入表格”命令可以让用户在将表格插入文档之前选择表格尺寸和格式。在“插入”选项卡上的“表格”组中，单击“表格”→“插入表格”命令。在弹出的“插入表格”对话框的“表格尺寸”项下输入列数和行数，在“‘自动调整’操作”项下选择相应选项以调整表格尺寸，如图 3–69 所示。

3）使用表格模板插入表格

表格可以使用表格模板并基于一组预先设好格式的表格来插入。表格模板包含示例数据，可以帮助设计添加数据时表格的外观。在“插入”选项卡的“表格”组中，单击“表格”选项，鼠标指针指向“快速表格”模板，再单击需要的模板，使用新数据替换模板中的数据，如图 3–70 所示。

图 3-68 插入表格

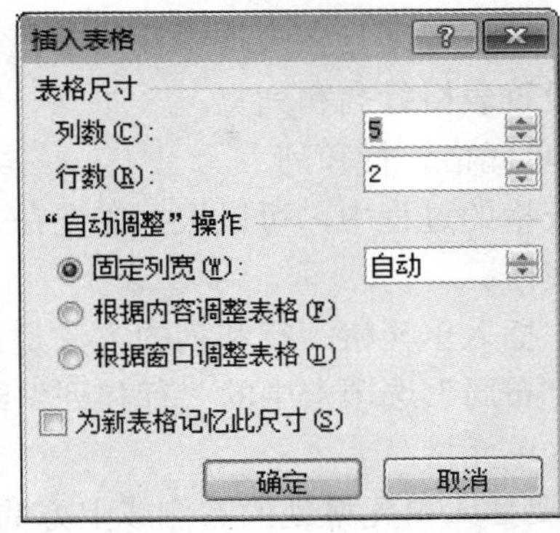

图 3-69 "插入表格"对话框

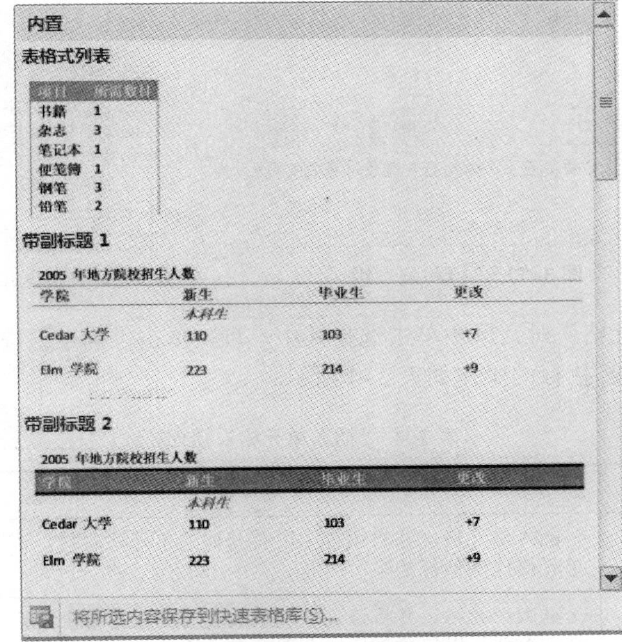

图 3-70 "快速表格"模板

4）在新文档中创建表格

根据旅游手册的要求需要创建一个表格，输入数据，如图 3-71 所示。

日期	东门		南门		北门	
	全票	半票	全票	半票	全票	半票

图 3-71 门票统计表

2. 编辑表格

表格的编辑主要是指在表格中插入单元格、行和列，删除单元格、行和列，合并与拆分单元格以及设置表格行高和列宽。

1）插入单元格、行和列

在制作表格的过程中，可以根据需要在表格内插入单元格、行和列，甚至可以在表格内再插入一张表格。

在表格中插入单元格、行和列的方法是：选中表格或将光标定位在单元格中，选择“表格工具”下“布局”选项卡中的“行和列”组，如图 3–72 所示。

（1）插入单元格。

① 单击要插入单元格处的右侧或上方的单元格。

② 在“表格工具”下的“布局”选项卡中，单击右下角的“行和列”对话框启动器，打开“插入单元格”对话框，如图 3–73 所示。

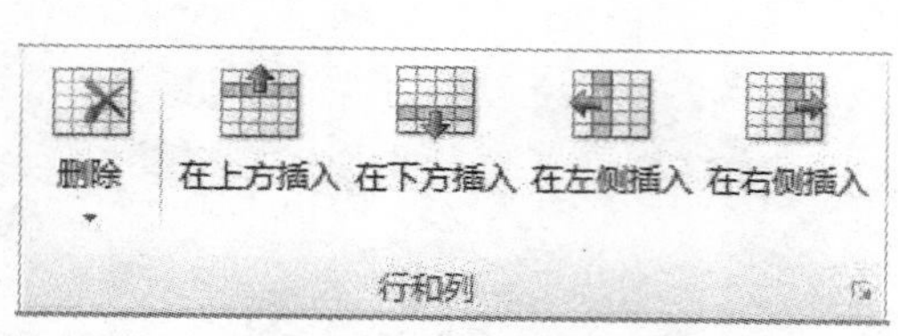

图 3–72 “行和列”组

图 3–73 “插入单元格”对话框

③ 在“插入单元格”对话框中单击选择其中一项，单击“确定”按钮。选择“插入单元格”对话框中的选项，执行的操作如表 3–4 所示。

表 3–4 “插入单元格”操作

选项	执行的操作
活动单元格右移	插入单元格，并将该行中所有其他的单元格右移，该选项可能会导致该行的单元格比其他行的多
活动单元格下移	插入单元格，并将该列中剩余的现有单元格每个下移一行，该表格底部会添加一个新行以包含最后一个现有单元格
整行插入	在单击的单元格上方插入一行
整列插入	在单击的单元格右侧插入一列

（2）插入行。

① 单击选中要插入行处的上方或下方的单元格。

② 在“表格工具”下，单击“布局”选项卡。

③ 如果要在选中的单元格上方添加一行，在“行和列”组中，单击“在上方插入”选项；如果要在选中的单元格下方添加一行，则在“行和列”组中，单击“在下方插入”选项。

（3）插入列。

① 单击选中要插入列处的右侧或左侧的单元格。

② 在“表格工具”下，单击“布局”选项卡。

③ 如果要在选中的单元格左侧添加一列，在“行和列”组中，单击“在左侧插入”选项；要在选中的单元格右侧添加一列，在“行和列”组中，单击“在右侧插入”选项。

2）删除单元格、行和列

选择要删除的行或列，单击鼠标右键，在弹出的快捷菜单上单击“删除行”或“删除列”选项。

3）合并与拆分单元格

在表格中选择要合并的单元格，单击鼠标右键，在弹出的快捷菜单上选择“合并单元格”选项，连续的几个单元格合并成一个，如图 3–74 所示。合并后的效果如图 3–75 所示。

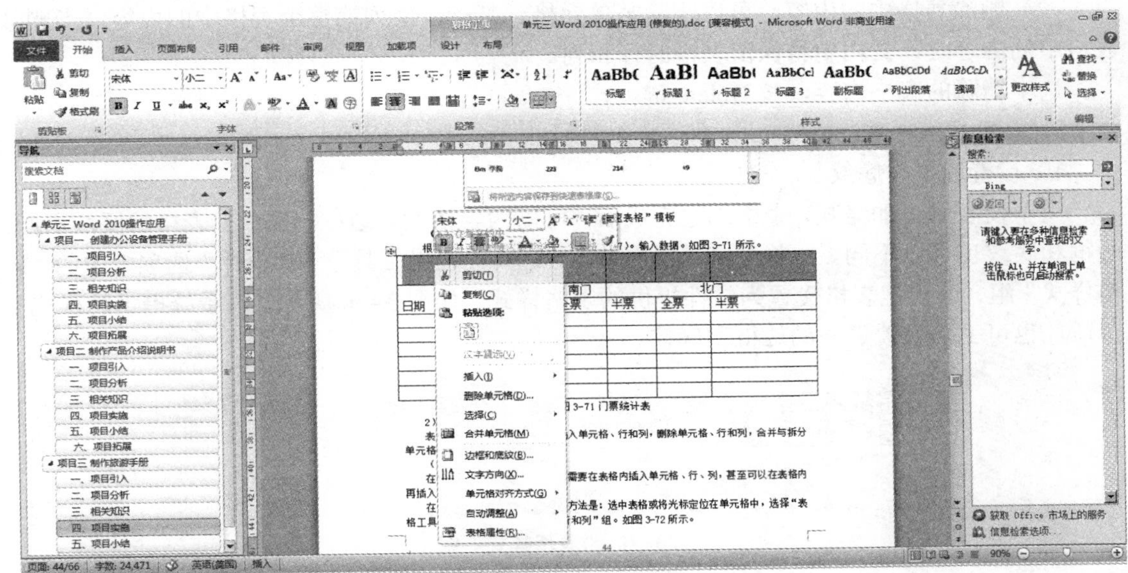

图 3–74　快捷菜单中的“合并单元格”

<table>
<tr><th colspan="7">赛里木湖门票收入统计表（赛财统1表）</th></tr>
<tr><td rowspan="2">日期</td><td colspan="2">东门</td><td colspan="2">南门</td><td colspan="2">北门</td></tr>
<tr><td>全票</td><td>半票</td><td>全票</td><td>半票</td><td>全票</td><td>半票</td></tr>
<tr><td></td><td></td><td></td><td></td><td></td><td></td><td></td></tr>
<tr><td></td><td></td><td></td><td></td><td></td><td></td><td></td></tr>
<tr><td></td><td></td><td></td><td></td><td></td><td></td><td></td></tr>
<tr><td></td><td></td><td></td><td></td><td></td><td></td><td></td></tr>
<tr><td></td><td></td><td></td><td></td><td></td><td></td><td></td></tr>
<tr><td></td><td></td><td></td><td></td><td></td><td></td><td></td></tr>
</table>

图 3–75　合并后的效果

4）绘制表格和擦除表格

绘制表格常用于修改已插入的简单表格，选中要修改的表格，在“表格工具”下“格式”选项卡上的“绘图边框”组中，单击“绘制表格”命令，指针变为铅笔状时，用鼠标拖动，可在表格中手工添加斜线、竖线和横线。

要擦除一条线或多条线，在“表格工具”下“格式”选项卡上的“绘图边框”组中，单击“擦除”命令，指针会变成橡皮状，单击要擦除的线条即可。

5）调整行高和列宽

选定想要调整列宽的单元格，将鼠标指针移到单元格边框线上，当鼠标指针变成中间为平行线时，按住鼠标左键，出现一条垂直的虚线表示改变单元格的大小，再按住鼠标左键向左或向右拖动，即可改变表格列宽。

3. 删除表格

（1）删除整个表格。将鼠标指针停留在表格上，直到显示表格移动图柄（鼠标呈四个箭头状），然后单击表格移动图柄，按 Backspace 键，或右击表格移动图柄，在快捷菜单中选择删除表格。

（2）删除表格中的内容。可以删除某单元格、某行、某列或整个表格中的内容。当删除表格中的内容时，文档中将保留表格的行和列。

选中清除的表格内容，按 Delete 键。

4. 应用表格样式

1）设置边框与底纹

为了使表格更加美观，表格创建完成后，可以为表格设置边框与底纹。表格的区域不同，边框和底纹也可以不同。在单个单元格内单击，选择“表格工具”下“设计”选项卡中的“表格样式”组，即可把表格设置为软件提供的表格样式，如图 3–76 所示。若系统提供的样式不合适，也可手动设置表格的边框和底纹。

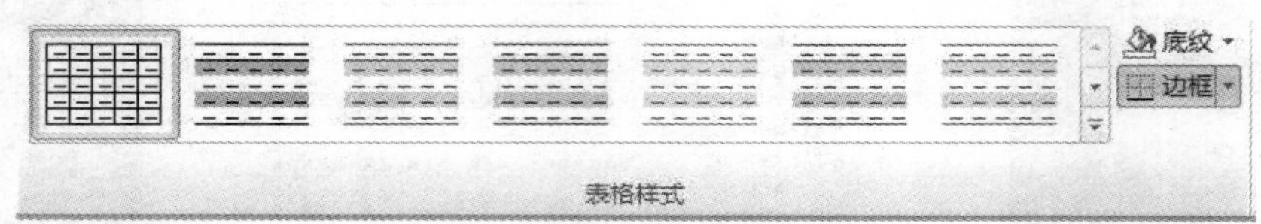

图 3–76 “表格样式”组

（1）设置边框。

① 选中要添加边框的表格，选择“表格工具”下“设计”选项卡中的“表格样式”组，打开“边框”的下拉列表，单击“边框和底纹”选项，打开“边框和底纹”对话框，如图 3–77 所示。

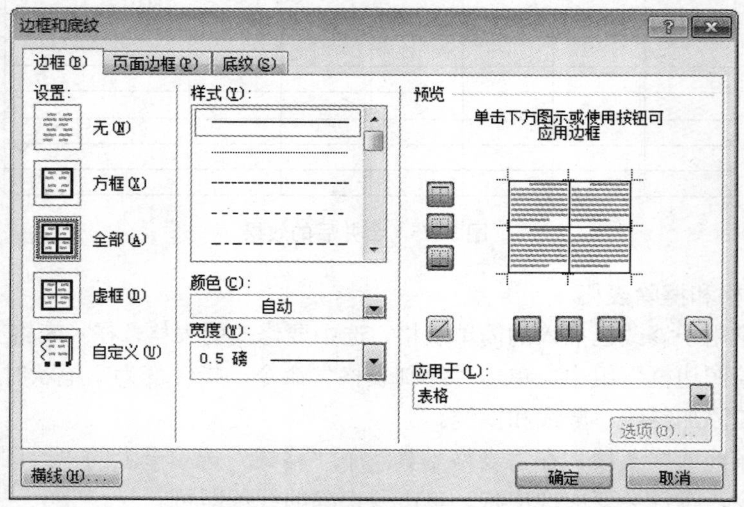

图 3–77 “边框和底纹”对话框

② 在“边框”选项卡中选择边框的样式、颜色和宽度，效果如图 3–78 所示。

赛里木湖门票收入统计表（赛财统1表）						
日期	东门		南门		北门	
	全票	半票	全票	半票	全票	半票

图 3–78　设置边框效果

（2）设置底纹。

① 选择要添加底纹的单元格。

② 单击“表格工具”下“设计”选项卡中“表格样式”组的“底纹”选项，如图 3–79 所示。

③ 在“底纹”中选择底纹颜色，效果如图 3–80 所示。

设置底纹也可以在“边框和底纹”对话框的“底纹”选项卡中设置。

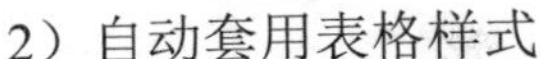

图 3–79 “底纹”选项

2）自动套用表格样式

对于表格，除了进行手工建立与修饰外，Word 2010 还提供了一些已经设置好的经典样式供用户使用，称为“自动套用样式”。“自动套用样式”的应用使得对表格的排版变得轻松、容易。设置表格样式的步骤如下：

（1）选中需要设置表格样式的表格。

（2）选择“表格工具”下“设计”选项卡中的“表格样式”组，单击表格样式的下拉列表按钮，选择合适的样式，如图 3–81 所示。

赛里木湖门票收入统计表（赛财统1表）						
日期	东门		南门		北门	
	全票	半票	全票	半票	全票	半票

图 3–80　设置底纹效果

（二）自动生成文档目录

1. 插入目录

如果需要给文档插入一个目录，可以选择“引用”选项卡上的“目录”组，如图 3–82 所示。选择“手动表格”，然后在弹出的目录表格内手工编辑目录。

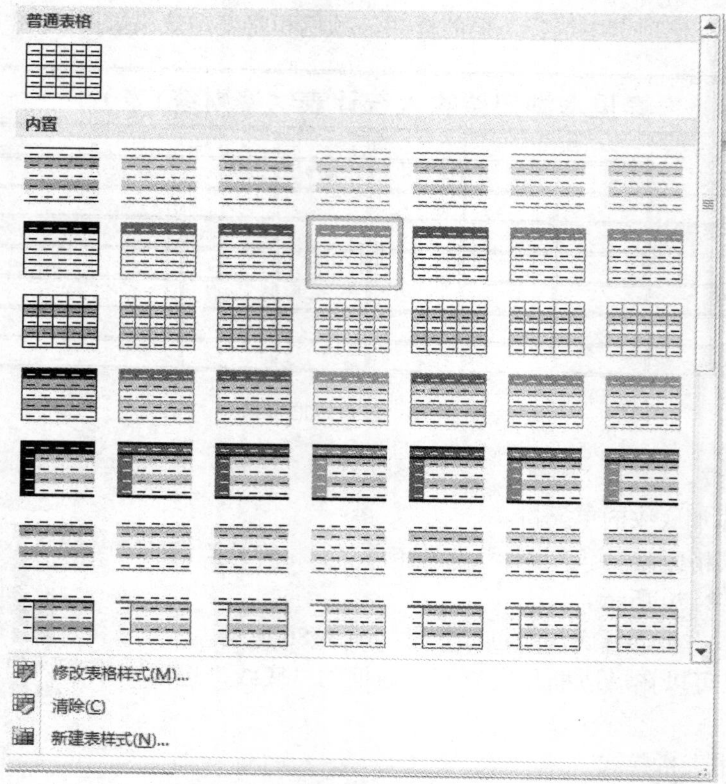

图 3-81　表格样式

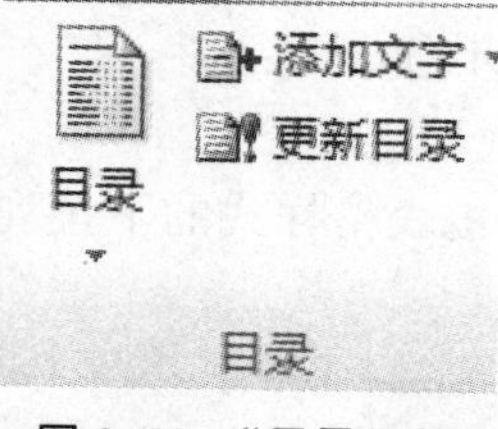

图 3-82　“目录”组

如果已经用样式对文档的层次结构进行了设定，那么 Word 就能够自动根据标题的层次生成目录结构。

选择“引用”选项卡上的“目录”组，选择“自动目录 1”或“自动目录 2”，即可生成一个非常规整的自动目录，如图 3-83 所示。

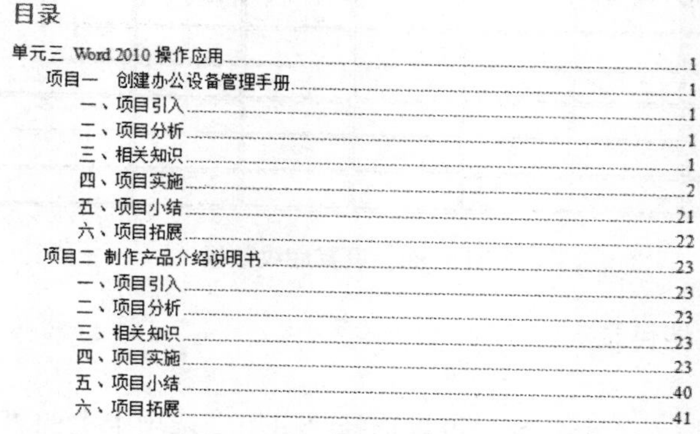

目录

单元三 Word 2010 操作应用 1
项目一　创建办公设备管理手册 1
一、项目引入 1
二、项目分析 1
三、相关知识 1
四、项目实施 1
五、项目小结 2
六、项目拓展 21
项目二 制作产品介绍说明书 22
一、项目引入 23
二、项目分析 23
三、相关知识 23
四、项目实施 23
五、项目小结 23
六、项目拓展 40
.... 41

图 3-83　自动生成目录

2. 设置目录样式

目录插入之后，可以进一步设置目录的样式。设置方法是：在目录中选中需要设置的目录内容，打开“开始”选项卡，在“字体”组中设置目录的字体、字形、颜色等，在“段落”组中设置行距、底纹等。

3. 删除目录

在生成的目录中，若有多余的内容需要删除，可单击选中该行，按 Delete 键即可删除。

4. 更新目录

插入目录以后，如果用户对文档进行编辑修改，那么目录标题和页码都有可能发生变化，此时必须对目录进行更新，以便用户可以进行正确的查找。Word 2010 提供了自动更新目录的功能，使用户无须手动修改目录。

（1）选中目录，打开“引用”选项卡，在“目录”组中单击“更新目录”选项，打开“更新目录”对话框，如图 3–84 所示。

（2）在“更新目录”对话框中选择，若文档的章节标题没有变化，只需要更新目录的页码，则选择“只更新页码”选项；否则，选择“更新整个目录”选项。单击“确定”按钮，即可完成目录的更新。

（三）页眉、页脚和页码

1. 插入页码

在“插入”选项卡上的“页眉和页脚”组中，单击“页码”选项，如图 3–85 所示，选择所需的页码位置，滚动浏览器中的选项，选择页码格式。

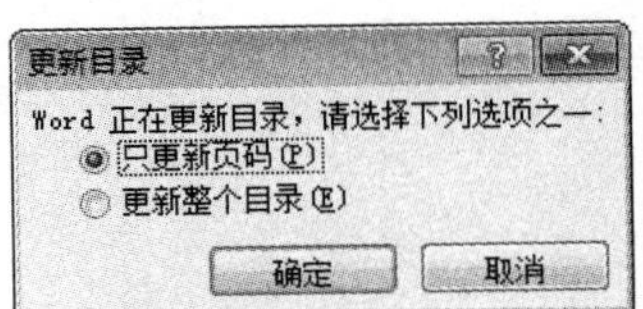

图 3–84 “更新目录”对话框

图 3–85 “页眉和页脚”组

若要返回至文档正文，单击“页眉和页脚工具”下“设计”选项卡上的“关闭页眉和页脚”选项，如图 3–86 所示。

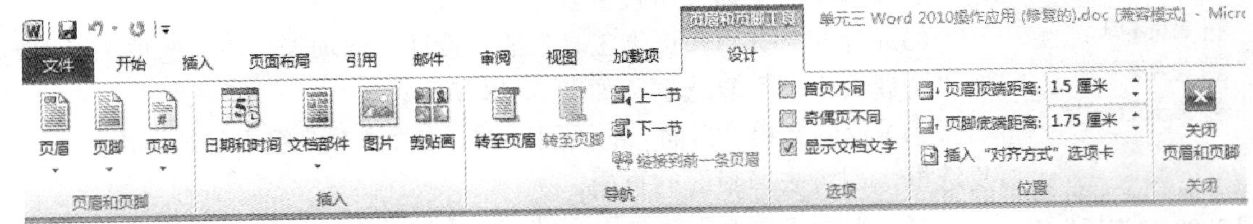

图 3–86 “关闭页眉和页脚”选项

2. 添加页眉和页脚

在“插入”选项卡上的“页眉和页脚”组中，单击“页眉”或“页脚”选项，选择要添加到文档中的页眉或页脚。若要返回到文档正文，可单击“设计”选项卡上的“关闭页眉和页脚”选项。

3. 页眉和页脚的高级应用

有时在处理文档时，需要添加奇偶页不同的页眉，具体的操作步骤如下：

（1）将插入点定位在文档 “正文”开始的页面上，并打开“插入”选项卡，单击“页眉”按钮，在下拉列表中选择“空白”选项，如图 3–87 所示。

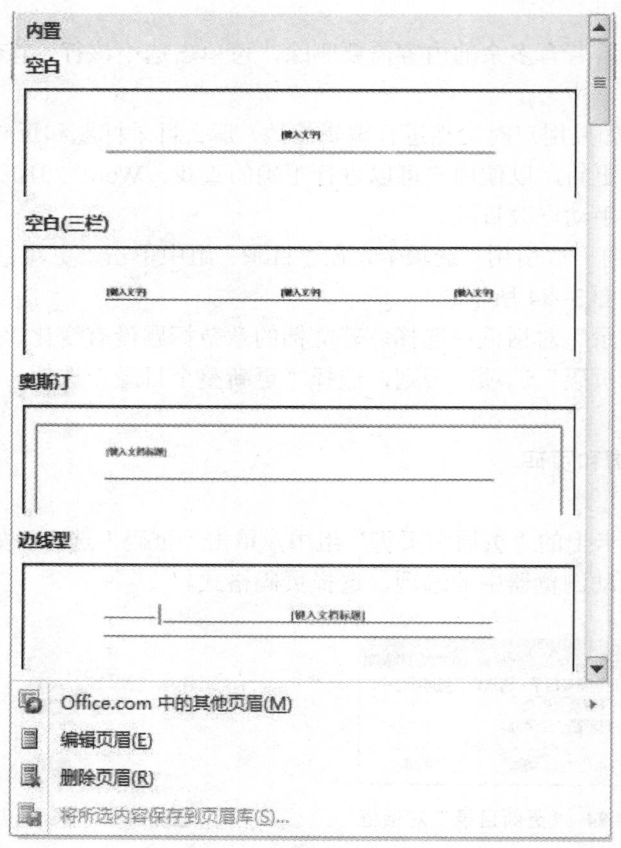

图 3–87　插入“空白”页眉

（2）切换至“正文”第 1 页的页眉区域中，输入“赛里木湖风景名胜区”，同时可以在“开始”选项卡中“字体”组设置其字体格式。

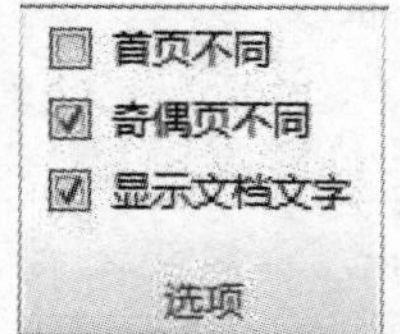

图 3–88 “选项”组

（3）打开“页眉和页脚工具”的“设计”选项卡，在“选项”组中勾选“奇偶页不同”复选框，如图 3–88 所示。

（4）返回文档“封面”的页眉区域，在“选项”组中勾选“首页不同”复选框，即可去掉封面的页眉。

（5）返回“摘要”的页眉区域，在“选项”组中勾选“首页不同”复选框，并在“导航”组中取消“链接到前一条页眉”，这样可以保证在修改前一节（“封面”）页眉时，当前节（“摘要”）的页眉不受影响。

（6）返回“目录”的页眉区域，同样在“导航”组中取消“链接到前一条页眉”。

（7）返回“正文”第一页的页眉区域，在“导航”组中取消“链接到前一条页眉”，并输入偶数页的页眉“广东九洲科技有限公司”。

（8）此时可对比“目录”“页眉”和“正文”第一页的页眉，由于分别是奇数页和偶数页，因此在页眉区域显示的文字是不同的。

（四）文档的页面设置与打印

1. 页面设置

用户在完成文档的编辑之后，在打印文档之前需要对文档的页面进行设置。页面设置主要是设置页边距、纸张大小、纸张方向等。进行页面设置主要有两种方法：

方法一：在“页面布局”选项卡上的“页面设置”组即可设置页边距、纸张方向、纸张大小等，如图 3–89 所示。

图 3–89 “页面设置”组

方法二：在“页面设置”组中单击右下角的对话框启动器，打开“页面设置”对话框，即可设置页边距，如图 3–90 所示。

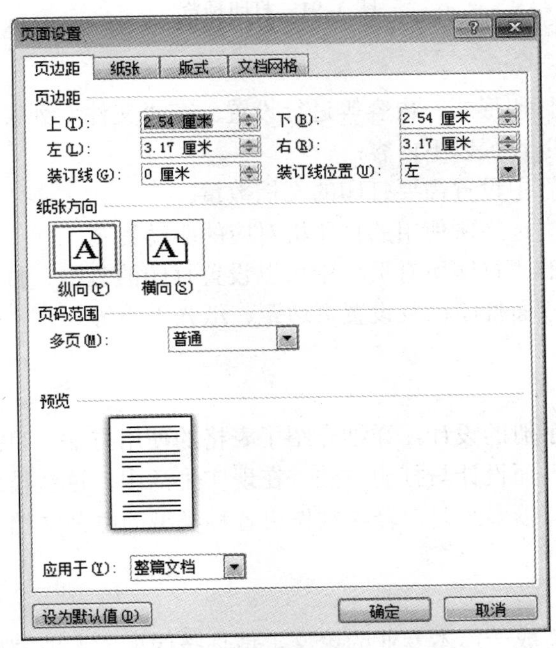

图 3–90 “页面设置”对话框

2. 打印预览

在 Office 2010 中不需要实际打印文档，即可方便地预览文档在打印时的布局效果。

单击“文件”选项卡中的“打印”命令，如图 3–91 所示，页面中即可显示文档的打印预览效果。

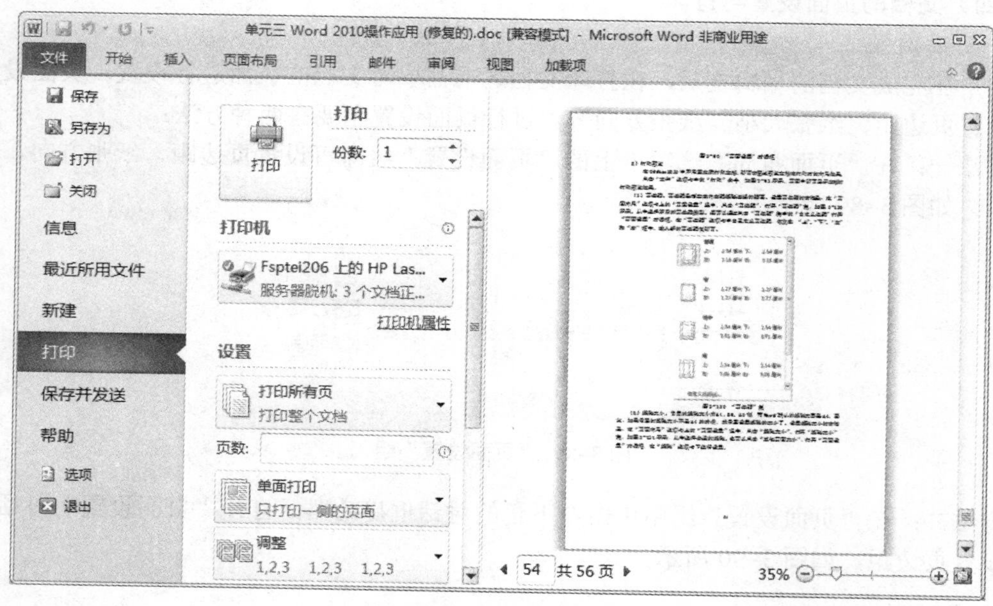

图 3–91　打印预览

3. 打印

在打印之前需要对打印形式、内容等进行设置。在“文件”列表中单击“打印”命令，打开“打印”界面，可以设置以下内容：

（1）在“打印份数”中设置需要打印的文档数量。

（2）在“打印机”中选择所使用的打印机对应的驱动程序。

（3）在“设置”中的“打印所有页”中可以设置打印的范围、打印方向，同时还可以设置页面是单面打印还是双面打印以及设置页边距、纸张大小等。

五、项目小结

该项目通过对旅游手册的设计，详细介绍了表格的使用方法、目录自动生成的方法、页眉页脚的设置及文档的页面设计与打印方法。在现实生活中，这些技术都是经常用到的，通过本项目的学习，读者可以多练习，轻松制作出各种类型的办公文档。

六、项目拓展

毕业前需要毕业生完成一篇本专业的论文，请你按照所学专业完成一篇相关论文，并按要求设置论文。

（1）设置论文的格式。

（2）为论文添加目录。

（3）为论文添加页眉和页脚，要求奇数页的页眉为论文题目，偶数页的页眉为学校名称。

Excel 2010 操作应用

Excel 2010 是微软公司发布的 Office 2010 办公套装软件中的一个重要组成部分，它不仅具有一般电子表格软件所包括的处理数据、制表和图形等功能，还具有智能化的计算和数据管理、数据分析等能力，它界面友好、操作方便、功能强大、易学易会，深受广大用户的喜爱，是一款优秀的电子表格制作软件。

项目一　创建学生信息表

一、项目引入

踏入新的学校，组建了新的班级，为了使同学们更好更快地相互熟悉，也方便老师和班干部掌握同学们的基本情况，从而开展工作，班长需要把班内同学的基本信息统计一下，打开 Excel 2010 开始制作“学生信息表”。

二、项目分析

要完成“学生信息表”的制作，首先要熟悉 Excel 2010 的工作界面，掌握数据的输入与编辑，添加（删除）行、列和设置单元格格式。

三、相关知识

（一）启动和退出 Excel 2010

1. 启动 Excel 2010 的常用方法

（1）菜单法：单击“开始”→“程序”→“Microsoft Office”→“Microsoft Excle 2010”命令，即可启动 Excel 2010。

（2）快捷方式法：双击建立在 Windows 桌面上的“Microsoft Office Excel 2010”快捷方式图标或快速启动栏中的图标即可快速启动 Excel 2010。

（3）文件关联法：用户可通过双击已经建立的 Excel 文档，在打开该文档的同时启动 Excel 应用程序。

2. 退出 Excel 2010 的方法

（1）双击 Excel 2010 窗口左上角的“控制菜单”图标，或单击“控制菜单”图标，选择其中的“关闭”命令。

（2）单击 Excel 2010 窗口右上角的“关闭”按钮。

（3）选择“文件”菜单中的“退出”命令。

（4）按 Alt+F4 组合键。

无论采取何种方法退出 Excel 2010，在退出前，系统将提示您要先保存文档。

（二）Excel 2010 的工作界面

Excel 2010 的工作界面之所以深受广大用户的喜爱，是因为它的界面较之前一些版本更加友好，在 Excel 2010 中最明显的变化就是取消了传统的菜单操作方式，而代之以八大功能区：文件、开始、插入、页面布局、公式、数据、审阅和视图。Excel 2010 窗口上方看起来像菜单的名称其实是功能区的名称，单击这些名称将切换到相对应的功能区，即切换至对应的选项卡，如“开始”“插入”等。每个功能区根据功能的不同又分为若干个组，每组包含若干个工具按钮。

启动 Excel 2010 后即可看到 Excel 2010 的工作界面，由程序窗口和工作簿窗口套叠而成，由快速访问工具栏、标题栏、选项卡、功能区、编辑栏、垂直（水平）滚动条、状态栏、工作表编辑区等组成，工作界面如图 4–1 所示。

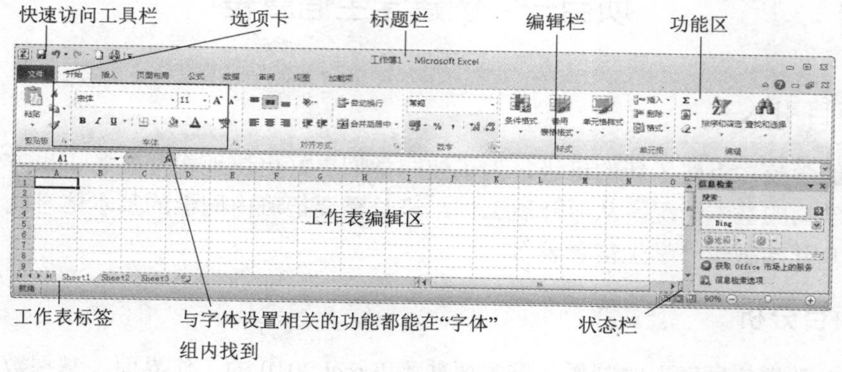

图 4–1　Excel 2010 的工作界面

1.“文件”选项卡

在 Excel 主视窗的左上角，有一个特别的绿色的功能区，就是“文件”功能区，它为用户提供了一个集中位置，便于用户对文件执行所有操作，并可以执行与文件有关的命令，例如，打开新文件、开启旧文件、打印、保存及传送文件等。在“文件”功能区除了执行各项命令外，还会列出最近曾经开启及储存过的文件，以方便再度开启。

2. 快速访问工具栏

“快速访问工具栏”顾名思义就是将常用的工具摆放于此，帮助快速完成工作。Excel 2010 的快速访问工具栏是一个自定义工具栏，其中显示了最常用的命令。默认的常用快速访问工具栏有“保存”“撤消”“恢复”等，如果想将自己常用的工具添加到此，可以单击快速访问工具栏右边的小三角，弹出“自定义快速访问工具栏”下拉菜单，在菜单中把需要添加的工具按钮前面打上对号，它们就被添加到了快速访问工具栏上，同样的方法，如果需要删除某个工具按钮，直接把它前面的对号去掉即可。

3. 标题栏

标题栏位于窗口的顶部，显示应用程序名和当前使用的工作簿名。对于新建立的 Excel 文件，用户所看到的文件名是工作簿 1，这是 Excel 2010 默认建立的文件名。在标题栏的最右端是控制按钮，单击控制按钮，可以最小化、最大化（还原）或关闭窗口。

4. 功能区

Excel 2010 中，传统菜单和工具栏已被一些选项卡所取代，这些选项卡可将相关命令组合到一起，我们可以轻松地查找以前隐藏在复杂菜单和工具栏中的命令和功能。并且，通过 Office 2010 中改进的功能区，我们可以自定义选项卡和组或创建自己的选项卡和组以适合自己独特的工作方式，从而可以更快地访问常用命令，另外还可以重命名内置选项卡和组或更改其顺序。

默认情况下，Excel 2010 功能区中包括“开始”“插入”“页面布局”“公式”“数据”“审阅”“视图”选项卡。每个功能区根据功能的不同又分为若干个组，每个功能区所拥有的功能如下所述：

（1）“开始”功能区：该功能区主要用于帮助用户对 Excel 2010 表格进行文字编辑和单元格的格式设置，是用户最常用的功能区。“开始”功能区中包括剪贴板、字体、对齐方式、数字、样式、单元格和编辑等 7 个组。

（2）“插入”功能区：该功能区主要用于在 Excel 2010 表格中插入各种对象，包括表、插图、图表、迷你图、筛选器、链接、文本和符号等几个组，对应 Excel 2003 中“插入”菜单的部分命令。

（3）“页面布局”功能区：该功能区用于帮助用户设置 Excel 2010 表格页面样式，包括主题、页面设置、调整为合适大小、工作表选项、排列几个组，对应 Excel 2003 的“页面设置”菜单命令和“格式”菜单中的部分命令。

（4）“公式”功能区：该功能区用于实现在 Excel 2010 表格中进行各种数据计算，包括函数库、定义的名称、公式审核和计算几个组。

（5）“数据”功能区：该功能区主要用于在 Excel 2010 表格中进行数据处理相关方面的操作，包括获取外部数据、连接、排序和筛选、数据工具和分级显示几个组。

（6）“审阅”功能区：该功能区主要用于对 Excel 2010 表格进行校对和修订等操作，适用于多人协作处理 Excel 2010 表格数据，包括校对、中文简繁转换、语言、批注和更改五个组。

（7）“视图”功能区：该功能区主要用于帮助用户设置 Excel 2010 表格窗口的视图类型，以方便操作，包括工作簿视图、显示、显示比例、窗口和宏几个组。

（8）隐藏与显示“功能区”：如果觉得功能区占用太大的版面位置，可以将“功能区”隐藏起来，方法如图 4–2 所示。

5. 编辑栏

在功能区的下方一行就是编辑栏（见图 4–3），编辑栏的左端是名称框，显示当前选定单元格或图表的名字，编辑栏的右端是数据编辑区，用来输入、编辑当前单元格或单元格区域的数学公式等数据。当一个单元格被选中后，可以在编辑栏中直接输入或编辑该单元格的内容。随着活动单元数据的输入，复选框被激活，在框中有取消按钮“×”表示放弃本次操作，相当于按 Esc 键；确认按钮“ √ ”表示确认保存本次操作；插入函数 fx 按钮用于打开“插入函数”对话框。

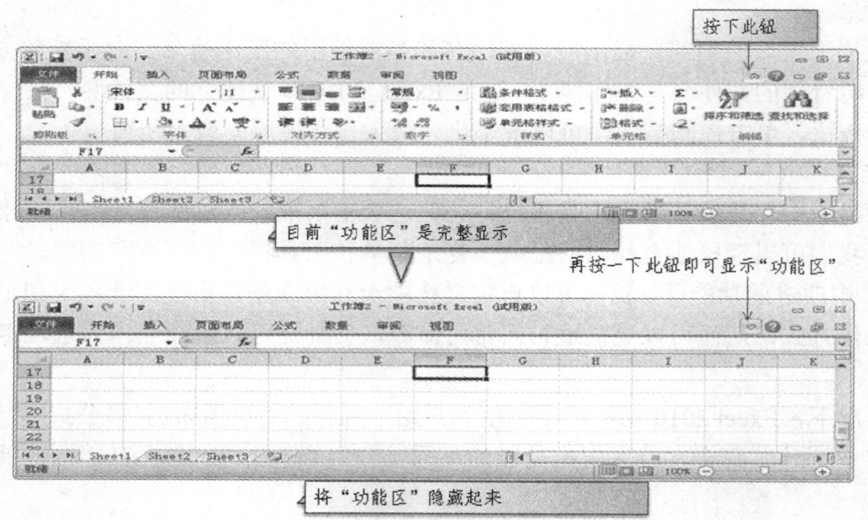

图 4–2　隐藏与显示“功能区”

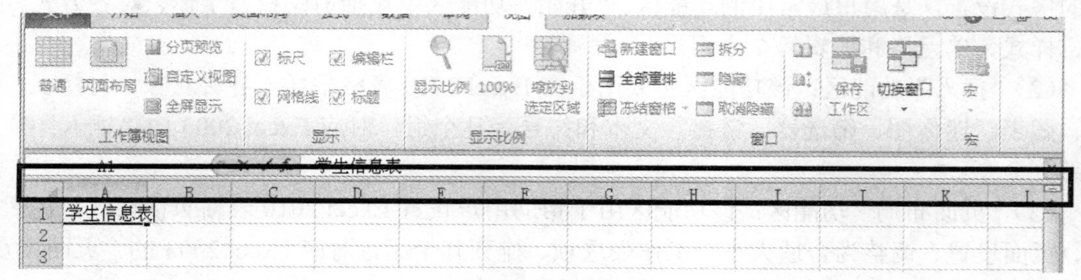

图 4–3　编辑栏

6. 状态栏

状态栏位于窗口底部，用来显示当前工作区的状态和显示模式。Excel 2010 支持三种显示模式，分别为“普通”模式、“页面布局”模式和“分页预览”模式，单击 Excel 2010 窗口右下角的按钮可以切换显示模式。

7. 工作表编辑区

工作表编辑区是 Excel 工作界面中面积最大的区域，主要用于编辑、查看数据，工作表中的所有数据信息都显示在工作表编辑区中。

（三）Excel 中的几个基本概念

工作簿是 Excel 使用的文件架构，我们可以将它想象成一个工作夹，在这个工作夹里面有许多工作纸，这些工作纸就是工作表。

1. 工作簿

Excel 中，一个工作簿就是一个 Excel 文件，它是工作表的集合体，工作簿就像日常工作的文件夹。一张工作簿中可以放多张工作表，最多可以放 255 张工作表。

2. 工作表

工作表是显示在工作簿窗口中的表格，是工作簿文件的基本组成。每张工作表都以标签的形式排列在工作簿的底部，Excel 工作表是由行和列组成的一张表格，用数字 1、2、3、4 等来表示行号，用英文字母 A、B、C、D 等表示列号。工作表是数据存储的主要场所，一个工作表可以由 1 048 576 行和 16 384 列构成。当需要进行工作表切换时，只需用鼠标单击相应的工作表标签名称即可。

3. 单元格

工作表是由行和列组成的表格，表内的方格称为“单元格”，我们所输入的资料便是排放在一个个的单元格中，它是 Excel 工作表中的最小单位。单元格按所在的行列交叉位置来命名，命名时列号在前行号在后，如单元格 C3。单元格的名称又称为单元格地址。

（四）单元格数据类型

不同的应用场合需要使用不同的数据格式，如货币、日期、时间、分数等。如要求某列的数字为 1 位小数，则首先选择该列单元格，单击右键选择“设置单元格格式”命令，在弹出的对话框中选择“数据”选项卡，在分类列表框中选择“数值”即可看到可选的数据格式。下面介绍“开始”选项卡上“数字”组中的可用数字格式。

1. 常规

“常规”格式是键入数字时 Excel 所应用的默认数字格式，不包含特定的数字格式。如果单元格的宽度不够显示整个数字，则“常规”格式会用小数点对数字进行四舍五入。“常规”数字格式还对较大的数字（12 位或更多位）使用科学计数（指数）表示法。当单元格宽度不足以显示内容时，数字资料会显示成“#”。

2. 数值

“数值”格式用于数字的一般表示。用户可以指定要使用的小数位数、是否使用千位分隔符以及如何显示负数。

3. 文本

将单元格的内容视为文本，并在键入时准确显示内容，如果输入的文本是数字型的，如学号“201211301”，则要先输入英文的单引号“'”再输入“201211301”，这样 Excel 就会把它看成是文本型数据。当单元格宽度不足以显示内容时，文本资料会由右边相邻的储存格决定如何显示，当右边相邻单元格有内容时，文本资料会被截断，当右边相邻单元格是空白时，文本资料会跨越到右边相邻的单元格显示。

4. 货币

“货币”格式用于表示一般货币数值，并显示默认货币符号。用户可以指定要使用的小数位数、是否使用千位分隔符以及如何显示负数。

5. 会计专用

“会计专用”格式也用于货币值，可进行一列数值的货币符号和小数点的对齐。

6. 日期和时间

“日期”和“时间”格式根据指定的类型和区域设置（国家/地区），将日期和时间序列号显示为日期值。以星号（*）开头的日期格式受操作系统指定的区域日期和时间设置影响，不带星号的格式不受操作系统设置的影响。

7. 百分比

将单元格值乘以 100，并用百分号（%）显示结果。用户可以指定要使用的小数位数。

8. 分数

根据所指定的分数类型以分数形式显示数字。

9. 科学计数

以指数符号的形式显示数字，将其中一部分数字用 E+*n* 代替，其中，E（代表指数）将前面的数字乘以 10 的 *n* 次幂。例如 2 位小数的“科学计数”格式将 12345678901 显示为 1.23E+10，即用 1.23 乘以 10 的 10 次幂。用户可以指定要使用的小数位数。

10. 特殊

将数字显示为邮政编码、电话号码或社会保险号码，可用于跟踪数据列表及数据库的值。

11. 自定义

以现有的格式为基础，允许用户生成自定义的数据格式。

（五）单元格对齐方式

单元格中的文本和数据的内容相对单元格上下左右的位置就是单元格的对齐方式，Excel 2010 中系统默认的数据水平对齐方式是文字左对齐，数字右对齐，逻辑值居中对齐。当然，根据需要可以对单元格内容的对齐方式重新进行设置。单元格对齐方式分为水平对齐和垂直对齐两种，设置方法有三种。

方法一：选中需要设置对齐方式的单元格，在“开始”功能区的“对齐方式”组中选择“文本左对齐”“居中”“文本右对齐”“顶端对齐”“垂直居中”“底端对齐”等按钮直接设置单元格的对齐方式。

方法二：选中需要设置对齐方式的单元格，单击鼠标右键，在弹出的快捷菜单中选择“设置单元格格式”命令，打开“设置单元格格式”对话框，切换到“对齐”选项卡。在“文本对齐”方式区域可以分别设置“水平对齐”和“垂直对齐”方式。其中，“水平对齐”方式包括“常规”“靠左（缩进）”“居中”“靠右（缩进）”“填充”“两端对齐”“跨列居中”“分散对齐”8 种方式；“垂直对齐”方式包括“靠上”“居中”“靠下”“两端对齐”和“分散对齐”5 种方式。用户选择合适的对齐方式后单击“确定”按钮即可。

方法三：选中需要设置对齐方式的单元格，直接单击“开始”选项卡中“对齐方式”组右下角的黑色小三角，在弹出的 “设置单元格格式”对话框的“对齐”选项卡中，用户可以获得更丰富的单元格对齐方式选项，从而实现更高级的单元格对齐设置。

（六）单元格的边框和底纹

在 Excel 工作表中制好表格后，如果不进行任何边框设置，打印输出后将不带表格线。在 Excel 中，为了使表格风格多样化，可以为表格选用各种不同的线型，根据需要还可以为单元格添加或删除某些边框线。对单元格的颜色和图案也可以进行有针对性的设置。

1. 设置单元格的边框线

设置单元格的边框线有以下两种方法。

方法一：利用菜单命令设置单元格的边框线。

① 选定要设置边框线的单元格或单元格区域。

② 单击“开始”选项卡“单元格”组中“格式”右下角的黑色小三角，在弹出的下拉菜单中选择“设置单元格格式”选项，弹出“设置单元格格式”对话框，在该对话框中单击“边框”选项卡，在“边框”选项卡中设置边框、线条类型、颜色等，如果要设置斜线单元格，只需要单击“边框”项中的“斜线”按钮，最后单击“确定”按钮即可。

③ 设置完成后，单击“确定”按钮即可。

方法二：利用右键设置单元格的边框线。选定要设置边框线的单元格或单元格区域，单击鼠标右键，在弹出的快捷菜单中选择“设置单元格格式”选项，打开“设置单元格格式”对话框。在该对话框中单击“边框”选项卡，在“边框”选项卡中设置边框、线条类型、颜色等即可。

2. 设置底纹

默认情况下，工作表中的所有单元格不包含任何填充色，可以通过使用纯色或特定图案填充单元格来为单元格添加底纹，操作方法如下：

（1）用纯色填充单元格。

选择要应用底纹的单元格，在“开始”选项卡上的“字体”组中单击“填充颜色”按钮用最近选择的颜色填充；若要选择其他颜色填充，则单击“填充颜色”旁边的箭头，然后在“主题颜色”或“标准色”下面单击要填充的颜色。

（2）用图案填充单元格。

选择要应用底纹的单元格，可以用以下三种方法弹出“设置单元格格式”对话框，然后设置图案填充单元格。

方法一：在“开始”选项卡上的“字体”组中，单击“设置单元格格式”对话框启动器。

方法二：按快捷键 Ctrl+Shift+F。

方法三：单击“开始”选项卡中“单元格”组中“格式”右下角的黑色小三角，在弹出的下拉菜单中选择“设置单元格格式”选项。

采用以上任一种方法弹出“设置单元格格式”对话框后，在“填充”选项卡上选择要使用的背景色，在“图案颜色”框中单击另一种颜色以确定图案的颜色，接着在“图案样式”框中选择图案样式，如图 4–4 所示。

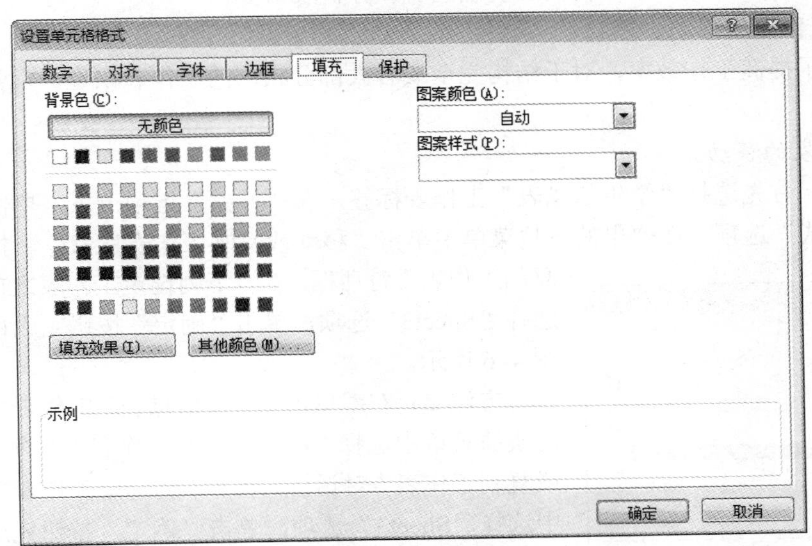

图 4–4 “设置单元格格式”对话框

若要使用具有特殊效果的图案，可单击“填充效果”按钮，然后在“渐变”选项卡上单击所需的选项，如图 4–5 所示。

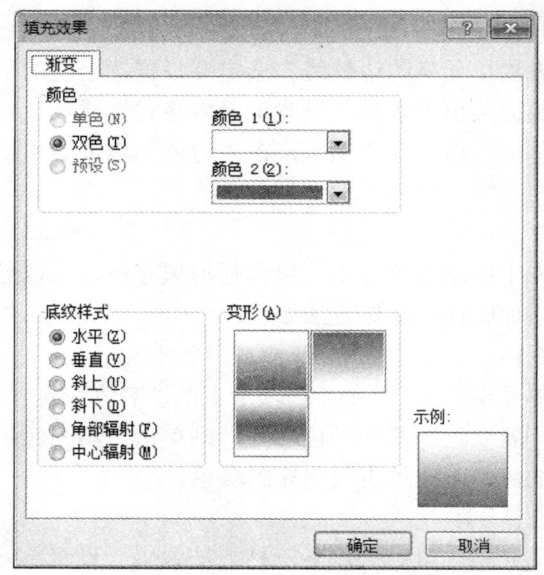

图 4–5 “填充效果”对话框

对于已经设置底纹的单元格，如果想删除单元格底纹，需要选择含有填充颜色或填充图案的单元格，在“开始”选项卡上的“字体”组中，单击“填充颜色”旁边的向下小箭头，在弹出的小窗口中单击选择“无填充颜色”选项即可删除单元格底纹。

（七）设置条件格式

如果要突出显示某些符合特定条件的一组单元格数据内容，就需要用到条件格式，使用条件格式可以根据指定的公式或数值确定搜索条件，并将此格式应用到工作表选定范围中符合条件的单元格，它可以帮助我们直观地查看和分析表格数据。

（八）工作表的移动、复制

有时为了提高工作效率，对于结构完全或者大部分相同的工作表来说，常常需要移动、复制等操作。

1. 工作表的移动

方法一：首先选择“学生信息表”工作表标签，在“开始”选项卡下，单击“单元格”组中的“格式”选项，在弹出的下拉菜单中单击“移动或复制工作表”命令，打开“移动或复制工作表”对话框，在“下列选定工作表之前”列表框中选择“Sheet3”选项，单击“确定”按钮完成移动操作，如图 4–6 所示。

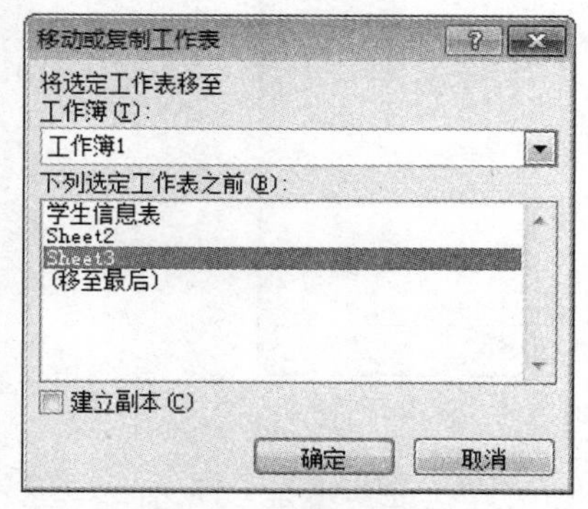

图 4–6 移动工作表

方法二：右键单击“学生信息表”工作表标签，在弹出的快捷菜单中选择“移动或复制工作表”选项，打开“移动或复制工作表”对话框，在“下列选定工作表之前”列表框中选择“Sheet3”选项，单击“确定”按钮完成移动操作。

方法三：在同一个工作簿中，选定目标工作表，按住鼠标左键向左右拖动，拖至目标位置后释放鼠标，此时可以看到目标工作表位置已经发生了改变。

在“移动或复制工作表”对话框中勾选“建立副本”复选框即可完成工作表的复制。如果在同一个工作簿中复制工作表，可以按住鼠标左键同时按下 Ctrl 键不放向左右拖动，拖至目标位置后释放鼠标，就可以看到目标工作表被复制了。

（九）工作表的拆分与冻结

1. 工作表的拆分

拆分工作表是把当前工作表窗口拆分成几个窗格，每个窗格都可以使用滚动条来显示工作表的各个部分。使用拆分窗口可以在一个文档窗口中查看工作表的不同部分。既可以对工作表进行水平拆分，也可以对工作表进行垂直拆分。一般有以下两种方法：

方法一：用菜单命令拆分。选定单元格（拆分的分割点），单击“视图”选项卡下“窗口”组中的“拆分”命令，以选定单元格为拆分的分割点，工作表将被拆分为 4 个独立的窗口。

方法二：用鼠标拆分。用鼠标拖动工作表标签拆分框或双击工作表标签拆分框。

单击“视图”选项卡下“窗口”组中的“拆分”命令，即取消当前的拆分操行，或直接双击分割条即可取消拆分，恢复窗口原来的形状。

2. 工作表的冻结

工作表中有很多数据时，如果使用垂直或水平滚动条浏览数据，行标题或列标题也随着一起滚动，这样查看数据很不方便。使用冻结窗口功能就是将工作表的上窗格和左窗格冻结在屏幕上。这样，当使用垂直或水平滚动条浏览数据时，行标题和列标题将不会随着一起滚动，一直在屏幕上显示。工作表冻结的操作方法如下：

选定目标单元格作为冻结点单元格，单击“视图”选项卡下“窗口”组中的“冻结窗格”命令，弹出下拉菜单，在下拉菜单中选择冻结拆分选项（如“冻结拆分窗格”命令等）即可。

取消冻结窗格的方法也很简单，单击“视图”选项卡下“窗口”组中的“冻结窗格”命令，在弹出的下拉菜单中取消冻结拆分选项（如“取消冻结窗格”命令等），即可取消冻结窗格使工作表恢复原样。

（十）保护工作表

为了防止工作表被别人修改，可以设置对工作表的保护。保护工作表功能可防止修改工作表中的单元格、Excel 表、图表等。

1. 保护工作表

选定需要保护的工作表，如 Sheet1，单击“审阅”选项卡下“更改”组中的“保护工作表”命令，弹出“保护工作表”对话框，选择需要保护的选项，输入密码，单击“确定”按钮。

2. 保护工作簿

选定需要保护的工作簿，单击“审阅”选项卡下“更改”组中的“保护工作簿”命令，弹出“保护结构和窗口”对话框，在“保护工作簿”列中选择需要保护的选项，输入密码，单击“确定”按钮。其中，选择“结构”选项，将保护工作簿的结构，避免插入、删除等操作；选择“窗口”选项，将保护工作簿的窗口不被移动、缩放等操作。

如果要取消对保护工作表或工作簿的保护，单击“审阅”选项卡下“更改”组中的“撤消工作表保护”或“撤消工作簿保护”选项。如果设置了密码，则按提示输入密码，即可取消保护。

（十一）隐藏和恢复工作表

当工作簿中的工作表数量较多时，可以将一些暂时不用的工作表隐藏起来，减少屏幕上显示的工作表，便于对其他工作表进行操作，必要时再恢复显示隐藏的工作表。

1. 隐藏工作表

选定要隐藏的工作表，如 Sheet1，在“开始”选项卡下单击“单元格”组中的“格式”选项，在弹出的下拉菜单中选择“可见性”下的“隐藏和取消隐藏”下拉菜单，在弹出的菜单中选择“隐藏工作表”命令选项，即可隐藏该选定的工作表。

2. 恢复工作表

在“开始”选项卡下单击“单元格”组中的“格式”选项，在弹出的下拉菜单中选择“可见性”下的“隐藏和取消隐藏”下拉菜单，在弹出的菜单中选择“取消隐藏工作表”命令选项，弹出“取消隐藏”对话框，选择要恢复显示的工作表，如 Sheet1，单击“确定”按钮，即可恢复该工作表的显示。

四、项目实施

任务　创建学生信息表并进行适当的格式排版

（一）新建“学生信息表”工作簿

单击“开始”→“程序”→“Microsoft Office”→“Microsoft Excel 2010”命令，打开 Excel 2010，自动创建一个新的工作簿。

（二）输入表格数据

在 Excel 2010 工作表中的单元格和 Word 中的一样，可以输入文本、数字以及特殊符号等。Excel 2010 的数据类型包括文本型数据、数值型数据、日期时间型数据，不同的数据类型输入的方法是不同的，所以在电子表格输入数据之前，首先要了解所输入数据的类型。

要在单元格中输入数据，首先要定位单元格，可以采用以下方法：

方法一：单击输入数据的单元格，直接输入数据，按下 Enter 键确认。

方法二：双击单元格，单元格内出现插入光标，将插入光标移到适当位置后开始输入，这种方法常用于对单元格内容的修改。

方法三：单击单元格，然后单击“编辑栏”，并在其中输入或编辑单元格中的数据，输入的内容将同时出现在单元格和编辑栏上，通过单击输入按钮确认输入。如果发现输入有误，可以利用退格键 Delete 删除字符，也可用 Esc 键或单击“取消”按钮取消输入。

1. 输入文本型数据

文本可以是任何字符串或数字与字符串的组合。在单元格中文本自动左对齐。一个单元格中最多可输入 3 200 个字符。当输入的文本长度超过单元格列宽且右边单元格没有数据时，允许覆盖相邻单元格显示。如果相邻的单元格中已有数据，则输入的数据在超出部分处截断显示。默认单元格中的数据显示方式为“常规”，其代表的意思是如果输入的是字符，则按文本类型显示；如果输入的是日期，则按日期格式显示；如果输入的是 0~9 的数据，则按数值型数据显示。

单击 A1 单元格，输入“学生信息表”，按 Enter 键结束输入，按同样的方法输入各信息列的名称，如图 4–7 所示。

当把数字作为文本输入时，应当采用以下三种方法。

方法一：应在数字前面加上一个英文单引号“ ′ ”，如“′001”。

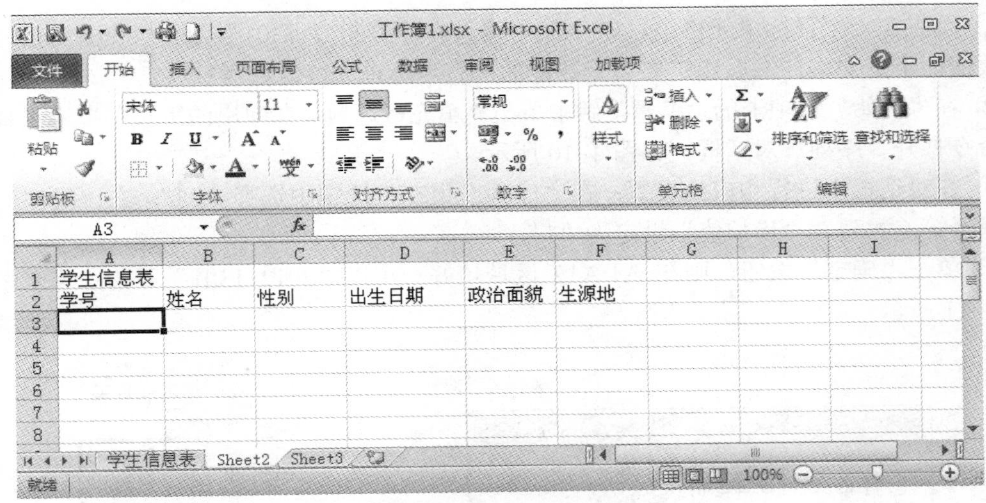

图 4–7 输入文本型数据

方法二：选定单元格，在“开始”选项卡下，单击“单元格”组中的“格式”选项，在弹出的下拉菜单中选择“设置单元格格式”选项，如图 4–8 所示。选择“数字”选项卡中的“文本”项，单击“确定”按钮，则该单元格输入的数字将作为文本处理。

单元格大小
行高(H)...
自动调整行高(A)
列宽(W)...
自动调整列宽(I)
默认列宽(D)...
可见性
隐藏和取消隐藏(U)
组织工作表
重命名工作表(R)
移动或复制工作表(M)...
工作表标签颜色(T)
保护
保护工作表(P)...
锁定单元格(L)
设置单元格格式(E)...

图 4–8 “格式”下拉菜单

单击“学号”下面的单元格，输入学号，如“' 201211301”，这时会看到单元格的左上角有绿色的小三角，表示这是文本形式的数字。

在 Excel 表格的制作过程中，对于相同数据或者有规律的数据，Excel 自动填充功能可以快速地对表格数据进行录入，从而减少重复操作所造成的时间浪费，提高用户的工作效率。由于学号是连续的，我们可以利用自动填充功能输入所有学生的学号。

使用填充序列有两种方法：

方法一：通过控制柄填充数据。

Excel 2010 中，选择单元格后，出现在单元格右下角的黑色小方块就是控制柄。

操作方法如下：

① 选定起始单元格或单元格区域。如“学生信息表”中已输入学号的单元格“201211301”。

② 光标指向单元格右下方的控制柄。

③ 按住鼠标左键拖动控制柄直到向下填充所有目标单元格后释放鼠标左键，效果如图 4–9 所示。

	A
1	学生信息表
2	学号
3	201211301
4	201211302
5	201211303
6	201211304
7	201211305
8	201211306
9	201211307
10	201211308
11	201211309
12	201211310
13	

图 4–9 利用控制柄填充学号

方法二：通过对话框填充序列数据。

在 Excel 2010 中，像等差、等比、日期等有规律的序列数据，也可以通过序列对话框来填充，具体操作方法如下：

① 首先在一个目标单元格中，如 A3 中输入内容“201211301”，此时“201211301”被当成数值而不是文本，然后选定要填充数值的所有目标单元格，如 A3:A12。

② 在“开始”选项卡的“编辑”组中单击“填充”选项，在弹出的下拉菜单中选择“系列”命令打开“序列”对话框，如图 4–10 所示。

③ 在对话框中进行相应的设置：在“序列产生在”选项中选择“列”，在“类型”选项中选择“等差数列”，“步长值”设定为“1”。

④ 单击“确定”按钮，则在 A1:A12 区域填好一个以“201211301”开始的等差序列，如图 4–11 所示。

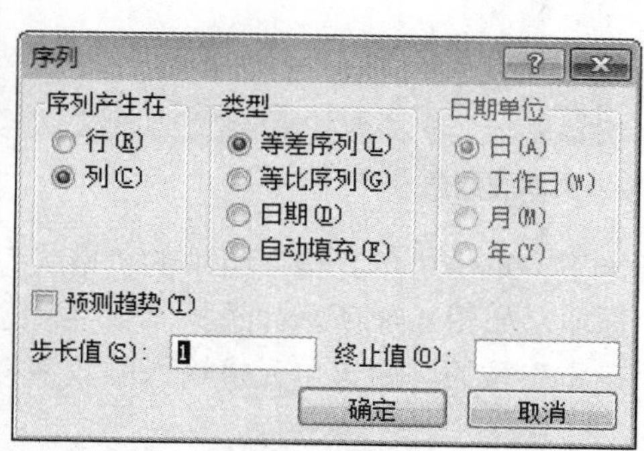

图 4–10 “序列”对话框

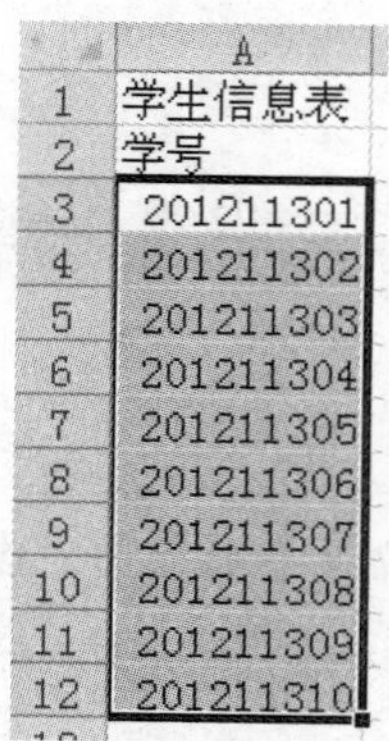

图 4–11 利用对话框填充数值序列

方法三：利用“自动填充”功能填充单元格。

“自动填充”功能是根据被选中起始单元格区域中数据的结构特点，确定数据的填充方式。这种方式也常用于输入数值型数据。如果选定的多个单元格的值不存在等差或等比关系，则在目标单元格区域填充相同的数值；如果选定了多个单元格且各单元格的值存在等差或等比关系，则在目标单元格区域填充一组等差或等比序列。

具体操作方法如下：

① 在工作表中输入数据序列，如在 A1 单元格输入“1”，在 A2 单元格输入“3”。

② 选择已经输入的数据序列，拖动控制柄向下选择要填充的目标单元格区域，松开鼠标完成序列填充，可以看到下面的单元格已经填上步长值为 2 的等差数列，如图 4–12 所示。

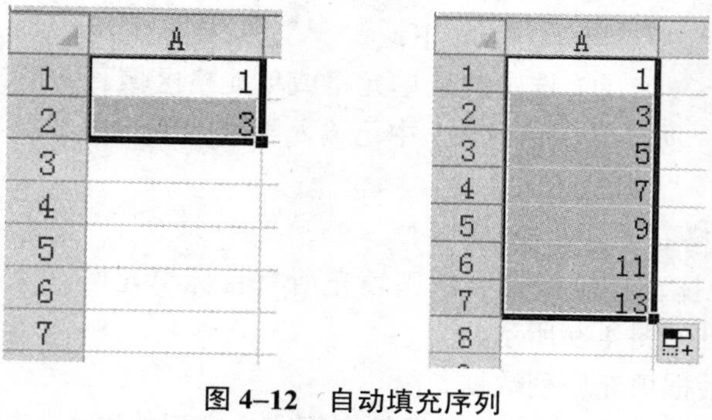

图 4–12 自动填充序列

如果 Microsoft Excel 在单元格中显示“#####”，则可能是输入的内容比较长，单元格不够宽，无法显示该数据。若要扩展列宽，可双击包含出现“#####”错误单元格的列的右边界，这样可以自动调整列的大小，使其适应数字；也可以拖动右边界，直至列达到所需的大小。另外当单元格的宽度不够时，还可以设置自动换行，也可以缩小字体填充。如果需要换行显示，在“开始”选项卡下的“对齐方式”组中，单击“自动换行”命令即可，还可以利用组合键 Alt+Enter；如果需要缩小字体填充，选择目标单元格，单击“开始”选项卡下“单元格”组中的“格式”选项，在弹出的下拉菜单中选择“设置单元格格式”命令，在打开的对话框中选择“对齐”选项卡，在“文本控制”复选框中选择“缩小字体填充”即可，也可以复选“自动换行”进行换行显示。

2. 输入数值型数据

数值型数据也是 Excel 工作表中最常见的数据类型之一。数值型自动右对齐，如果输入的数值超过单元格宽度，系统将自动以科学计数法表示。若单元格中填满了“#”符号，说明该单元格所在列没有足够的宽度显示这个数值，此时，需要改变单元格列的宽度。

在单元格中输入数值时需注意下面几点：

（1）输入负数时，在数字前面加上一个减号“–”或将其放在括号“()”内，输入正数时，正号“+”可以忽略。

（2）输入分数时，应先输入一个“0”加一个空格，如输入 0 3/5，表示五分之三。否则，系统会将其作为日期型数据处理。

（3）输入百分数时，先输入数字，再输入百分号，则该单元格将应用百分比格式。

3. 输入日期型数据

Excel 把日期和时间作为特殊类型的数值，这些数值的特点是采用了日期或时间的格式。在单元格中输入可识别的时间和日期数据时，单元格的格式自动从“通用”转换为相应的“日期”或者“时间”格式，而不需要去设定该单元格为“日期”或者“时间”格式。输入的日期和时间自动右对齐，如果输入的时间和日期数据系统不可识别，则系统视为文本处理。

按照上述方法输入“学生信息表”中的“出生日期”列的数据，如在 D3 单元格输入“1994–2–11”或“1994/2/11”都可以，如图 4–13 所示。

系统默认时间用 24 小时制的方式表示，若要用 12 小时制表示，可以在时间后面加空格然后输入“AM”或“PM”，用来表示上午或下午。

可以利用快捷键快速输入当前的系统日期和时间，具体操作如下：按 Ctrl+; 键可以在当前光标处输入当前日期；按 Ctrl+Shift+; 可以在当前光标处输入当前时间。

4. 设置数据有效性

人工输入数据有时难免会出错，我们可以利用 Excel 的数据有效性功能检查输入数据的有效性。

出生日期
1994-2-11
1994-6-6
1994-8-1
1995-2-14
1994-5-5
1995-1-16
1994-9-17

图 4–13 “出生日期”列

如对出生日期一列设定只能输入 1994 年 1 月 1 日到 1995 年 12 月 31 日之间的日期。操作如下：

（1）首先选择目标单元格 D3:D32，打开“数据”选项卡，单击“数据工具”组中“数据有效性”下的小三角形，在弹出的菜单中选择“数据有效性”选项，打开“数据有效性”对话框。

（2）在“数据有效性”对话框中，“设置”选项卡下单击“允许”的下拉菜单，在展开的下拉菜单中选择“日期”选项。

（3）单击“数据”的下拉菜单，在展开的下拉菜单中选择“介于”。在开始日期文本框中输入“1994–1–1”，在结束日期文本框中输入“1995–12–31”，单击“确定”按钮，如图 4–14 所示。

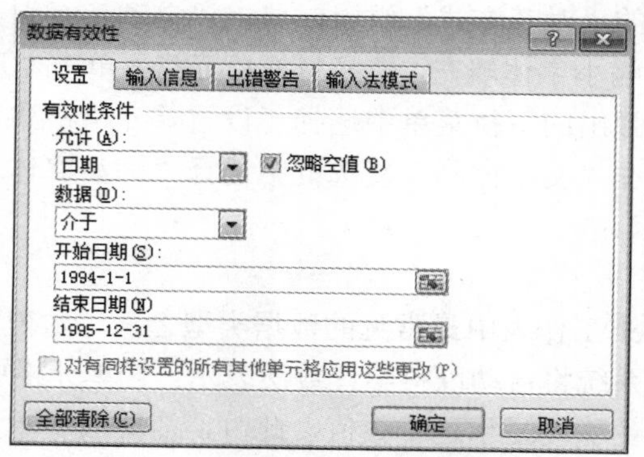

图 4–14 “数据有效性”对话框

如果用户输入的日期超出范围，系统将拒绝输入，并显示如图 4–15 所示的警告框。

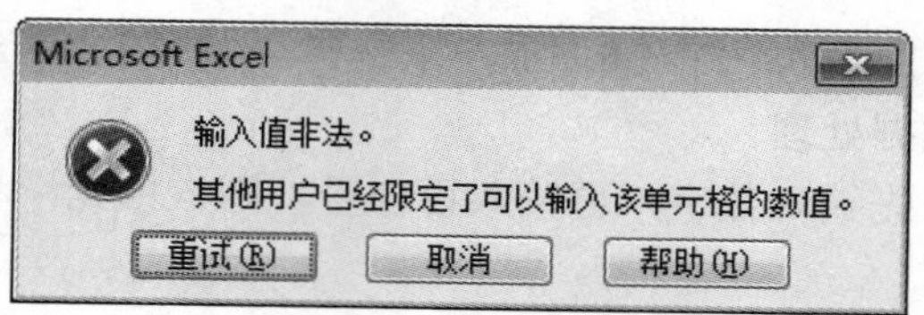

图 4–15 有效性警告

如“性别”一列要限定只能输入“男”和“女”，则可先在某两个连续的单元格中分别输入“男”和“女”两个值，然后在有效性条件中选择允许序列，如图 4–16 所示。

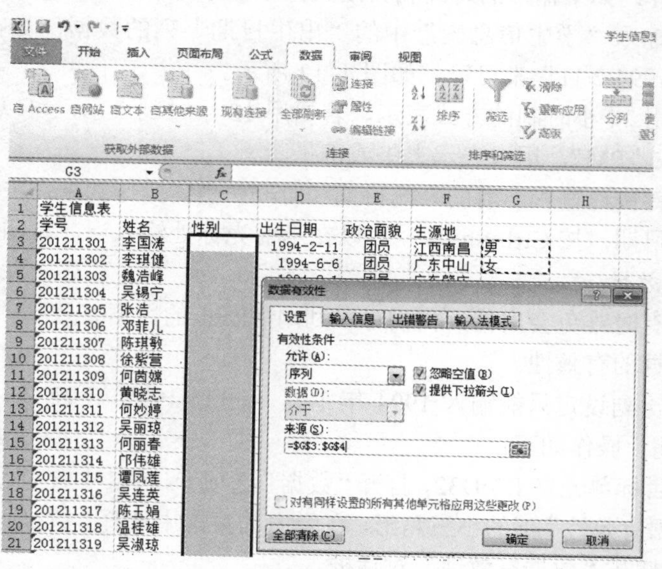

图 4–16 设定“性别”列的数据有效性

完成设置后，在“性别”列输入数据时将可以选择序列中的值，使用户输入更方便，如

图 4–17 所示。

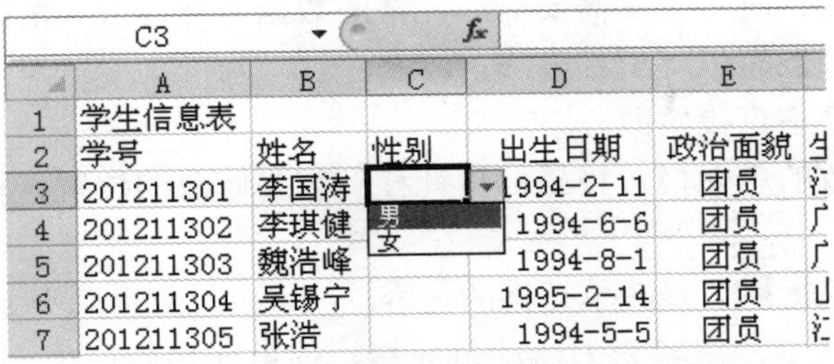

	A	B	C	D	E
1	学生信息表				
2	学号	姓名	性别	出生日期	政治面貌
3	201211301	李国涛	男 / 女	1994-2-11	团员
4	201211302	李琪健		1994-6-6	团员
5	201211303	魏浩峰		1994-8-1	团员
6	201211304	吴锡宁		1995-2-14	团员
7	201211305	张浩		1994-5-5	团员

图 4–17　利用数据有效性设置输入性别列数据

（三）单元格的编辑

用户在对表格中的数据进行处理时，最常用的操作就是对单元格的操作，掌握单元格的基本操作可以提高我们制作表格的速度。Excel 2010 中单元格的基本操作包括插入、删除、合并和拆分等，但是要对单元格操作首先要选择单元格，下面分别讲述。

1. 选择单元格

（1）选择单个单元格。

将鼠标移动到目标单元格上单击即可，选中的单元格以粗黑边框显示，同时该单元格对应的行号和列号以黄色突出显示。

（2）选择多个非连续的单元格（或单元格区域）。

选择第一个单元格或单元格区域，按住 Ctrl 键的同时单击选择其他单元格或区域。

要取消对不相邻选定区域中某个单元格或单元格区域的选择，就必须首先取消整个选定区域。

（3）选择多个连续的单元格（或单元格区域）。

单击目标区域中的第一个单元格，然后拖至最后一个单元格，或者在按住 Shift 键的同时按箭头键以扩展选定区域。

也可以选择该区域中的第一个单元格，然后按 F8 键，使用箭头键扩展选定区域。要停止扩展选定区域，需要再次按 F8 键。

（4）选择整行或整列。

单击行标题或列标题。

（5）选择相邻的行或列。

在行标题或列标题间拖动鼠标，或选择第一行或第一列后，按住 Shift 键的同时选择最后一行或最后一列。

（6）选择不相邻的行或列。

单击选定区域中第一行的行标题或第一列的列标题后，按住 Ctrl 键的同时单击要添加的其他行的行标题或其他列的列标题。

（7）选择全部单元格。

单击当前工作表左上角的“全选”按钮，也就是行号和列号交叉处位置的标记，或使用快捷键 Ctrl+A。如果工作表包含数据，按 Ctrl+A 组合键可选择当前区域。按住 Ctrl+A 组合键一秒钟可选择整个工作表。

如果要取消选择的单元格或单元格区域，单击工作表中的任意单元格即可。

2. 单元格数据的修改

在工作表中输入数据时，常常需要对单元格的数据进行修改和清除操作。

修改单元格数据一般有以下三种方法：

方法一：在单元格中直接修改。

用鼠标双击要修改的单元格，将鼠标指针移到需要修改的位置，根据需要对单元格的内容直接进行修改即可。

方法二：利用“编辑栏”修改单元格的内容。

选择要修改的单元格，使其变为活动单元格，该单元格中的内容将在“编辑栏”显示，单击“编辑栏”并将鼠标指针移到需要修改的位置，根据需要直接对单元格的内容进行修改。修改结束按 Enter 键或单击“确认”按钮保存修改，也可以按 Esc 键或单击“取消”按钮放弃本次修改。

方法三：替换单元格的内容。

选择要修改的单元格，使其变为活动单元格，直接输入新的内容替换单元格原来的内容即可。

3. 单元格数据的移动与复制

移动单元格数据，就是将数据移到另一个单元格放置。当数据放错单元格，或要调整位置时，皆可用搬移的方式来修正，而当工作表中要重复使用相同的数据时，可将单元格的内容复制到要使用的目标位置，节省一一输入的时间。

在 Excel 中移动与复制单元格内容有以下四种方法：

方法一：使用菜单。

选择单元格或单元格区域，如果要移动单元格内容，单击“开始”选项卡下“剪贴板”组中的“剪切”命令；如果要复制单元格内容，单击“开始”选项卡下“剪贴板”组中的“复制”命令。这时所选区域的单元格边框就会出现滚动的水波浪线，用鼠标单击目标单元格位置，单击“剪贴板”组中的“粘贴”命令即可将单元格的内容移动或复制到目标单元格。在复制单元格内容时，如果选择“粘贴”命令下的“选择性粘贴”命令，则弹出“选择性粘贴”对话框，按照对话框上的选项选择需要粘贴的内容。

方法二：使用鼠标。

选择单元格或单元格区域，将鼠标放置到该单元格的边框位置，鼠标指针变成四向箭头，此时按住鼠标左键并拖动至目标单元格，释放鼠标左键，即可完成单元格内容的移动；如果要复制单元格内容，按住鼠标左键的同时按下 Ctrl 键并拖动到目标单元格后释放，即可完成单元格内容的复制。

方法三：使用鼠标右键。

选择单元格或单元格区域，如果要移动单元格内容，单击鼠标右键，在弹出的菜单中选择“剪切”按钮；如果要复制单元格内容，选择“复制”按钮。这时所选区域的单元格边框就会出现滚动的水波浪线，然后单击选择目标单元格位置，在右键菜单中选择“粘贴”命令即可。

方法四：使用快捷键。

选择单元格或单元格区域，按快捷键 Ctrl+X 将要移动的内容剪切到剪贴板，如果要复制单元格内容，则按快捷键 Ctrl+C。这时所选区域的单元格边框就会出现滚动的水波浪线，然后单击选择目标单元格位置，按快捷键 Ctrl+V 完成粘贴操作即可。

复制或搬移单纯的文字、数字数据还算简单，但若要搬移、复制含有公式的单元格，可就要格外当心了，后面我们会解析复制与搬移对公式的影响。

4. 插入和删除单元格

在输入数据的过程中如发现资料漏打，需要在现有的资料中插入一些资料时，就需要先在工作表中插入空白列、行或单元格，再在其中输入资料：若有空白的单元格，或用不到的内容，则要将之删除。

（1）插入单元格。

方法一：使用菜单插入。

选择目标单元格，在“开始”选项卡的“单元格”组中单击“插入”下方的下拉按钮，在弹出的下拉菜单中选择“插入单元格”子菜单。如果需要插入一行，单击要插入位置后面的行标，选择一行单元格，单击“开始”选项卡“单元格”组中“插入”下方的下拉按钮，在弹出的下拉菜单中选择“插入工作表行”子菜单，Excel 在当前位置插入一行，原有的行自动下移。若要在当前的工作表中插入多行，首先选定需要插入行的单元格区域（注：插入的行数就是选定单元格区域的行数），然后单击“开始”选项卡“单元格”组中“插入”下方的下拉按钮，在弹出的下拉菜单中选择“插入工作表行”子菜单，则可在当前的单元格区域位置插入多个空白行，原有的单元格区域行自行下移。

插入列的操作与此类似，单击要插入位置后面的列标，选择一列单元格，单击“开始”选项卡“单元格”组中“插入”下方的下拉按钮，在弹出的下拉菜单中选择“插入工作表列”子菜单，Excel 在当前位置插入一列，原有的列自动右移。若要在当前的工作表中插入多列，首先选定需要插入列的单元格区域（注：插入的列数就是选定单元格区域的列数），然后单击“开始”选项卡“单元格”组中“插入”下方的下拉按钮，在弹出的下拉菜单中选择“插入工作表列”子菜单，则可在当前的单元格区域位置插入多个空白列，原有的单元格区域列自行右移。

方法二：使用右键插入。

选择目标单元格，在目标单元格上单击鼠标右键，在弹出的快捷菜单中选择“插入”命令，弹出下拉菜单，如果需要添加行，选择“在上方插入表行”选项，Excel 在当前位置的上方插入一行空白行；如果需要添加列，选择“在左侧插入表列”选项，Excel 在当前位置的左侧插入一列空白列。

（2）删除单元格。

方法一：使用菜单删除。

选择目标单元格，在“开始”选项卡的“单元格”组中单击“删除”下方的下拉按钮，在弹出的下拉菜单中选择“删除单元格”子菜单即可。如果删除整行，选择整行，或者该行内某一单元格，在“开始”选项卡的“单元格”组中单击“删除”下方的下拉按钮，在弹出的下拉菜单中选择“删除表格行”子菜单即可。如果删除整列，选择整列，或者该列内某一单元格，在“开始”选项卡的“单元格”组中单击“删除”下方的下拉按钮，在弹出的下拉菜单中选择“删除表格列”子菜单即可。

方法二：使用鼠标右键删除。

选择目标单元格，在目标单元格上单击鼠标右键，在弹出的快捷菜单中选择“删除”命令，弹出下拉菜单，如果要删除整行，选择“表行”即可；如果删除整列，选择“表列”即可。

5. 合并与拆分单元格

在表格制作过程中，有时候为了表格整体布局的考虑，需要将多个单元格合并为一个单元格或者需要把一个单元格拆分为多个单元格。如把 A1 单元格的“学生信息表”作为表格的标题居中对齐，有两种操作方法。

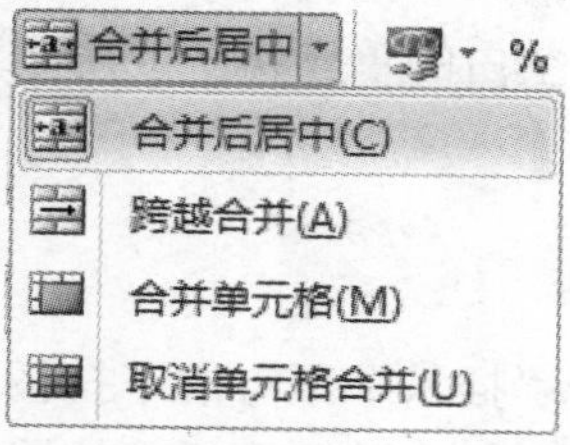

图 4–18 “合并后居中”下拉菜单

方法一：通过菜单合并。

首先选择 A1 单元格，按住鼠标左键一直拖到 F1 单元格，在“开始”选项卡的“对齐方式”组中单击“合并后居中”按钮，在下拉菜单中选择“合并单元格”选项即可完成单元格的合并，如图 4–18 所示。

也可以在“开始”选项卡的“单元格”组中单击“格式”下方的下拉按钮，在弹出的下拉菜单中选择“设置单元格格式”子菜单，在弹出的对话框中设置。选择“对齐”选项卡，在“文本控制”下的复选框中单击选择“合并单元格”选项，也可完成单元格的合并，如图 4–19 所示。

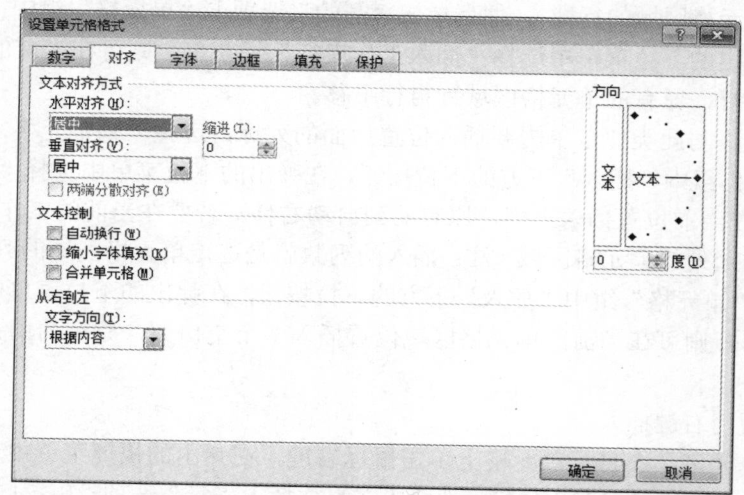

图 4–19 通过“设置单元格格式”对话框合并单元格

方法二：通过鼠标右键合并。

首先选择需要合并的所有目标单元格（如 A1:F1），在目标单元格上单击鼠标右键，在弹出的快捷菜单中选择“设置单元格格式”子菜单，在弹出的对话框中设置选择“对齐”选项卡，在“文本控制下”的复选框中单击选择“合并单元格”选项即可完成单元格的合并。

拆分单元格的方法刚好相反，选中需要拆分的单元格，单击“合并后居中”按钮右侧的倒三角按钮，选择其下拉菜单中的“取消单元格合并”选项即可完成单元格的合并拆分，如图 4–20 所示。

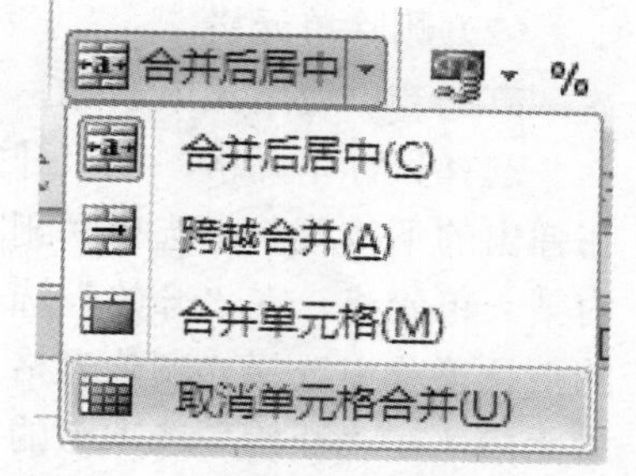

图 4–20 “取消单元格合并”选项

也可以打开“设置单元格格式”对话框，选择“对齐”选项卡，把“文本控制”下的复选框单击取消选择“合并单元格”选项即可完成单元格的拆分。

6. 调整单元格的行高

当单元格的内容超出显示范围时，我们需要调整单元格的行高或者列宽以容纳其内容。如“学生信息表”中标题字体变大后要求行高要做出调整。方法如下：

方法一：鼠标拖动调整。

将鼠标移到所选行（如第1行标题行）行号的下边框处，当鼠标变为上下的双向箭头时，用鼠标拖动该边框调整行的高度即可。利用鼠标拖动调整，适合粗略调整，精确度不高。

方法二：自动调整功能。

将鼠标移到所选行（如第1行标题行）行号的下边框处，当鼠标变为上下的箭头时，双击鼠标，该行的高度自动调整为最高项的高度；或者通过单击鼠标选择第1行标题行，在“开始”选项卡的“单元格”组中单击“格式”按钮，在弹出的下拉菜单中选择“自动调整行高”选项。

方法三：精确调整行高。

要精确调整行高就要利用菜单命令调整。操作方法是：选中要调整的行，单击“单元格”组中的“格式”选项，在弹出的菜单中选择“行高”命令，弹出“行高”对话框，在该对话框中输入行高值即可，如图4–21所示

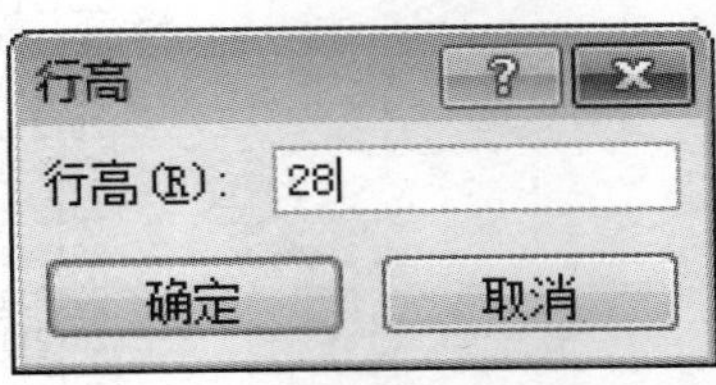

图4–21 “行高”对话框

7. 调整单元格的列宽

调整单元格的列宽的方法与调整行高类似。方法如下：

方法一：鼠标拖动调整。

将鼠标移到目标列右边框标记处，当鼠标变为左右的双向箭头时，按下鼠标拖动该边框调整列的宽度。

方法二：自动调整功能。

将鼠标移到目标列列标的右边框处，当鼠标变为左右的双向箭头时，双击鼠标，该列的宽度自动调整为最适合的宽度；或者用鼠标选择目标列，在“开始”选项卡的“单元格”组中单击“格式”按钮，在弹出的下拉菜单中选择“自动调整列宽”选项。

方法三：精确调整列宽。

选中要调整的列，单击“单元格”组中的“格式”选项，在弹出的菜单中选择“列宽”命令，弹出“列宽”对话框，在对话框中输入列宽值即可。

利用上述方法输入“学生信息表”的内容，如图4–22所示。

（四）格式化表格

当输入完工作表的数据后，就可以开始对表格进行格式化操作，通过设置字体、添加边框和底纹等操作，使表格更加美观。

1. 设置单元格格式

在Excel 2010中，用户可以在“开始”功能区或“设置单元格格式”对话框中设置被选中单元格的格式。

方法一：在“开始”功能区设置单元格的格式。

选中需要设置字体的单元格，在“开始”功能区的“字体”组（见图4–23）中，用户可以单击“字体”下拉三角按钮，在打开的字体列表中选择合适的字体；利用类似的方法还可

以设置字号、字体颜色、边框和单元格的背景填充颜色；单击下面的字型按钮选择加粗、倾斜和下划线等字型；在“对齐方式”组（见图 4–23）中可以设置单元格数据的对齐方式和文字方向（见图 4–24）。

学生信息表					
学号	姓名	性别	出生日期	政治面貌	生源地
201211301	李国涛	男	1994-2-11	团员	江西南昌
201211302	李琪健	男	1994-6-6	团员	广东中山
201211303	魏浩峰	男	1994-8-1	团员	广东肇庆
201211304	吴锡宁	男	1995-2-14	团员	山东济南
201211305	张浩	男	1994-5-5	团员	江西南昌
201211306	邓菲儿	女	1995-1-16	团员	湖北荆州
201211307	陈琪敏	女	1994-9-17	团员	河南南阳
201211308	徐紫营	女	1994-11-18	群众	广东珠海
201211309	何茵嫦	女	1995-2-9	团员	广东深圳
201211310	黄晓志	男	1994-2-20	团员	广东珠海
201211311	何妙婷	女	1994-4-21	团员	湖北武汉
201211312	吴丽琼	女	1994-10-5	团员	四川成都
201211313	何丽春	女	1994-7-23	团员	广东佛山
201211314	邝伟雄	男	1994-9-2	群众	广西百色
201211315	谭凤莲	女	1994-1-25	团员	广东佛山
201211316	吴连英	女	1995-1-2	团员	湖北宜昌
201211317	陈玉娟	女	1994-2-27	团员	广东深圳
201211318	温桂雄	男	1994-3-8	团员	广东广州
201211319	吴淑琼	女	1994-3-1	团员	广东汕头
201211320	李智友	男	1994-7-11	团员	广东佛山
201211321	何翠霞	女	1994-9-19	团员	四川重庆
201211322	吴海营	男	1994-12-4	群众	广东惠州
201211323	张秀娟	女	1994-3-5	团员	广东佛山
201211324	赵婷	女	1995-3-18	团员	海南三亚
201211325	赵丽萍	女	1994-3-7	团员	广西桂林
201211326	梁嘉盈	女	1994-5-8	团员	海南海口
201211327	赖雅莹	女	1994-8-19	团员	广东汕头
201211328	杨晓华	男	1994-3-10	团员	广东佛山
201211329	张洁珊	女	1994-12-11	团员	海南三亚
201211330	程超健	男	1994-8-19	团员	广西北海

图 4–22　学生信息表

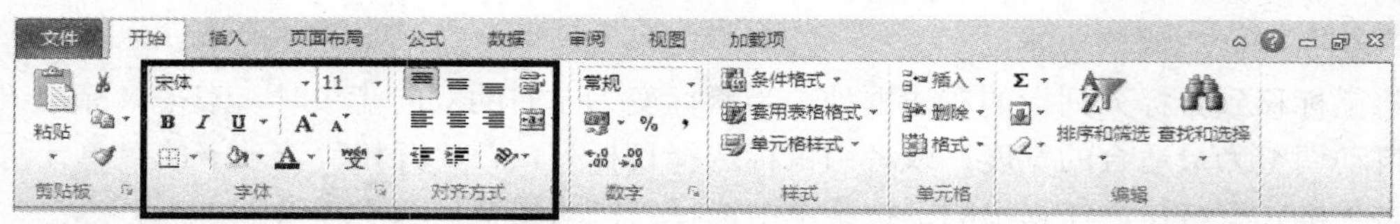

图 4–23　“字体”和“对齐方式”组

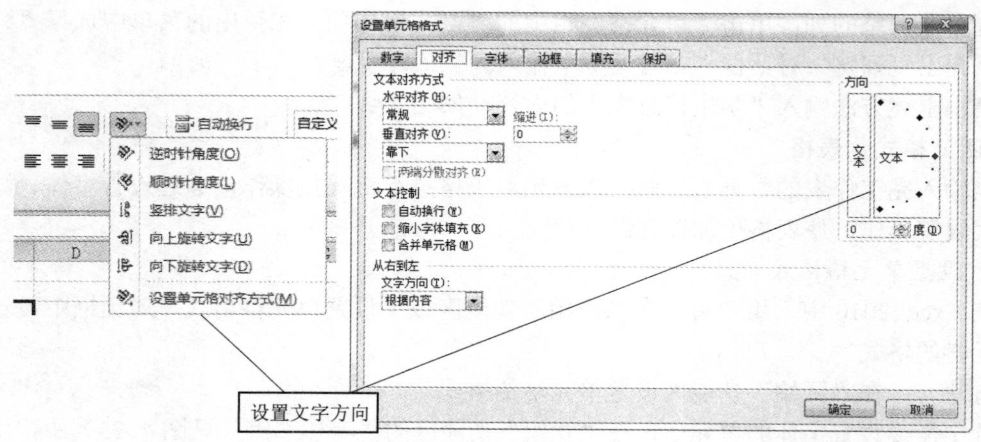

图 4–24　设置单元格文字方向

选中经合并后的标题单元格 A1，如图 4–25 所示设置“学生信息表”的标题。

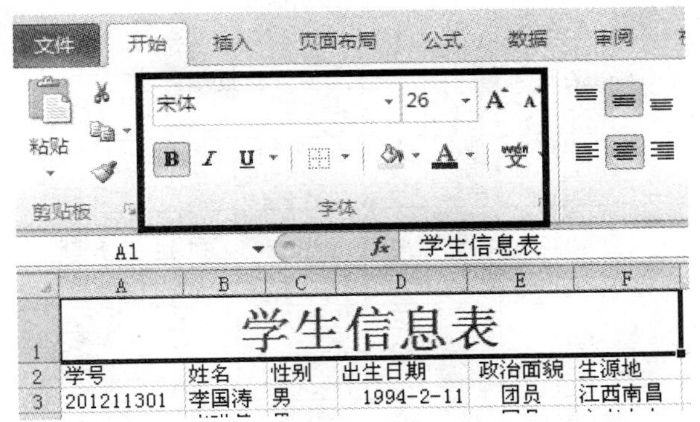

图 4–25 “开始”功能区的“字体”分组

选择 A2:F2 单元格区域，单击“字体”组中的填充颜色下拉列表框，选择一种填充颜色。

方法二：在“设置单元格格式”对话框设置单元格格式。

选中需要设置的单元格，单击鼠标右键打开快捷菜单，选择“设置单元格格式”命令，在打开的“设置单元格格式”对话框中设置单元格格式。

选中“学生信息表”中的 A2:F32 单元格区域，单击鼠标右键，在弹出的菜单中选择“设置单元格格式”选项，弹出“设置单元格格式”对话框，在该对话框中单击“字体”选项卡，设置字体为“宋体”、字形为“常规”、字号为“14”、颜色为“黑色”等。如果需要设置单元格中文本和数据的对齐方式，可以在“设置单元格格式”对话框中单击“对齐”选项卡，在“文本对齐方式”的“水平对齐”下拉列表里选择“居中”选项，再在“垂直对齐”下拉列表里选择“居中”选项。如果需要设置单元格边框，可以单击“边框”选项卡，在“线条样式”中选择单实线，在“颜色”列表框中选择边框线的颜色，然后单击“边框”按钮选择单元格的边框。全部设置完成后单击“确定”按钮即可。

如需设置数字格式，可单击“数字”选项卡，在分类列表中选择类型进行设置。如选中出生日期的单元格区域 D3:D32，在分类列表中选择“日期”类型，在右侧的“类型”列表框中选择一种日期的显示格式，然后单击“确定”按钮即可。

最终效果如图 4–26 所示。

2. 设置单元格行高和列宽

对于单元格的行高和列宽，用户可以粗略调整也可以精确定义，同时还可以通过系统自动调整。

精确调整行高和列宽：首先选择需要调整的目标行，例如选择第一行，在“开始”选项卡下的“单元格”组中，单击“格式”按钮，在弹出的菜单中选择“行高”选项，将行高设置为“35”即可；类似地，选择需要调整的目标列，例如选择 A 列，在“开始”选项卡下的“单元格”组中，单击“格式”按钮，在弹出的菜单中选择“列宽”选项，将列宽设置为“12”即可。

粗略调整行高和列宽：把鼠标放在标题行的行号分界线上，当鼠标变成上下的双向箭头时按下鼠标上下拖动，移动到自己需要的高度后松开鼠标，标题行的高度就被粗略调整了。类似地，把鼠标放在列号分界线上，当鼠标变成左右双向箭头时按下鼠标左右拖动，列的宽度就被粗略调整了。

	A	B	C	D	E	F
1	学生信息表					
2	学号	姓名	性别	出生日期	政治面貌	生源地
3	201211301	李国涛	男	1994-2-11	团员	江西南昌
4	201211302	李琪健	男	1994-6-6	团员	广东中山
5	201211303	魏浩峰	男	1994-8-1	团员	广东肇庆
6	201211304	吴锡宁	男	1995-2-14	团员	山东济南
7	201211305	张浩	男	1994-5-5	团员	江西南昌
8	201211306	邓菲儿	女	1995-1-16	团员	湖北荆州
9	201211307	陈琪敏	女	1994-9-17	团员	河南南阳
10	201211308	徐紫营	女	1994-11-18	群众	广东珠海
11	201211309	何茵嫦	女	1995-2-9	团员	广东深圳
12	201211310	黄晓志	男	1994-2-20	团员	广东珠海
13	201211311	何妙婷	女	1994-4-21	团员	湖北武汉
14	201211312	吴丽琼	女	1994-10-5	团员	四川成都
15	201211313	何丽春	女	1994-7-23	团员	广东佛山
16	201211314	邝伟雄	男	1994-9-2	群众	广西百色
17	201211315	谭凤莲	女	1994-1-25	团员	广东佛山
18	201211316	吴连英	女	1995-1-2	团员	湖北宜昌
19	201211317	陈玉娟	女	1994-2-27	团员	广东深圳
20	201211318	温桂雄	男	1994-3-8	团员	广东广州
21	201211319	吴淑琼	女	1994-3-1	团员	广东汕头
22	201211320	李智友	男	1994-7-11	团员	广东佛山
23	201211321	何翠霞	女	1994-9-19	团员	四川重庆
24	201211322	吴海营	男	1994-12-4	群众	广东惠州
25	201211323	张秀娟	女	1994-3-5	团员	广东佛山
26	201211324	赵婷	女	1995-3-18	团员	海南三亚
27	201211325	赵丽萍	女	1994-3-7	团员	广西桂林
28	201211326	梁嘉盈	女	1994-5-8	团员	海南海口
29	201211327	赖雅莹	女	1994-8-19	团员	广东汕头
30	201211328	杨晓华	男	1994-3-10	团员	广东佛山
31	201211329	张洁珊	女	1994-12-11	团员	海南三亚
32	201211330	程超健	男	1994-8-19	团员	广西北海

图 4–26　设置单元格格式后的效果

自动调整行高和列宽：首先选择需要调整的目标行（或列），在“开始”选项卡下的“单元格”组中，单击“格式”按钮，在弹出的菜单中选择“自动调整行高”（或“自动调整列宽”）选项，系统将根据行或列的内容自动调整行高或列宽。

3. 应用单元格样式

在 Excel 2010 中自带很多种单元格样式，可以直接套用这些样式从而快速地完成单元格格式设置。

选中 A2:F2 单元格区域，在“开始”选项卡下“样式”组中，单击“单元格样式”按钮，在弹出的单元格样式列表中选择“主题单元格样式”中的“强调文字颜色 1”，将单元格设置为白色文字蓝色底纹，如图 4–27 所示。

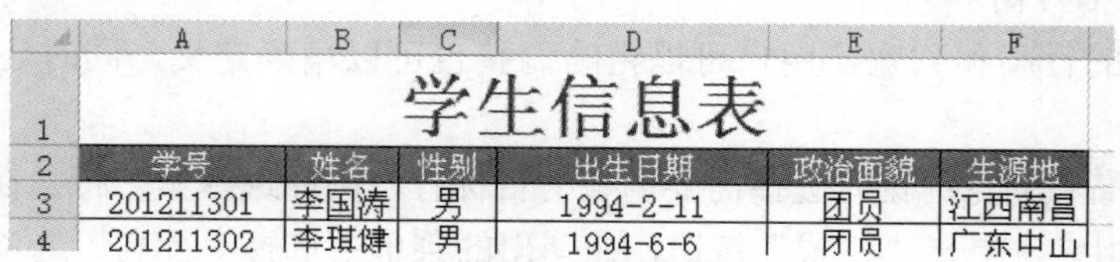

	A	B	C	D	E	F
1	学生信息表					
2	学号	姓名	性别	出生日期	政治面貌	生源地
3	201211301	李国涛	男	1994-2-11	团员	江西南昌
4	201211302	李琪健	男	1994-6-6	团员	广东中山

图 4–27　应用单元格样式效果

4. 套用表格格式

Excel 2010 的套用表格格式功能可以根据预设的格式，将制作的表格格式化，产生美观的报表，从而节省使用者的时间。

选中“学生信息表”中的 A2:F32 单元格区域，在“开始”选项卡下的“样式”组中，单击“套用表格格式”按钮，在弹出的面板中选择“表样式中等深浅 2”，在弹出的“套用表格格式”对话框中勾选“表包含标题”复选框，单击“确定”按钮。在“开始”选项卡下的“编辑”组中单击“排序和筛选”选项，在弹出的下拉菜单中选择“筛选”按钮，取消自动筛选，如图 4–28 所示。

学生信息表

学号	姓名	性别	出生日期	政治面貌	生源地
201211301	李国涛	男	1994-2-11	团员	江西南昌
201211302	李琪健	男	1994-6-6	团员	广东中山
201211303	魏浩峰	男	1994-8-1	团员	广东肇庆
201211304	吴锡宁	男	1995-2-14	团员	山东济南
201211305	张浩	男	1994-5-5	团员	江西南昌
201211306	邓菲儿	女	1995-1-16	团员	湖北荆州
201211307	陈琪敏	女	1994-9-17	团员	河南南阳
201211308	徐紫营	女	1994-11-18	群众	广东珠海

图 4–28　套用表格格式效果

5. 使用条件格式

Excel 的条件格式功能可以根据单元格内容有选择地自动应用格式。如在“学生信息表”中把政治面貌为群众的单元格设置为绿色字显示，操作如下：

选择工作表中要使用条件格式的单元格区域 E3:E32，在“开始”选项卡下的“样式”组中，单击“条件格式”选项，在弹出的菜单中选择“突出显示单元格规则”选项，选择“等于”命令，在“等于”对话框中输入文本“群众”，在“设置为”框中选择“自定义打开单元格格式设置对话框”，设置字体颜色为“绿色”，单击“确定”按钮，完成本例，显示条件格式效果如图 4–29 所示。

学生信息表

学号	姓名	性别	出生日期	政治面貌	生源地
201211301	李国涛	男	1994-2-11	团员	江西南昌
201211302	李琪健	男	1994-6-6	团员	广东中山
201211303	魏浩峰	男	1994-8-1	团员	广东肇庆
201211304	吴锡宁	男	1995-2-14	团员	山东济南
201211305	张浩	男	1994-5-5	团员	江西南昌
201211306	邓菲儿	女	1995-1-16	团员	湖北荆州
201211307	陈琪敏	女	1994-9-17	团员	河南南阳
201211308	徐紫营	女	1994-11-18	群众	广东珠海
201211309	何茵嫦	女	1995-2-9	团员	广东深圳
201211310	黄晓志	男	1994-2-20	团员	广东珠海
201211311	何妙婷	女	1994-4-21	团员	湖北武汉
201211312	吴丽琼	女	1994-10-5	团员	四川成都
201211313	何丽春	女	1994-7-23	团员	广东佛山
201211314	邝伟雄	男	1994-9-2	群众	广西百色
201211315	谭凤莲	女	1994-1-25	团员	广东佛山
201211316	吴连英	女	1995-1-2	团员	湖北宜昌
201211317	陈玉娟	女	1994-2-27	团员	广东深圳
201211318	温桂雄	男	1994-3-8	团员	广东广州
201211319	吴淑琼	女	1994-3-1	团员	广东汕头

图 4–29　条件格式应用效果

而对于数值型的数据，还可以用数据条来显示数据，数字越大色条越长，如图 4–30 所示。

图 4–30　用数据条来显示数据

五、项目小结

在本项目中，我们学习了 Excel 的几个基本概念：工作簿、工作表、单元格；学习了在工作表中正确输入各类型数据的方法，并对单元格、工作表进行格式化，这是使用 Excel 的良好开始。

六、项目拓展

制作如图 4–31 所示“工资表”。

工资表

员工编号	姓名	所属部门	职务	基本工资	奖金
001	黄伟	营销部	经理	4 510	7 400
002	何丽	办公室	员工	2 520	2 350
003	吴惠英	办公室	员工	2 820	2 350
004	何春燕	工程部	员工	3 000	3 200
005	陈伟雄	工程部	经理	4 820	6 650
006	李莲	营销部	员工	2 500	5 020
007	张红梅	工程部	员工	3 200	3 500
008	陈娟	营销部	员工	2 600	9 300
009	赵兵	工程部	员工	2 700	1 400
010	汤鹏	工程部	员工	2 800	2 100

图 4–31　工资表

操作要求：

（1）创建一个工作簿，将工作表标签命名为“201201”。

（2）输入如图4–31所示数据内容，“员工编号”列要求用填充的方式录入。

（3）“所属部门”列内容设置数据有效性。

（4）“基本工资”和“奖金”两列保留2位小数。

（4）其他栏目字段如“职务”等内容相同的单元格尽量通过复制实现输入。

（5）标题：要求合并单元格，水平、垂直方向均居中；调整标题行的行高为“28”，标题文字字体为“宋体”，字号为“22”，“加粗”，颜色为标准色“红色”。

（7）列标题字段：字体为“隶书”，字号为“18”，“加粗”，颜色为“黑色”，文字在水平、垂直方向均居中，单元格设置“茶色底纹”。

（8）正文其他数据单元格：字体为“宋体”，“常规”，字号为“18”，颜色为“黑色”，文字在水平、垂直方向均居中，并将其他各列宽度设置为“最合适的列宽”。

（10）对“奖金”列设置条件格式：奖金大于5 000的单元格用加粗红色文本显示。

（11）设置工作表正文外边框为黑色双线，内边框为蓝色单实线。

（12）保存文档到“我的文档”，工作簿的名称为“工资表”。

项目二　制作学生成绩表

一、项目引入

经过一个学期的学习，到了期末班级辅导员赵老师很想把同学们的学习成绩统计一下作为存档资料。

二、项目分析

要统计各位同学的成绩数据，需要使用Excel的公式和函数。公式和函数是Excel最基本、最重要的应用工具，是Excel的核心，掌握好公式和函数的使用，可以帮助我们顺利高效地进行数据的统计和分析。

三、相关知识

（一）公式

Excel的公式和一般数学公式差不多，当需要将工作表中的数字数据做加、减、乘、除等运算时，可以把计算的动作交给Excel的公式去做，省去自行运算的工夫，而且当数据有变动时，公式计算的结果还会立即更新。

公式是对工作表中的数值进行计算和操作的等式，输入公式必须以等号“=”起首，还要包括另外两个基本元素：

（1）运算符：用于让Excel知道执行何种计算。

（2）用于计算的数据或单元格引用。

（二）运算符

Excel的运算符有四种类型：算术运算符、比较运算符、文本运算符和引用运算符。

（1）算术运算符："+"（加）、"−"（减）、"*"（乘）、"/"（除）、"^"（乘幂）、"%"（百分号）。

（2）比较运算符："="（等于）、">"（大于）、"<"（小于）、">="（大于等于）、"<="（小于等于）和"<>"（不等于）。

（3）文本运算符："&"（将多个字符串连接起来）。

（4）引用运算符："："（冒号）、"，"（逗号）和空格。引用运算符指用相应的运算符将单元格区域进行合并运算。其中冒号为区域运算符，可以对两个引用之间的所有单元格进行引用；逗号为联合运算符，可以将多个引用合并为一个引用；空格为交叉运算符，可产生对同时属于两个引用的单元格区域的引用。

（三）单元格的引用

在公式和函数中使用单元格地址来表示单元格中的数据，单元格引用就是指对工作表上的单元格或单元格区域进行引用。Excel 提供了三种不同的引用类型：相对引用、绝对引用和混合引用。

1. 相对引用

相对引用是直接引用单元格区域名，相对引用地址的表示法如 B1、C4。

在相对引用中，公式中单元格的地址相对于公式所在的位置而发生改变。在公式中对单元格进行引用时，默认为相对引用。

例如，在"学生成绩表"中计算第一个学生的总分，在单元格 G2 中公式为"=C2+D2+E2+F2"，其运算结果为 325，当把公式复制到单元格 G3 时，其中的公式自动改为"=C3+D3+E3+F3"，其运算结果为 354，如图 4–32 所示。

G2　fx　=C2+D2+E2+F2

	A	B	C	D	E	F	G
1	学号	姓名	高等数学	大学英语	计算机基础	体育	总分
2	201211301	李国涛	93	77	72	83	325
3	201211302	李琪健	78	93	95	88	354

G3　fx　=C3+D3+E3+F3

	A	B	C	D	E	F	G
1	学号	姓名	高等数学	大学英语	计算机基础	体育	总分
2	201211301	李国涛	93	77	72	83	325
3	201211302	李琪健	78	93	95	88	354

图 4–32 相对引用公式复制结果

2. 绝对引用

绝对参照地址的表示法，需在单元格地址前面加上"$"符号，如$B$1、$C$4。绝对引用是指把公式复制和移动到新位置时，公式中引用的单元格地址保持不变，它永远指向同一个单元格。例如把单元格 G2 中的公式改为"=$C$2+$D$2+$E$2+$F$2"，其运算结果仍为 325，当该公式复制到单元格 G3 时，单元格 G3 中的公式仍然为 "=$C$2+$D$2+$E$2+$F$2"不变，其运算结果也保持为 325，如图 4–33 所示。注意：在本例中，这将导致第二个学生的总分计算错误。

G2 =$C$2+$D$2+$E$2+$F$2

	A	B	C	D	E	F	G
1	学号	姓名	高等数学	大学英语	计算机基础	体育	总分
2	201211301	李国涛	93	77	72	83	325
3	201211302	李琪健	78	93	95	88	

G3 =$C$2+$D$2+$E$2+$F$2

	A	B	C	D	E	F	G
1	学号	姓名	高等数学	大学英语	计算机基础	体育	总分
2	201211301	李国涛	93	77	72	83	325
3	201211302	李琪健	78	93	95	88	325

图 4–33　绝对引用公式复制结果

3. 混合引用

混合引用是指在一个单元格地址引用中，既包含绝对地址引用又包含相对地址引用。如果公式中使用了混合引用，那么在公式复制或移动过程中，相对引用的单元格地址会相应改变，而绝对引用的单元格地址保持不变。

还如上例当单元格 G2 中的公式改为“=$C2+$D2+$E2+$F2”，其运算结果为 325，如果将公式复制到单元格 G3，单元格 G3 中的公式变为“=$C3+$D3+$E3+$F3”，其运算结果为 354，如图 4–34 所示。

G2 =$C2+$D2+$E2+$F2

	A	B	C	D	E	F	G
1	学号	姓名	高等数学	大学英语	计算机基础	体育	总分
2	201211301	李国涛	93	77	72	83	325
3	201211302	李琪健	78	93	95	88	354

G3 =$C3+$D3+$E3+$F3

	A	B	C	D	E	F	G
1	学号	姓名	高等数学	大学英语	计算机基础	体育	总分
2	201211301	李国涛	93	77	72	83	325
3	201211302	李琪健	78	93	95	88	354

图 4–34　混合引用公式复制结果

4. 引用同一工作簿中其他工作表的单元格

在同一工作簿中，可以引用其他工作表的单元格。如当前工作表是 Sheet1，要在单元格 A1 中引用 Sheet 2 工作表单元格区 B1 中的数据，则可在单元格 A1 中输入公式“=Sheet2!B1”。

5. 引用其他工作簿的单元格

在 Excel 计算时也可以引用其他工作簿中单元格的数据或公式。如要在当前工作簿 Book1 中工作表 Sheet1 的单元格 A1 中，引用工作簿 Book2 中工作表 Sheet1 的单元格 B2 的数据，选中 Book1 的工作表 Sheet1 的单元格 A1，输入公式“=[Book2.xlsx]Sheet1!$B$2”。

（四）函数

函数是 Excel 根据各种需要，预先设计好的运算公式，可让用户节省自行设计公式的时间。函数可作为独立的公式而单独使用，也可以用于另一个公式中或另一个函数内。

一个函数包括函数名和参数两个部分，格式如下：

函数名（参数 1，参数 2，…）

函数名用来描述函数的功能，参数可以是数字、文本、逻辑值等，给定的参数必须能产生有效的值。参数可以是常量、公式或其他函数，还可以是数组、单元格地址引用等。函数参数要用括号括起来，即使一个函数没有参数，也必须加上括号。函数的多个参数之间用“，”分隔。

四、项目实施

（一）输入公式计算总分

输入公式的步骤：

（1）选择输入公式的单元格；

（2）输入“=”；

（3）输入数值、单元格引用（也可用鼠标单击需要的单元格）和运算符；

（4）输入完成后按 Enter 键或者单击输入按钮✓。

例如计算第一个学生的总分，首先单击 G2 单元格，然后输入“=”，再单击参加计算的第一个单元格 C2，输入“＋”，再单击参加计算的第二个单元格 D2，输入“＋”，再单击参加计算的第三个单元格 E2，输入“＋”，再单击参加计算的第四个单元格 F2，最后按 Enter 键。

如果键盘使用熟练的话，可以直接在 G2 单元格中输入“=C2+D2+E2+F2”，如图 4–35 所示。

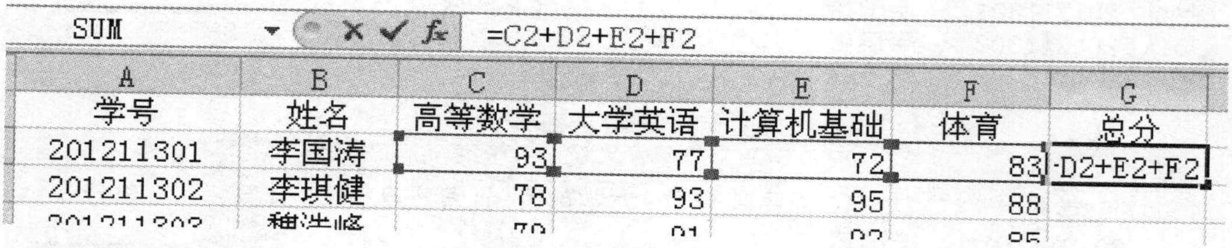

SUM ▾ × ✓ fx =C2+D2+E2+F2

A	B	C	D	E	F	G
学号	姓名	高等数学	大学英语	计算机基础	体育	总分
201211301	李国涛	93	77	72	83	D2+E2+F2
201211302	李琪健	78	93	95	88	

图 4–35 输入公式

（二）公式的修改

单元格中的公式如果需要修改，可先选中单元格，然后在编辑栏中进行修改，修改完成后直接按 Enter 键或单击编辑栏上的✓按钮；如果想中止修改，保留原来的公式，可以单击编辑栏上的×；如果不想要当前公式及其运算的结果，要将其删除，则选中该单元格后直接按 Delete 键即可。

（三）复制公式

在工作表中，如果有多个单元格要用到相同的公式，可以利用复制公式的方法减少工作量，方法如下：

方法一：单击选择包含公式的单元格，在“开始”选项卡下的“剪贴板”中，单击“复制”命令（或按 Ctrl+C 组合键），然后单击目标单元格，在“开始”选项卡下的“剪贴板”中单击“粘贴”命令（或按 Ctrl+V 组合键）。这样会把源单元格的公式及格式等设置都复制到目标单元格，如果只要复制公式，则单击“开始”选项卡下“粘贴”按钮下面的粘贴“公式”按钮，如图 4–36 所示。

方法二：如果要复制的目标单元格与源单元格连成一片，可利用填充柄填充。如要复制“学生成绩表”中计算总分的公式（假设已经输入到 G2 单元格），可以先选中 G2，将鼠标移到该单元格右下角的控制柄上，当光标变为黑色“+”时按住鼠标左键向下方单元格拖动到最后一个学生的总分单元格后松开鼠标，即可完成公式复制。还有一个更简单的方法就是选中 G2，将鼠标移到该单元格右下角的控制柄上，当光标变为黑色“+”时双击，就可以自动把公式复制到 G3～G31，如图 4–37 所示。

图 4–36　粘贴公式按钮

学生成绩表.xlsx

	A	B	C	D	E	F	G
1	学号	姓名	高等数学	大学英语	计算机基础	体育	总分
2	201211301	李国涛	93	77	72	83	325
3	201211302	李琪健	78	93	95	88	354
4	201211303	魏浩峰	79	91	92	85	347
5	201211304	吴锡宁	78	80	76	93	327
6	201211305	张浩	81	84	80	90	335
7	201211306	邓菲儿	94	73	65	90	322
8	201211307	陈琪敏	93	90	90	90	363
9	201211308	徐紫营	94	87	85	91	357
10	201211309	何茵嫦	96	73	65	79	313
11	201211310	黄晓志	94	66	55	77	292
12	201211311	何妙婷	94	81	76	84	335
13	201211312	吴丽琼	93	87	85	87	352
14	201211313	何丽春	91	81	76	82	330
15	201211314	邝伟雄	79	92	93	85	349
16	201211315	谭凤莲	89	93	95	89	366
17	201211316	吴连英	86	84	80	86	336
18	201211317	陈玉娟	93	72	62	79	306
19	201211318	温桂雄	93	48	64	84	289
20	201211319	吴淑琼	85	88	87	81	341
21	201211320	李智友	93	75	67	87	322
22	201211321	何翠霞	71	89	89	85	334
23	201211322	吴海营	93	72	63	84	312
24	201211323	张秀娟	61	74	65	83	283
25	201211324	赵婷	91	93	95	86	365
26	201211325	赵丽萍	96	81	77	87	341
27	201211326	梁嘉盈	84	80	73	75	312
28	201211327	赖雅莹	72	93	95	84	344
29	201211328	杨晓华	67	93	95	82	337
30	201211329	张洁珊	68	86	88	81	323
31	201211330	程超健	80	78	76	90	324

Sheet1　Sheet2　Sheet3

图 4–37　利用填充柄复制公式

（四）删除公式

删除公式的方法很简单，选中包含公式的单元格，按 Delete 键即可。

（五）输入函数

常用的输入函数的方法有三种：

方法一：选定要输入函数的单元格，输入“=”，在后面输入函数名并设置好相应函数的参数，按 Enter 键完成输入。例如计算成绩的平均分，选定单元格 F12 后，直接输入“=AVERAGE（F1:F10）”，然后按 Enter 键。

方法二：选定要输入函数的单元格，输入“=”，在后面输入函数名的英文字母，系统会联想相关字母开头的函数，出现你想要的函数后单击即可输入函数名，然后用鼠标单击或拖出要参与运算的单元格，完成后按 Enter 键确定，如图 4–38 所示。这种方法对不太熟悉函数名的用户比较方便。

SUM　=AVE

	A	B	C	D	E	F	G	H
1	学号	姓名	高等数学	大学英语	计算机基础	体育	总分	平均分
2	201211301	李国涛	93	77	72	83	325	=AVE
3	201211302	李琪健	78	93	95	88	354	
4	201211303	魏浩峰	79	91	92	85	347	
5	201211304	吴锡宁	78	80	76	93	327	
6	201211305	张浩	81	84	80	90	335	
7	201211306	邓菲儿	94	73	65	90	322	

AVEDEV
AVERAGE　返回其参数的算术平均值；
AVERAGEA
AVERAGEIF
AVERAGEIFS

SUM　=AVERAGEA(C2:F2)

	A	B	C	D	E	F	G	H
1	学号	姓名	高等数学	大学英语	计算机基础	体育	总分	平均分
2	201211301	李国涛	93	77	72	83	325	=AVERAGEA(C2:F2)
3	201211302	李琪健	78	93	95	88	354	AVERAGEA(**value1**, [value2], ...)

图 4–38　利用提示输入函数

方法三：如果不太了解函数名称、格式和参数设置，可以使用“插入函数”按钮，操作步骤如下：

选中要输入函数的单元格（如 H3），单击“编辑栏”中的“插入函数”按钮或者单击“公式”选项“函数库”组中的“插入函数”按钮，如图 4–39 所示。

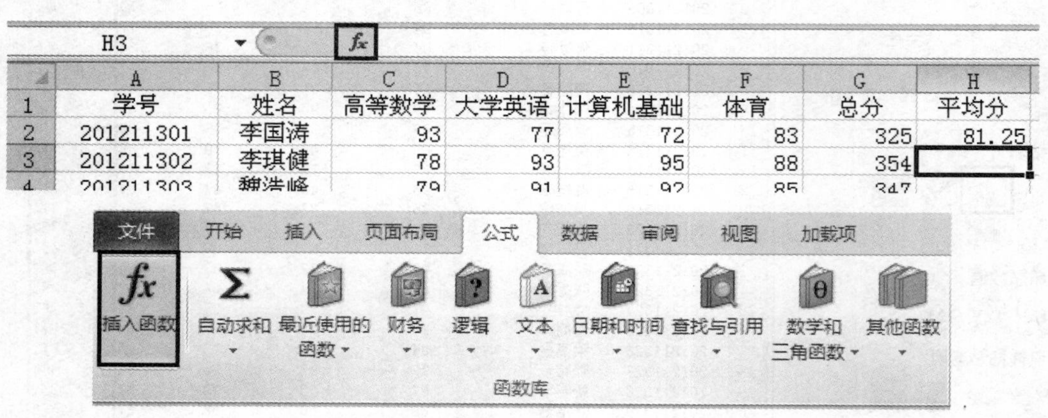

	A	B	C	D	E	F	G	H
1	学号	姓名	高等数学	大学英语	计算机基础	体育	总分	平均分
2	201211301	李国涛	93	77	72	83	325	81.25
3	201211302	李琪健	78	93	95	88	354	

图 4–39　“插入函数”按钮

在弹出的“插入函数”对话框中的“选择函数”列表中选择所需函数（如 AVERAGE），如图 4–40 所示，单击“确定”按钮打开“函数参数”对话框，在“函数参数”对话框中单击“Number1”后面的折叠按钮，用鼠标拖选要参加运算的单元格区域（如 C3:F3），单击折叠按钮，恢复对话框，如图 4–41 所示。然后单击“确定”按钮，H3 单元格即得到计算结果。

（六）常用函数

由于 Excel 提供了很多实用的函数，在线帮助功能可帮助用户了解函数的详细用法，这里介绍几种比较常用的函数的使用方法。

1. 求平均函数 AVERAGE

功能：计算所有参数的算术平均值。

格式：AVERAGE（number1，number2，…）。

参数：number1，number2，…是需要计算平均值的参数（1～30 个），参数可以是数字、包含数字的名称和单元格引用。

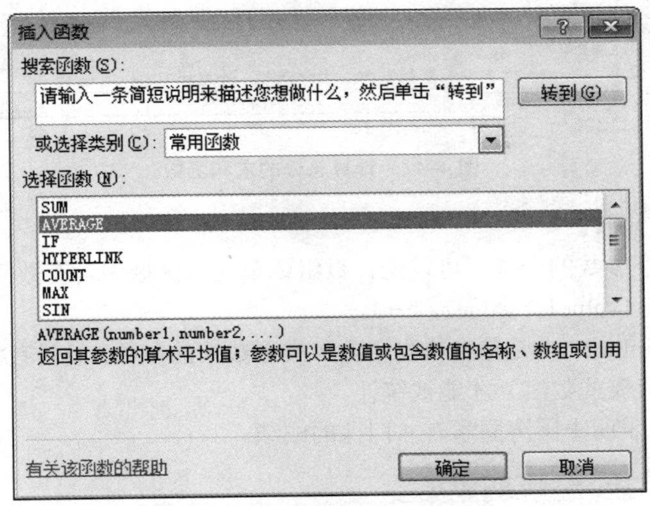

图 4–40 “插入函数”对话框

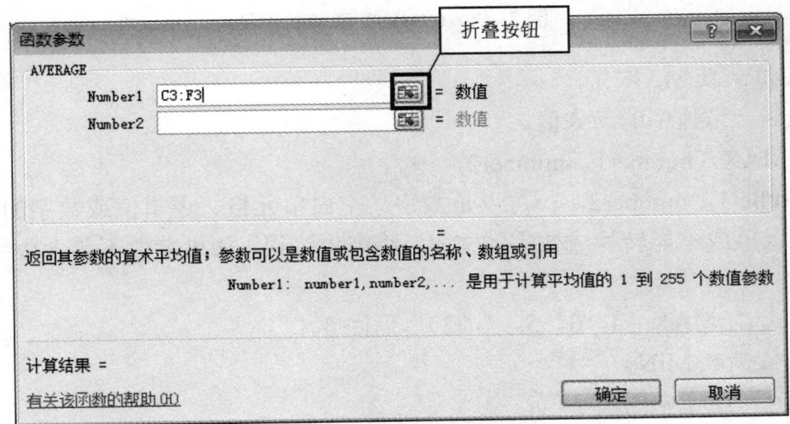

图 4–41 “函数参数”对话框

例如，公式“=AVERAGE（C2，D5）”，结果是返回 C2 和 D5 两个单元格的数值的平均值。

2. 求和函数 SUM

功能：计算所有参数的和。

格式：SUM（number1，number2，…）。

参数：number1，number2，…为需要求和的数值（1～30 个），参数表中的数字、逻辑值及数字组成的文本表达式可以参与计算，其中逻辑值被转换为 1、数字组成的文本被转换为数字。参数为数组或引用时，只有其中的数字被计算。

例如，公式“=SUM（1，2，3）”返回 6，而公式“=SUM（"6"，2，TRUE）”返回 9，因为文本值"6"被转换成数字 6，而逻辑值 TRUE 被转换成数字 1。又例如计算“总分”一列，如图 4–42 所示。

SUM =SUM(C2:F2)

	A	B	C	D	E	F	G
1	学号	姓名	高等数学	大学英语	计算机基础	体育	总分
2	201211301	李国涛	93	77	72	83	(C2:F2)
3	201211302	李琪健	78	93	95	88	354

图 4–42　计算总分的求和函数

3. 计数函数 COUNT

功能：返回数字参数的个数。可以统计数组或单元格区域中含有数字的单元格个数。

格式：COUNT（value1，value2，…）。

参数：value1，value2，…是包含或引用各种类型数据的参数，但只有数字类型的数据（数字、日期或以文本代表的数字）才能被统计。

例如，图 4–43 表明李国涛同学有 4 门课的成绩。

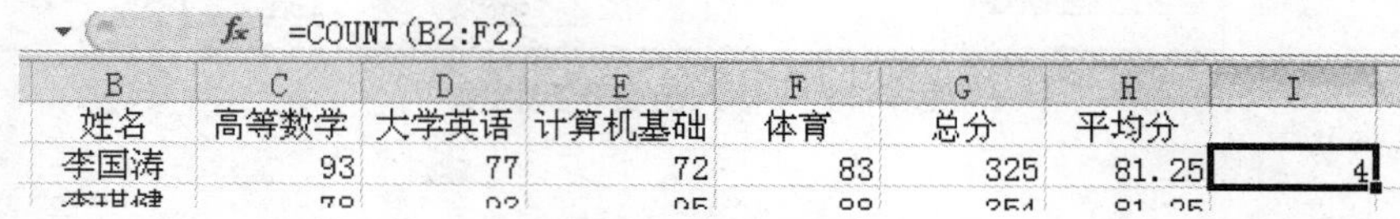

=COUNT(B2:F2)

B	C	D	E	F	G	H	I
姓名	高等数学	大学英语	计算机基础	体育	总分	平均分	
李国涛	93	77	72	83	325	81.25	4

图 4–43　COUNT 函数的例子

4. 求最大值函数 MAX

功能：返回一组值中的最大值。

表达式：MAX（number1，number2，…）。

参数：number1，number2，…可以是数字、空白单元格、逻辑值或数字的文本表达式。如果参数为错误值或不能转换成数字的文本，将产生错误；如果参数不包含数字，函数 MAX 返回 0。

例如，公式“=MAX（4，3，5，1，2）”返回 5。

5. 求最小值函数 MIN

功能：返回一组值中的最小值。

表达式：MIN（number1，number2，…）。

参数：number1，number2，…可以是数字、空白单元格、逻辑值或数字的文本表达式。如果参数为错误值或不能转换成数字的文本，将产生错误；如果参数不包含数字，函数 MIN 返回 0。

例如，公式“=MIN（4，3，5，1，2）”返回 1。

6. 四舍五入函数 ROUND

功能：按指定的位数对数值进行四舍五入。

表达式：ROUND（number，num_digits）。

参数：number 为要四舍五入的数值，num_digits 为需要保留的小数位数。

例如，公式“=ROUND（3.14159，1）”返回 3.1。

7. 判断函数 IF

功能：判断是否满足条件，如果满足返回第二个参数的值，不满足则返回第三个参数的值。

格式：IF（logical_test，value_if_true，value_if_false）。

参数：logical_test 表示计算结果为 True 或 False 的任意值或表达式；value _if_true 表示

logical_test 为 True 时返回的值，value_if_false 表示 logical_test 为 False 时返回的值。

例如，在“学生成绩表”中根据“体育”列中的数据对“体育等级”列填充数据，要求平均成绩大于等于 80 的为“达标”，否则为“不达标”。先单击要存放计算结果的单元格 I2，然后单击编辑栏输入公式“=IF（F2>=80，"达标"，"不达标"）”，单击“确定”按钮，结果如图 4–44 所示。

I2 fx =IF(F2>=80,"达标","不达标")

	A	B	C	D	E	F	G	H	I
1	学号	姓名	高等数学	大学英语	计算机基础	体育	总分	平均分	体育等级
2	201211301	李国涛	93	77	72	83	325	81.25	达标
3	201211302	李琪健	78	93	95	88	354	88.50	

图 4–44 判断函数 IF

8. 排名函数 RANK

功能：返回某个数字在数字列表中的排名。

表达式：RANK（number，ref，order）。

参数：number 是要查找排名的数字，ref 表示数据列表数组或对数字列表的引用，order 表示排位的方式，如果为 0 或省略则表示降序排列，不为 0 表示升序排列。

例如，在“学生成绩表”中增加一“名次”列，根据“总分”对学生进行排名，先单击要存放计算结果的单元格 I2，然后在编辑栏输入公式“=RANK（G2，G$2:G$31）”，单击“确定”按钮，然后把公式复制至下面所有同学名次的单元格就可以看到所有学生的总分排名。注意，我们在 I2 单元格内的函数中对单元格的引用采用了混合引用的方式，若采用默认的相对引用方式则会得出错误的排名结果，如图 4–45 所示。

I2 fx =RANK(G2,G$2:G$31)

	A	B	C	D	E	F	G	H	I
1	学号	姓名	高等数学	大学英语	计算机基础	体育	总分	平均分	名次
2	201211301	李国涛	93	77	72	83	325	81.25	19
3	201211302	李琪健	78	93	95	88	354	88.50	5
4	201211303	魏浩峰	79	91	92	85	347	86.75	8
5	201211304	吴锡宁	78	80	76	93	327	81.75	18

图 4–45 排名函数

（七）自动计算功能

自动计算功能是在不输入任何公式或函数的情况下，也能快速得到求和、平均值、最大值、最小值等常用的运算结果。如图 4–46 所示，只要选中 C2:C11 单元格，就可以在状态栏中看到计算结果。

	A	B	C	D	E	F	G	H	I	J	K	L
1	学号	姓名	高等数学	大学英语	计算机基础	体育	总分	平均分				
2	201211301	李国涛	93	77	72	83	325	81.25				
3	201211302	李琪健	78	93	95	88	354	88.50				
4	201211303	魏浩峰	79	91	92	85	347	86.75				
5	201211304	吴锡宁	78	80	76	93	327	81.75				
6	201211305	张浩	81	84	80	90	335	83.75				
7	201211306	邓菲儿	94	73	65	90	322	80.50				
8	201211307	陈琪敏	93	90	90	90	363	90.75				
9	201211308	徐紫营	94	87	85	91	357	89.25				
10	201211309	何茵嫦	96	73	65	79	313	78.25				
11	201211310	黄晓志	94	66	55	77	292	73.00				
12	201211311	何妙婷	94	81	76	84	335	83.75				
13	201211312	吴丽琼	93	87	85	87	352	88.00				
14	201211313	何丽春	91	81	76	82	330	82.50				
15	201211314	邝伟雄	79	92	93	85	349	87.25				

Sheet1 Sheet2 Sheet3

就绪 平均值: 88 计数: 10 求和: 880 90%

图 4–46 状态栏中显示的自动计算结果

右键单击任务栏还可以选择所要的计算功能，如图 4–47 所示。

C2 fx 93

	A	B	C	D	E	F
1	学号	姓名	高等数学	大学英语	计算机基础	体育
2	201211301	李国涛	93	77	72	
3	201211302	李琪健	78	93	95	
4	201211303	魏浩峰	79	91	92	
5	201211304	吴锡宁	78	80	76	
6	201211305	张浩	81	84	80	
7	201211306	邓菲儿	94	73	65	
8	201211307	陈琪敏	93	90	90	
9	201211308	徐紫营	94	87	85	
10	201211309	何茵嫦	96	73	65	
11	201211310	黄晓志	94	66	55	
12	201211311	何妙婷	94	81	76	
13	201211312	吴丽琼	93	87	85	
14	201211313	何丽春	91	81	76	
15	201211314	邝伟雄	79	92	93	
16	201211315	谭凤莲	89	93	95	
17	201211316	吴连英	86	84	80	
18	201211317	陈玉娟	93	72	62	
19	201211318	温桂雄	93	64	48	
20	201211319	吴淑琼	85	88	87	
21	201211320	李智友	93	75	67	

Sheet1 Sheet2 Sheet3

就绪 平均值: 88 计数: 10 求和: 880

数字(N) 开
滚动(R) 关
自动设置小数点(F) 关
改写模式(O)
结束模式(E)
宏录制(M) 未录制
选择模式(L)
页码(P)
平均值(A) 88
计数(C) 10
数值计数(T)
最小值(I)
最大值(X)
求和(S) 880
上载状态(U)
视图快捷方式(V)

图 4–47　选择自动计算功能

五、项目小结

公式和函数是 Excel 的一个强大的工具，函数与公式既有区别又互相联系，公式是由用户自行设计对工作表进行计算和处理的计算式，而函数是 Excel 预先定义好的特殊公式。初学者可能觉得函数比较难，函数中最复杂的部分是参数，它规定了函数的运算对象、顺序或结构等，使得用户可以对某个单元格或区域进行处理，如确定成绩名次、对单元格或数据进行判断等。

按照函数的来源，Excel 函数可以分为内置函数和扩展函数两大类。只要启动了 Excel，用户就可以使用内置函数，我们在本项目中讲述的都是内置函数;而扩展函数必须通过单击“文件→加载项”加载，如果安装的加载项中包含函数，这些加载项或自动化函数将在“插入函数”对话框中的“用户定义的”类别中可用。

六、项目拓展

（1）打开“工资表”，完成下面的操作，效果如图 4–48 所示。

	A	B	C	D	E	F	G	H	I	J
1	工资表									
2	员工编号	姓名	所属部门	职务	基本工资	奖金	应发工资	代扣款	实发工资	奖金排名
3	001	黄伟	营销部	经理	4510	7400	11910	234.52	11675.48	2
4	002	何丽	办公室	员工	2520	2350	4870	131.04	4738.96	7
5	003	吴惠英	办公室	员工	2820	2350	5170	146.64	5023.36	7
6	004	何春燕	工程部	员工	3000	3200	6200	156.00	6044.00	6
7	005	陈伟雄	工程部	经理	4820	6650	11470	250.64	11219.36	3
8	006	李莲	营销部	员工	2500	5020	7520	130.00	7390.00	4
9	007	张红梅	工程部	员工	3200	3500	6700	166.40	6533.60	5
10	008	陈娟	营销部	员工	2600	9300	11900	135.20	11764.80	1
11	009	赵兵	工程部	员工	2700	1400	4100	140.40	3959.60	10
12	010	汤鹏	工程部	员工	2800	2100	4900	145.60	4754.40	9
13	合计								73103.56	

图 4–48　工资表

（2）操作要求：

① 用公式或函数计算第一位员工的应发工资、代扣款和实发工资。

③ 利用公式复制的方式计算所有员工的应发工资、代扣款和实发工资。

④ 用函数计算实发工资的总数。

⑤ 用函数计算奖金排名。

项目三　制作学生成绩分析表

一、项目引入

一个学期的学习完成了，班上学生的考试成绩也统计出来了，辅导员想对本班学生成绩进行分析比对，以便更好地掌握每个学生的学习情况。

二、项目分析

要掌握学生的学习情况，就要对学习成绩进行分析，进行横向和纵向的对比，这就要掌握数据表的排序、筛选和分类汇总等操作。

三、相关知识

（一）排序

往工作表中输入数据时，一般是按照数据的到来顺序或编号来输入的，当用户要从工作表中查找所需的信息时很不直观，为了提高查找效率，最有效的方法是对数据进行排序。排序是指按照一定的顺序重新排列工作表中的数据，排序并不改变行的内容，但被隐藏起来的行不会被排序，当两行中有完全相同的数据或内容时，Excel 会保持它们的原始顺序。

排序有两种：简单排序（以单一条件排序，即只有一个排序关键字）和高级排序（按照两个或两个以上的关键字进行排序）。

（二）筛选

筛选是查找和处理数据子集的快捷方法，筛选与排序不同，它并不重新排列数据，而只是将不必显示的行暂时隐藏起来。Excel 的筛选又分为自动筛选和高级筛选两种，自动筛选比较简单，是指根据用户设定的筛选条件，自动将表格中符合条件的数据显示出来；相对地，高级筛选指的是由用户自定义多种筛选条件的筛选操作，属于比较复杂的数据筛选操作。

（三）分类汇总

分类汇总是对数据进行分析的一种常用方法，是将工作表数据按某个关键字段进行分类，具有相同值的分为一类，然后对各个类应用汇总函数进行汇总，分类汇总使数据整体状况变得清晰易懂。

四、项目实施

（一）数据排序

为了便于对学生成绩数据进行查阅，可以对成绩表中的数据按照某一字段（如“高等数学”）的值进行排序，这个用来排序的字段称为关键字。排序有简单排序和高级排序两种。

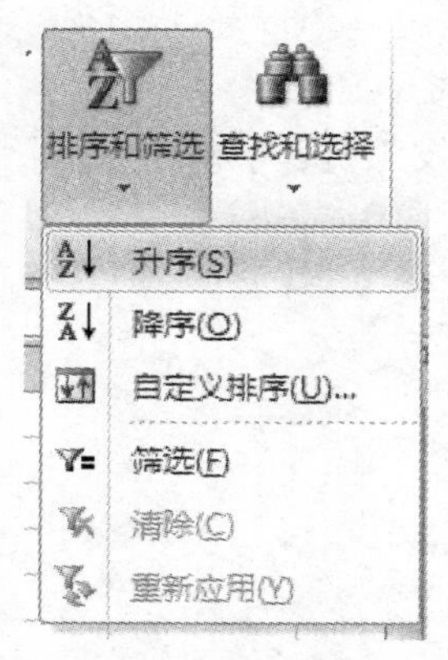

图 4–49 “排序和筛选”按钮

1. 简单排序

简单排序是指对工作表中的数据按照单一条件进行排序。

首先把活动单元格放到排序关键字列当中，如按“高等数学成绩”排序，则把活动单元格放在“高等数学”列上任一个单元格中，然后有三种操作方法：

方法一：在“开始”选项卡的“编辑”组中，单击“排序和筛选”按钮，按需要选择“升序”或“降序”，如图 4–49 所示。

方法二：在“数据”选项卡下“排序和筛选”组，单击“升序”或“降序”按钮进行排序，如图 4–50 所示。

方法三：在“高等数学”列的任一个单元格上单击鼠标右键，在弹出的菜单中选择“排序”选项，在弹出的子列表中选择需要的排序方式，如图 4–51 所示。

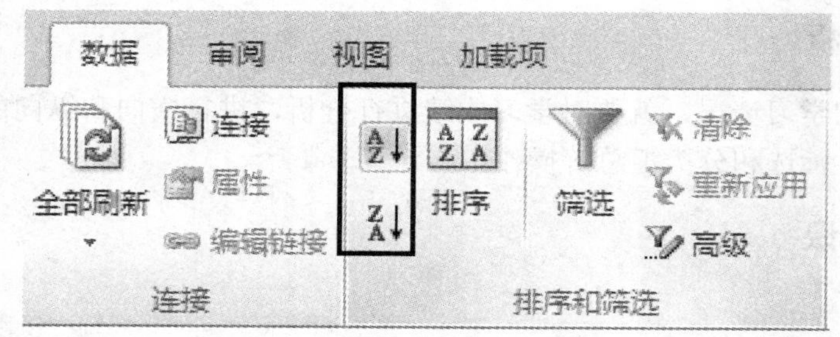

图 4–50 “排序和筛选”组的“升序”和“降序”按钮

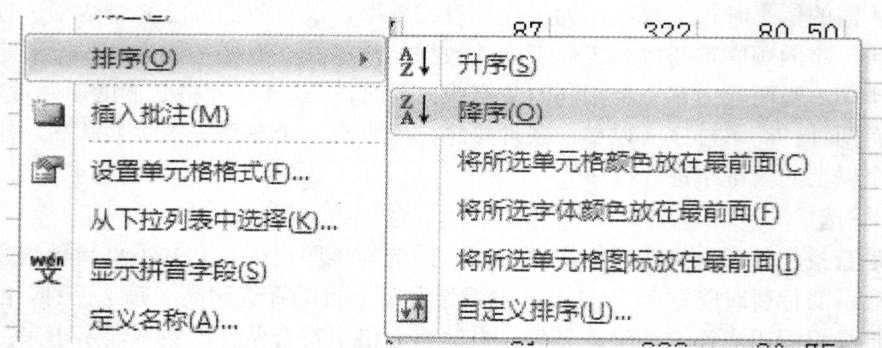

图 4–51 弹出菜单中的“排序”选项

2. 高级排序

高级排序可以实现对多个字段数据同时进行排序，这多个字段也称为多个关键字，通过设置主要关键字和次要关键字来确定数据排序的优先次序，而且这些关键字可以分别设置为升序或降序。

例如，对“学生成绩表”中的数据按“总分”降序排序，总分相同的按“学号”升序排序。操作方法如下：

把活动单元格放在成绩表的数据单元格中，然后在“数据”选项卡下“排序和筛选”组中单击“排序”按钮，弹出一个“排序”对话框。在“主要关键字”下拉列表中选择“总分”

选项，在“次序”下拉列表中选择“降序”选项；然后单击“添加条件”按钮设置次要关键字，出现“次要关键字”选项后在下拉列表中选择“学号”选项，并选择“升序”方式排序，最后单击“确定”按钮，如图 4–52 所示。排序结果如图 4–53 所示。

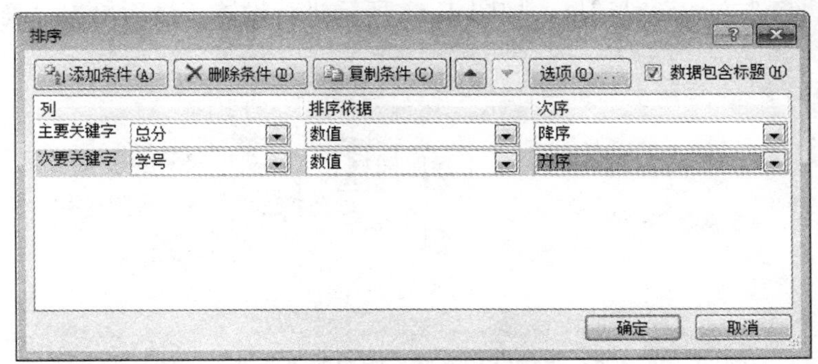

图 4–52 “排序”对话框

	A	B	C	D	E	F	G
1	学号	姓名	高等数学	大学英语	计算机基础	体育	总分
2	201211315	谭凤莲	89	93	95	89	366
3	201211324	赵婷	91	93	95	86	365
4	201211307	陈琪敏	93	90	90	90	363
5	201211308	徐紫营	94	87	85	91	357
6	201211302	李琪健	78	93	95	88	354
7	201211312	吴丽琼	93	87	85	87	352
8	201211314	邝伟雄	79	92	93	85	349
9	201211303	魏浩峰	79	91	92	85	347
10	201211327	赖雅莹	72	93	95	84	344
11	201211319	吴淑琼	85	88	87	81	341
12	201211325	赵丽萍	96	81	77	87	341
13	201211328	杨晓华	67	93	95	82	337
14	201211316	吴连英	86	84	80	86	336
15	201211305	张浩	81	84	80	90	335
16	201211311	何妙婷	94	81	76	84	335
17	201211321	何翠霞	71	89	89	85	334
18	201211313	何丽春	91	81	76	82	330
19	201211304	吴锡宁	78	80	76	93	327
20	201211301	李国涛	93	77	72	83	325
21	201211330	程超健	80	78	76	90	324
22	201211329	张洁珊	68	86	88	81	323
23	201211306	邓菲儿	94	73	65	90	322
24	201211320	李智友	93	75	67	87	322
25	201211309	何茵媒	96	73	65	79	313
26	201211322	吴海营	93	72	63	84	312
27	201211326	梁嘉盈	84	80	73	75	312
28	201211317	陈玉娟	93	72	62	79	306
29	201211310	黄晓志	94	66	55	77	292
30	201211318	温桂雄	93	48	64	84	289
31	201211323	张秀娟	61	74	65	83	283

图 4–53 排序结果

（二）数据筛选

数据筛选可以隐藏那些不满足条件的数据，而将那些符合条件的数据显示在工作表中，数据筛选分为自动筛选和高级筛选两种。

1. 自动筛选

自动筛选适用于条件较为简单的筛选，筛选出的数据显示在原数据区域。其操作方法有三种，以筛选出“高等数学成绩 90 分以上”的数据为例：

方法一：在“数据”选项卡下“排序和筛选”组中，单击“筛选”按钮，如图 4–54 所示，此时每个列表题的右侧都出现一个三角按钮，单击“高等数学”列标题右侧的三角按钮，弹出“自定义自动筛选方式”对话框，按图 4–55 所示进行设置，最后单击“确定”按钮。

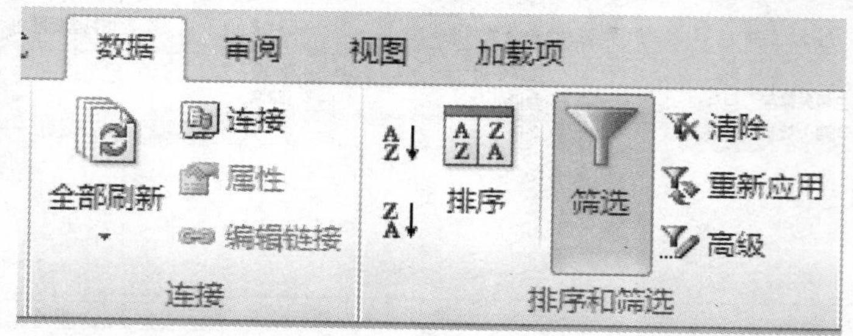

图 4–54 “排序和筛选”组中的“筛选”按钮

自定义自动筛选方式

显示行：

高等数学

大于或等于 90

◉ 与(A) ○ 或(O)

可用 ? 代表单个字符

用 * 代表任意多个字符

确定 取消

图 4–55 “自定义自动筛选方式”对话框

筛选结果如图 4–56 所示。

	A	B	C	D	E	F	G
1	学号	姓名	高等数学	大学英语	计算机基	体育	总分
3	201211324	赵婷	91	93	95	86	365
4	201211307	陈琪敏	93	90	90	90	363
5	201211308	徐紫营	94	87	85	91	357
7	201211312	吴丽琼	93	87	85	87	352
12	201211325	赵丽萍	96	81	77	87	341
16	201211311	何妙婷	94	81	76	84	335
18	201211313	何丽春	91	81	76	82	330
20	201211301	李国涛	93	77	72	83	325
23	201211306	邓菲儿	94	73	65	90	322
24	201211320	李智友	93	75	67	87	322
25	201211309	何茵媒	96	73	65	79	313
26	201211322	吴海营	93	72	63	84	312
28	201211317	陈玉娟	93	72	62	79	306
29	201211310	黄晓志	94	66	55	77	292
30	201211318	温桂雄	93	48	64	84	289

图 4–56 筛选结果

如果要取消这次筛选的设置，可再次单击图 4–54 中“数据”选项卡下“排序和筛选”组的“筛选”按钮，被隐藏的数据又显示出来了。

方法二：在“开始”选项卡下“编辑”组中，单击“排序和筛选”按钮，在下拉菜单中单击“筛选”按钮，如图 4–57 所示。

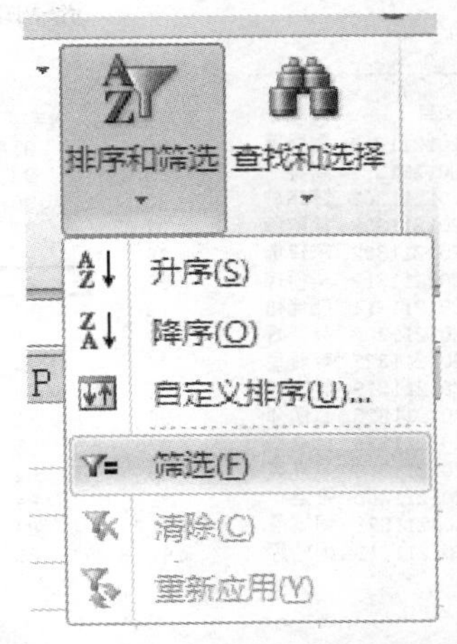

图 4–57 “编辑”组中“排序和筛选”按钮下的“筛选”按钮

方法三：选择数据目标区域中任意单元格，鼠标右键单击该单元格，在弹出的列表中选择“筛选”选项。

如果想在筛选结果的基础上再增加筛选条件，可按上述方法重复操作。例如图 4–58 就是设置了高等数学和大学英语都大于等于 90 分的筛选结果。注意观察“高等数学”和“大学英语”两个列标题右侧的按钮。

2. 高级筛选

高级筛选可以设置多个筛选条件，而且这些条件之间是“或”的关系，筛选的结果还能放置到别的位置。如果要找出有不及格科目的学生的成绩数据，可以对“高等数学”“大学英语”“计算机基础”和“体育”同时设置小于 60 分的筛选条件，还可以把筛选结果复制到数据表下方的其他空白单元格处。操作步骤如下：

	A	B	C	D	E	F	G
1	学号	姓名	高等数学	大学英语	计算机基	体育	总分
3	201211324	赵婷	91	93	95	86	365
4	201211307	陈琪敏	93	90	90	90	363

图 4–58 “高等数学”和“大学英语”都大于等于 90 分的筛选结果

（1）在工作表其他空白单元格区域（如 I2:F6）下输入筛选条件，筛选条件在同行表示“与”的关系，筛选条件在不同行表示“或”的关系，如图 4–59 所示。

I	J	K	L
高等数学	大学英语	计算机基础	体育
<60			
	<60		
		<60	
			<60

图 4–59 筛选条件

（2）把活动单元格放在成绩数据区域，在“数据”选项卡的“排序和筛选”组中选择“高级”选项，弹出“高级筛选”对话框，在“条件区域”中用鼠标拖选出刚刚输入的筛选条件区域，指定筛选结果复制到以哪个单元格（如 J16）开始的区域，最后单击“确定”按钮，如图 4–60 所示。

此次筛选将显示有不及格科目的学生的成绩数据，并在 J16 开始的区域显示，如图 4–61 所示。

3. 分类汇总

分类汇总是建立在已排序的基础上的，即在执行分类汇总之前，首先要对分类字段进行排序，把同类数据排列在一起，然后利用汇总函数对同一类的数据进行统计。

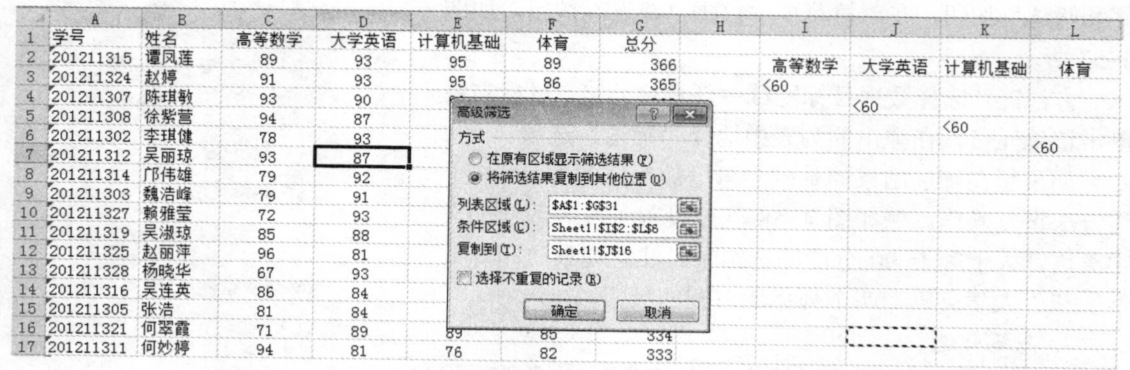

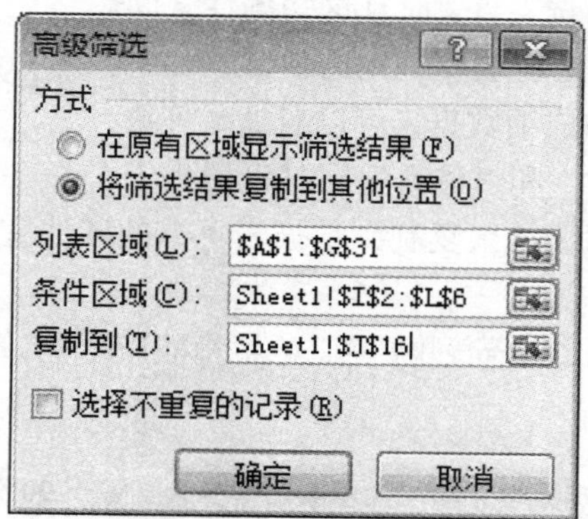

图 4–60　在“高级筛选”对话框设置筛选参数

学号	姓名	高等数学	大学英语	计算机基础	体育	总分
201211310	黄晓志	94	66	55	77	292
201211318	温桂雄	93	48	64	84	289

图 4–61　筛选结果

为方便举例，在“学生成绩表”中插入“性别”一列，下面根据性别“字段”分类，汇总男、女生各科平均分。操作步骤如下：

（1）对“性别”字段排序，升序或降序都可以。

（2）选择“数据”选项卡下“分级显示”组，单击“分类汇总”选项，弹出一个“分类汇总”对话框。

（3）在“分类汇总”对话框中，“分类字段”选择“性别”；“汇总方式”选择“平均值”；“选定汇总项”需指定要进行分类计算的数据所在的列（可选多个汇总项），如选“高等数学”和“大学英语”。勾选“替换当前分类汇总”选项：新的分类汇总将替换数据表中原有的分类汇总；勾选“每组数据分页”选项，在打印时，每个类别的数据将分页打印；勾选“汇总结果显示在数据下方”选项，可在数据下方显示汇总数据的总计值，如图 4–62 所示。分类汇总的结果如图 4–63 所示。

现在我们可以分析比较男、女生在高等数学和大学英语这两门课上的成绩差异了。如果要删除分类汇总的结果，可以重新调出“分类汇总”对话框，单击“全部删除”按钮即可。

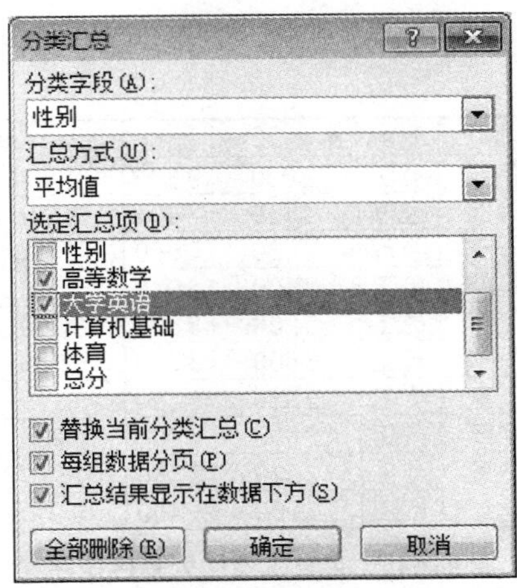

图 4–62 “分类汇总”对话框

学生成绩表.xlsx

学号	姓名	性别	高等数学	大学英语	计算机基础	体育
201211301	李国涛	男	93	77	72	83
201211302	李琪健	男	78	93	95	88
201211303	魏浩峰	男	79	91	92	85
201211304	吴锡宁	男	78	80	76	93
201211305	张浩	男	81	84	80	90
201211310	黄晓志	男	94	66	55	77
201211314	邝伟雄	男	79	92	93	85
201211318	温桂雄	男	93	48	64	84
201211320	李智友	男	93	75	67	87
201211322	吴海营	男	93	72	63	84
201211328	杨晓华	男	67	93	95	82
201211330	程超健	男	80	78	76	90
		男 平均值	84	79.08333333		
201211306	邓菲儿	女	94	73	65	90
201211307	陈琪敏	女	93	90	90	90
201211308	徐紫营	女	94	87	85	91
201211309	何茵嫦	女	96	73	65	79
201211311	何妙婷	女	94	81	76	84
201211312	吴丽琼	女	93	87	85	87
201211313	何丽春	女	91	81	76	82
201211315	谭凤莲	女	89	93	95	89
201211316	吴连英	女	86	84	80	86
201211317	陈玉娟	女	93	72	62	79
201211319	吴淑琼	女	85	88	87	81
201211321	何翠霞	女	71	89	89	85
201211323	张秀娟	女	61	74	65	83
201211324	赵婷	女	91	93	95	86
201211325	赵丽萍	女	96	81	77	87
201211326	梁嘉盈	女	84	80	73	75
201211327	赖雅莹	女	72	93	95	84
201211329	张洁珊	女	68	86	88	81
		女 平均值	86.16666667	83.61111111		
		总计平均值	85.3	81.8		

Sheet1 Sheet2 Sheet3

图 4–63 分类汇总的结果

五、项目小结

在本项目，我们学习了排序、筛选和分类汇总，使用这些功能可以很方便地管理、分析数据，从而为判断、决策和管理提供可靠依据。

六、项目拓展

打开工资表，利用本项目所介绍的知识完成下面的操作：

（1）按工资表中“实发工资”列降序排序，效果如图 4–64 所示。

员工编号	姓名	所属部门	职务	基本工资	奖金	应发工资	代扣款	实发工资
008	陈娟	营销部	员工	2600	9300	11900	135.20	11764.80
001	黄伟	营销部	经理	4510	7400	11910	234.52	11675.48
005	陈伟雄	工程部	经理	4820	6650	11470	250.64	11219.36
006	李莲	营销部	员工	2500	5020	7520	130.00	7390.00
007	张红梅	工程部	员工	3200	3500	6700	166.40	6533.60
004	何春燕	工程部	员工	3000	3200	6200	156.00	6044.00
003	吴惠英	办公室	员工	2820	2350	5170	146.64	5023.36
010	汤鹏	工程部	员工	2800	2100	4900	145.60	4754.40
002	何丽	办公室	员工	2520	2350	4870	131.04	4738.96
009	赵兵	工程部	员工	2700	1400	4100	140.40	3959.60

图 4–64 “实发工资”列降序排序

（2）筛选出基本工资在 3 000 元以下员工的数据，效果如图 4–65 所示。

员工编号	姓名	所属部门	职务	基本工资	奖金	应发工资	代扣款	实发工资
003	吴惠英	办公室	员工	2820	2350	5170	146.64	5023.36
002	何丽	办公室	员工	2520	2350	4870	131.04	4738.96
010	汤鹏	工程部	员工	2800	2100	4900	145.60	4754.40
009	赵兵	工程部	员工	2700	1400	4100	140.40	3959.60
008	陈娟	营销部	员工	2600	9300	11900	135.20	11764.80
006	李莲	营销部	员工	2500	5020	7520	130.00	7390.00

图 4–65 基本工资在 3 000 元以下员工的数据

（3）筛选出奖金在 3 000 元以下员工的数据，效果如图 4–66 所示。

员工编号	姓名	所属部门	职务	基本工资	奖金	应发工资	代扣款	实发工资
003	吴惠英	办公室	员工	2820	2350	5170	146.64	5023.36
002	何丽	办公室	员工	2520	2350	4870	131.04	4738.96
010	汤鹏	工程部	员工	2800	2100	4900	145.60	4754.40
009	赵兵	工程部	员工	2700	1400	4100	140.40	3959.60

图 4–66 资金在 3 000 元以下员工的数据

（4）利用高级筛选找出基本工资在 4 000 元以上或奖金在 5 000 元以上员工的数据，效果如图 4–67 所示。

员工编号	姓名	所属部门	职务	基本工资	奖金	应发工资	代扣款	实发工资
005	陈伟雄	工程部	经理	4820	6650	11470	250.64	11219.36
008	陈娟	营销部	员工	2600	9300	11900	135.20	11764.80
001	黄伟	营销部	经理	4510	7400	11910	234.52	11675.48
006	李莲	营销部	员工	2500	5020	7520	130.00	7390.00

图 4–67 基本工资在 4 000 元以上或资金在 5 000 元以上员工的数据

（5）按部门分类，汇总各部门的奖金总和，效果如图 4–68 所示。

	工资表							
员工编号	姓名	所属部门	职务	基本工资	奖金	应发工资	代扣款	实发工资
003	吴惠英	办公室	员工	2 820	2 350	5 170	146.64	5 023.36
002	何丽	办公室	员工	2 520	2 350	4 870	131.04	4 738.96
		办公室 汇总			4 700			
005	陈伟雄	工程部	经理	4 820	6 650	11 470	250.64	11 219.36
007	张红梅	工程部	员工	3 200	3 500	6 700	166.40	6 533.60
004	何春燕	工程部	员工	3 000	3 200	6 200	156.00	6 044.00
010	汤鹏	工程部	员工	2 800	2 100	4 900	145.60	4 754.40
009	赵兵	工程部	员工	2 700	1 400	4 100	140.40	3 959.60
		工程部 汇总			16 850			
008	陈娟	营销部	员工	2 600	9 300	11 900	135.20	11 764.80
001	黄伟	营销部	经理	4 510	7 400	11 910	234.52	11 675.48
006	李莲	营销部	员工	2 500	5 020	7 520	130.00	7 390.00
		营销部 汇总			21 720			
		总计			43 270			

图 4–68　各部门资金总和汇总

项目四　创建学生成绩分析图

一、项目引入

通过对成绩进行排序、筛选和分类汇总等操作，辅导员赵老师对同学们的学习状况有了一个比较全面的了解，为了更直观地表现同学们的成绩分布状况，赵老师决定创建学生成绩分析图。

二、项目分析

工作表中的数据难免单调枯燥，用户往往要花费较多时间和精力才能对表格中要说明的问题理出头绪，Excel 图表可以将数据图形化，以帮助我们更直观地显示数据，使数据对比和变化趋势一目了然，提高信息整理价值，更准确直观地表达信息和观点。

根据图表显示位置的不同，建立图表的方式有嵌入式图表和图表工作表两种。无论哪种图表，都与生成它们的工作表上的数据源建立了链接，这就意味着更新工作表数据的同时也会更新图表。利用图表向导可以使创建图表的工作变得简单明了。

三、相关知识

（一）数据源

图表创建之前必须首先确定哪些单元格的数据用于制作图表，这些单元格的数据就称为数据源。

（二）图表类型

对于相同的数据，如果选择不同的图表类型，那么得到的图表外观是有很大差别的，为了用图表准确地表达我们的观点，完成数据表的创建之后，最重要的事情就是选择恰当的图表类型。

常用的图表类型包括柱形图、饼图、折线图和面积图等。

（1）柱形图：主要用途是显示或比较多个数据组。

（2）饼图：用分割并填充了颜色或图案的饼形来表示数据，通常用来表示一组数据占总数的百分比（如各季度销售额占全年销售总额的百分比）。

（3）折线图：用一系列以折线相连的点表示数据，这种类型的图表最适于表示数据随着时间变化的趋势。

（4）面积图：用填充了颜色或图案的面积来显示数据，最适于显示数量随时间而变化的程度，也可用于引起人们对总值趋势的注意。

（三）图表组成元素

图表由图表区和绘图区、图例、坐标轴、数据系列等几个部分组成，图表区是整个图表的背景区域，绘图区是用于绘制数据的区域。图表中还含有图表标题和网格线等内容。各组成部分功能如下：

（1）图表区：用于存放图表各个组成部分的区域。

（2）绘图区：位于图表区内，是绘制数据序列的位置。

（3）图表标题：用以说明图表的标题名称。

（4）坐标轴：用于显示数据系列的名称和其对应的值。

（5）数据系列：用图形的方式表示数据的变化。

（6）图例：显示每个数据系列代表的名称。

（四）数据透视表

数据透视表对于汇总、分析、浏览和呈现汇总数据非常有用。如果要分析相关的汇总值，尤其是在要合计较大的数字清单并对每个数字进行多种比较时，可以使用数据透视表。在数据透视表中，源数据中的每列或每字段都成为汇总多行信息的数据透视表字段。

（五）数据透视图

数据透视图是数据透视表的图形化表示工具，它能准确地显示相应数据透视表中的数据，使得数据透视表中的信息以图形的方式更加直观、更加形象地展现在用户面前。

四、项目实施

（一）创建图表

1. 选择创建图表的数据源

首先选择创建图表的数据源，选中前十位学生的姓名和总分两部分单元格作为创建图表的数据源，如图 4–69 所示。

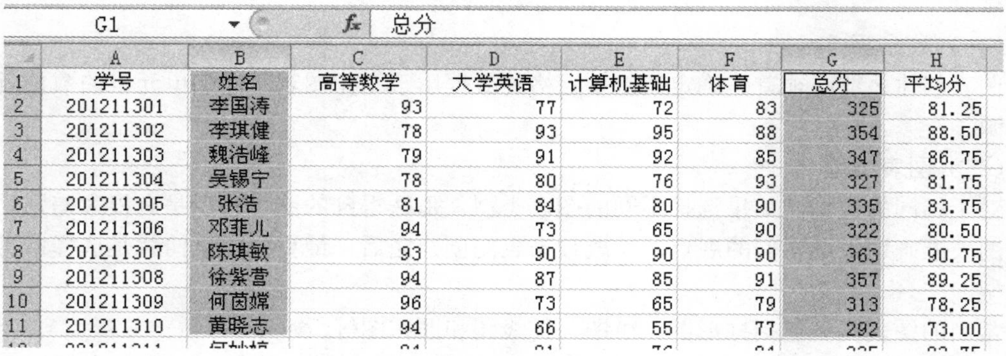

G1 fx 总分

	A	B	C	D	E	F	G	H
1	学号	姓名	高等数学	大学英语	计算机基础	体育	总分	平均分
2	201211301	李国涛	93	77	72	83	325	81.25
3	201211302	李琪健	78	93	95	88	354	88.50
4	201211303	魏浩峰	79	91	92	85	347	86.75
5	201211304	吴锡宁	78	80	76	93	327	81.75
6	201211305	张浩	81	84	80	90	335	83.75
7	201211306	邓菲儿	94	73	65	90	322	80.50
8	201211307	陈琪敏	93	90	90	90	363	90.75
9	201211308	徐紫营	94	87	85	91	357	89.25
10	201211309	何茵嫦	96	73	65	79	313	78.25
11	201211310	黄晓志	94	66	55	77	292	73.00

图 4–69　选择数据源

2. 选择图表类型

选择“插入”选项卡，单击“图表”组中“柱形图”的下拉按钮，在弹出的下拉列表中选择“二维簇状柱形图”选项。在工作表中 Excel 会自动产生二维簇状柱形图图表，如图 4–70 所示。

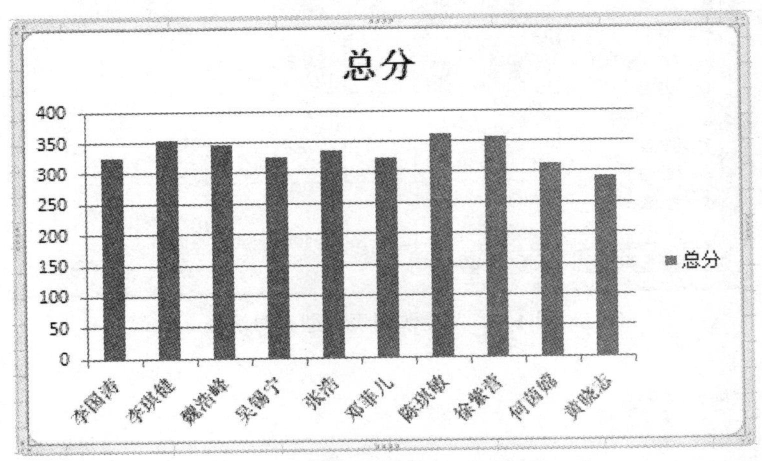

图 4–70　总分二维簇状柱形图

3. 修改图表

图表创建完成后，还可以对图表类型重新选择、添加或减少数据系列。

（1）更改图表类型。

在上步创建图表的同时会激活“图表工具”选项卡，如图 4–71 所示。

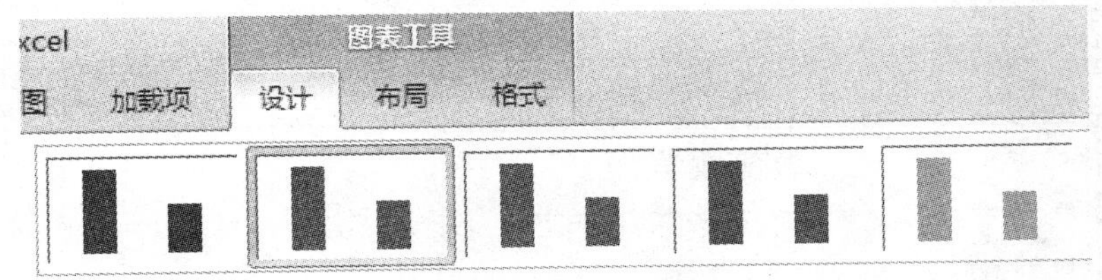

图 4–71　“图表工具”选项卡

选择图表区，单击“图表工具”→“设计”选项卡“类型”组中的“更改图标类型”选项，打开“更改图标类型”对话框，在弹出的对话框中可以选择新的图表类型，单击“确定”按钮即可更改图表的类型，如图 4–72 所示。

（2）更改数据源。

在“设计”选项卡中单击“数据”组中的“选择数据”按钮，调出“选择数据源”对话框，使用鼠标拖动选择新的数据区域，松开鼠标后，在“图标数据区域”栏中会显示选择的结果，单击“确定”按钮，图表将自动更新数据源，如图 4–73 所示。

（二）编辑图表

1. 改变图表位置

在当前工作表中移动图表位置：单击选中图表，按住鼠标左键不放，拖动图表到所需要的位置，释放鼠标，图表即被移到虚线框所示的目标位置。

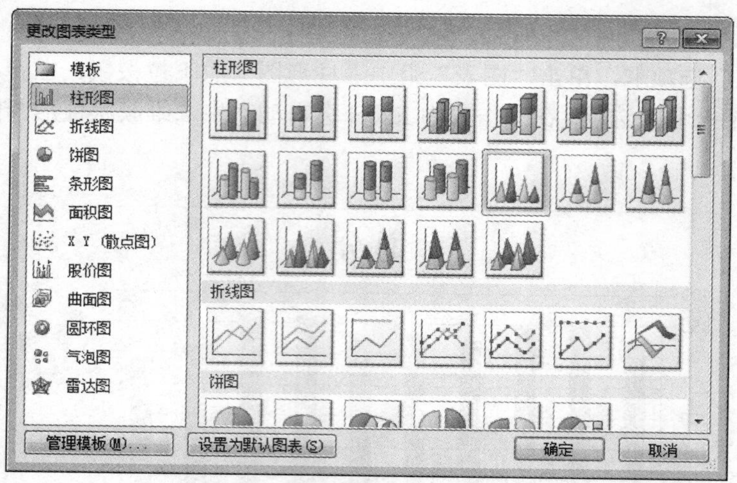

图 4–72 “更改图表类型”对话框

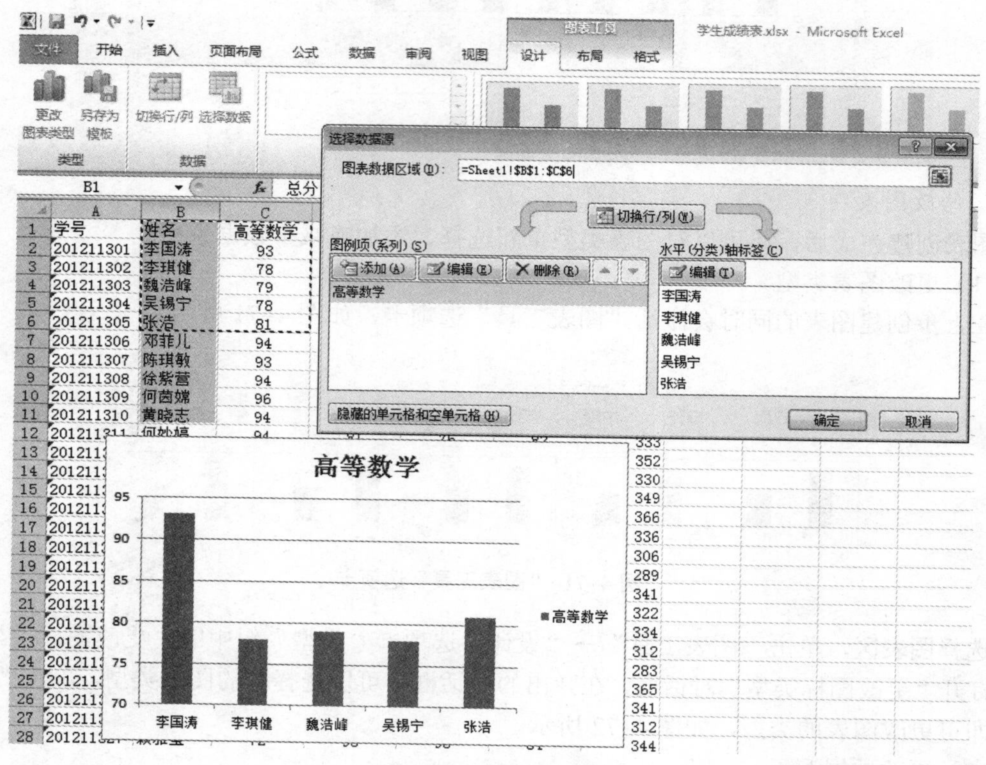

图 4–73 更改数据源

将图表移动到其他工作表中：单击选中图表，在“图表工具”选项卡中，选择“设计”选项卡中的“位置”组，单击“移动图表”选项，弹出“移动图表”对话框，如图 4–74 所示。在对话框中显示图表可以放置的位置，可以放置在当前表中，也可以选择新的表存放。这里选择“Sheet2”，则图表就被存放到“Sheet2”表中，如图 4–75 所示。

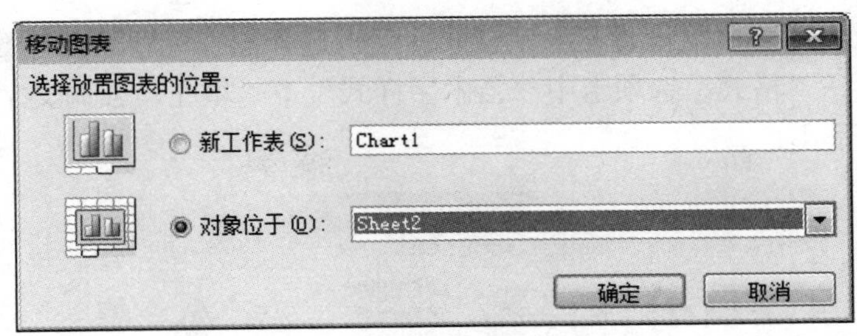

图 4–74 “移动图表”对话框

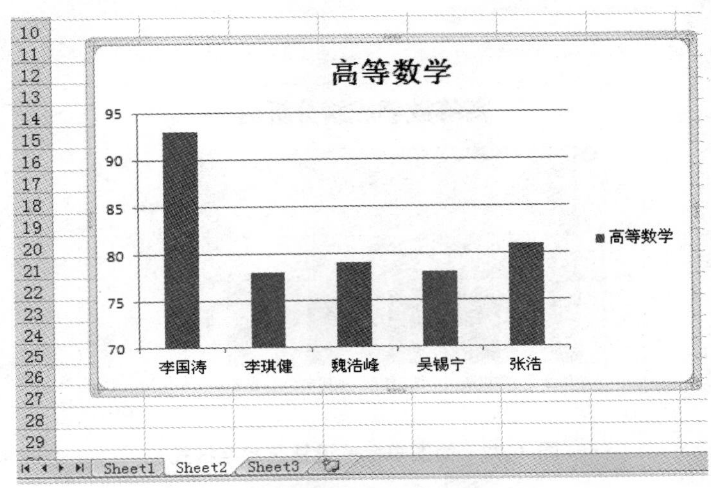

图 4–75 图表被移动到“Sheet2”表中

2. 改变图表的大小

单击图表选中图表，把鼠标放到图表右上角，出现斜双向箭头且显示“图表区”提示文字时按住鼠标左键拖动，即可放大或缩小图表。

3. 更改图表标题

单击图表，选择“图表工具”中“布局”选项卡“标签”组中“图表标题”按钮，单击下拉列表中一种标题形式，然后在图表中显示的“图表标题”文本框中输入“高等数学成绩分析图”，效果如图 4–76 所示。

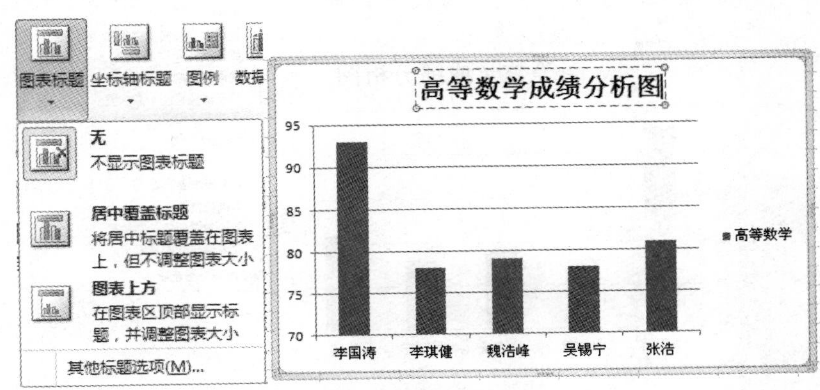

图 4–76 更改图表标题

另外，还可以为图表标题设置艺术字样式：单击选择图表标题“高等数学成绩分析图”，选择“图表工具”→“格式”选项卡中“艺术字样式”下“填充，强调文字颜色 2”，任务完成效果如图 4–77 所示。

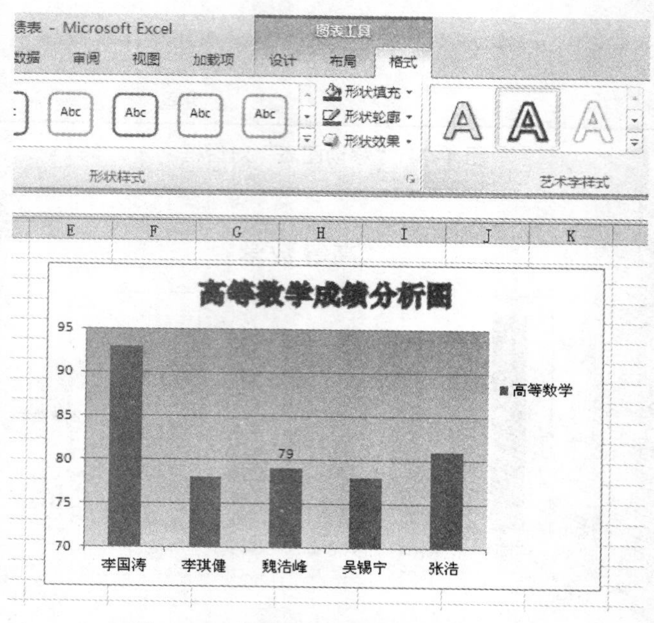

图 4–77　为图表标题设置艺术字样式

4. 添加数据标签

如果向所有数据系列的所有数据点添加数据标签，则单击图表区，然后在“布局”选项卡的“标签”组中单击“数据标签”按钮，选择一种数据标签的显示形式即可，如图 4–78 所示。

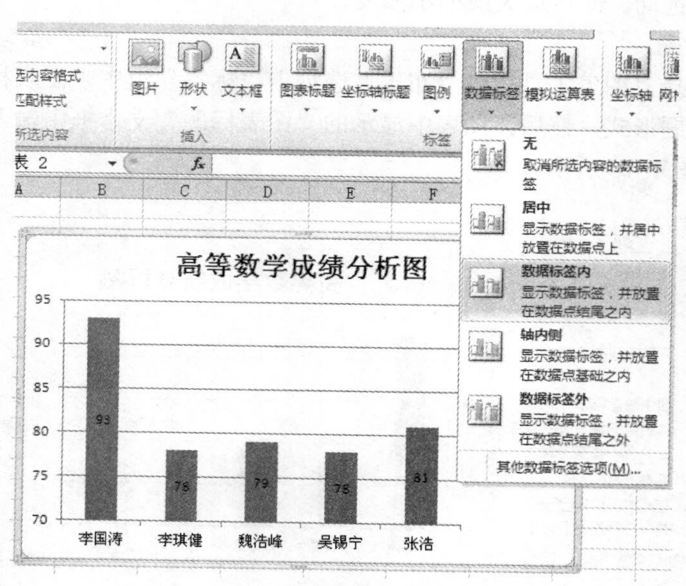

图 4–78　为所有数据系列添加数据标签

如果只向一个数据系列（如魏浩峰同学的数据）添加标签，则单击该数据系列中需要添加标签的任意位置，然后在“布局”选项卡的“标签”组中，单击“数据标签”按钮，单击所需的显示选项即可，如图 4–79 所示。

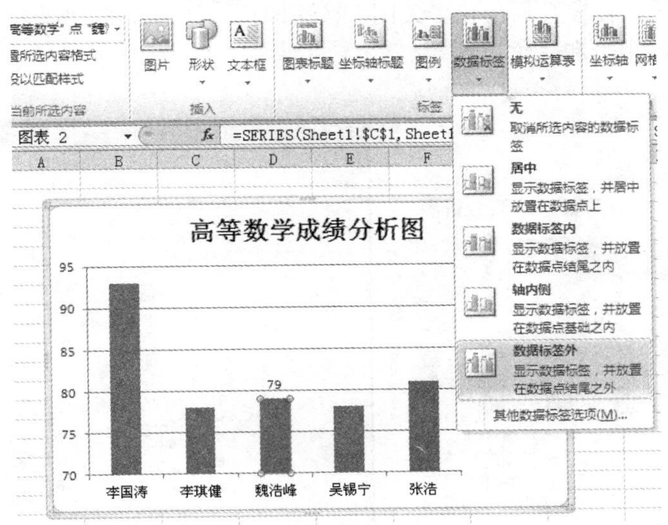

图 4–79　为单个数据系列添加标签

5. 修改图例

单击选择图表，在“布局”选项卡的“标签”组中，单击“图例”按钮下方的小三角，在弹出的下拉菜单中单击选择“其他图例”选项，弹出“设置图例格式”对话框，选择相应的设置即可，如图 4–80 所示。

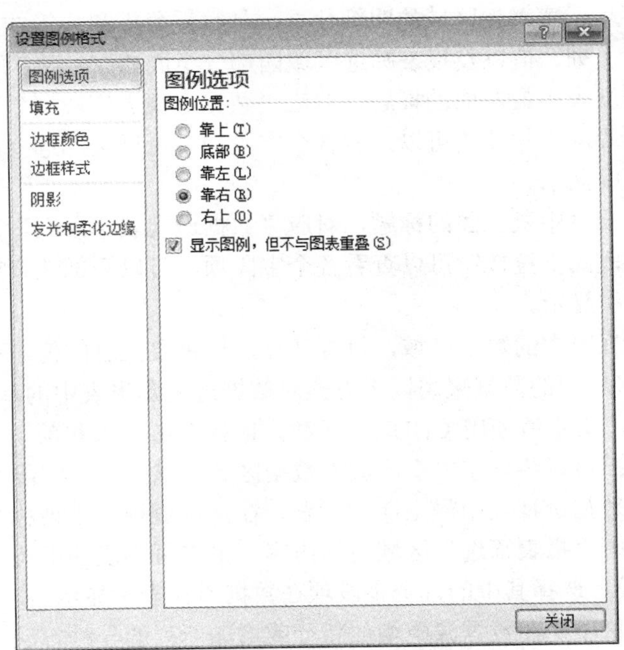

图 4–80　“设置图例格式”对话框

6. 修改图表绘图区背景

选择图表，单击“布局”选项卡“背景”组中的“绘图区”，在弹出的下拉菜单中选择“其他绘图区”选项，弹出“设置绘图区格式”对话框，单击“填充”命令，选择一种填充方式（如渐变填充），设置好各参数后单击“关闭”按钮即可，如图 4–81 所示。在此对话框还可以设置绘图区的边框、阴影和三维格式等。

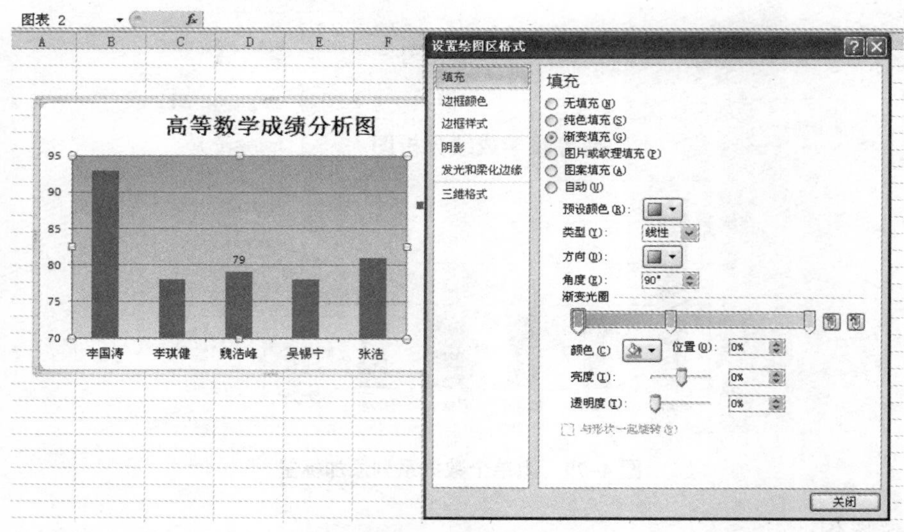

图 4–81　设置绘图区背景

（三）创建数据透视表

数据透视表是交互式报表，可快速合并和比较大量数据。可旋转其行和列以看到源数据的不同汇总，而且可显示感兴趣区域的明细数据，是数据分析和决策的重要技术。一个完整的数据透视表是由行、列、值以及报表筛选区域四部分组成的。

（1）行：数据透视表中最左面的标题，对应“数据透视表字段列”表中“行标签”区域内的内容。单击行字段的下拉按钮可以查看各个字段项，可以全部选择或者选择其中的几个字段项在数据透视表中显示。

（2）列：数据透视表中最上面的标题，对应“数据透视表字段列”表中“列标签”区域内的内容。单击列字段的下拉按钮可以查看各个字段项，可以全部选择或者选择其中的几个字段项在数据透视表中显示。

（3）值：数据透视表中的数字区域，执行计算，提供要汇总的值，在数据透视表中被称作值字段。“数值”区域中的数据采用以下方式对数据透视图报表中的基本源数据进行汇总：数值使用 SUM 函数，文本值使用 COUNT 函数，鼠标右击“求和项”可以对值字段进行设置求和、计数或其他；可以将值字段多次放入数据区域来求得同一字段的不同显示结果。

（4）筛选区域：数据透视表中最上面的标题，在数据透视表中被称为页字段，对应“数据透视表字段列”表中“报表筛选”区域内的内容。单击页字段的下拉按钮，勾选“选择多项”，可以全部选择或者选择其中的几个字段项在数据透视表中显示。

（5）计算项：计算项是在数据源中增加新行或增加新列的一种方法（该行或者列的公式涉及其他行或列），允许用户为数据透视表的字段创建计算项，需要注意的是，自定义的计算项一经创建，它们就像是在数据源中真实存在的一样，允许在 Excel 表格中使用它们。

1. 创建学生成绩数据透视表

要创建数据透视表，必须定义其源数据，在工作簿中指定位置并设置字段布局。在 Microsoft Excel 2010 中，Excel 早期版本的“数据透视表和数据透视图向导”已替换为“插入”选项卡上“表格”组中的“数据透视表”和“数据透视图”命令。

（1）单击数据源“学生成绩表”中的任意一个单元格，单击“插入”选项卡下“表格”组中的“数据透视表”选项，在下拉选项中选择“数据透视表”命令，在弹出的“创建数据透视表”对话框中选择要分析的数据，默认的选择是将整张工作表作为源数据；再在对话框中“选择放置数据透视表的位置”中选择放置数据透视表的位置，默认的选择是将数据透视表作为新的工作表，可以保持此选项不变，也可以单击选择“现在工作表”，然后再选定所放单元格（如 J15），单击“确定”按钮即生成一张空的数据透视表，如图 4–82 所示。

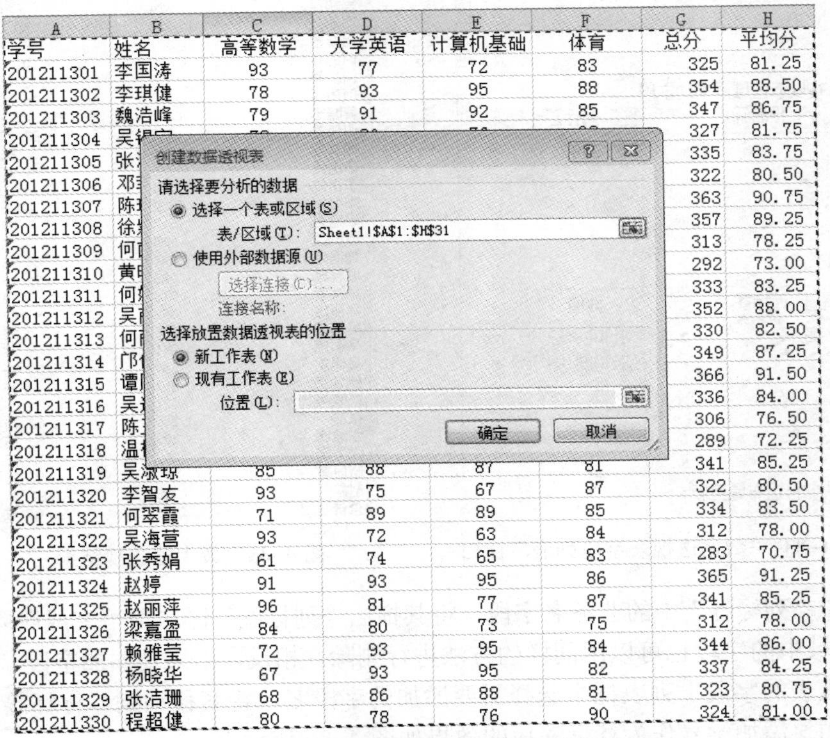

A	B	C	D	E	F	G	H
学号	姓名	高等数学	大学英语	计算机基础	体育	总分	平均分
201211301	李国涛	93	77	72	83	325	81.25
201211302	李琪健	78	93	95	88	354	88.50
201211303	魏浩峰	79	91	92	85	347	86.75
201211304	吴					327	81.75
201211305	张					335	83.75
201211306	邓					322	80.50
201211307	陈					363	90.75
201211308	徐					357	89.25
201211309	何					313	78.25
201211310	黄					292	73.00
201211311	何					333	83.25
201211312	吴					352	88.00
201211313	何					330	82.50
201211314	邝					349	87.25
201211315	谭					366	91.50
201211316	吴					336	84.00
201211317	陈					306	76.50
201211318	温					289	72.25
201211319	吴淑琼	85	88	87	81	341	85.25
201211320	李智友	93	75	67	87	322	80.50
201211321	何翠霞	71	89	89	85	334	83.50
201211322	吴海营	93	72	63	84	312	78.00
201211323	张秀娟	61	74	65	83	283	70.75
201211324	赵婷	91	93	95	86	365	91.25
201211325	赵丽萍	96	81	77	87	341	85.25
201211326	梁嘉盈	84	80	73	75	312	78.00
201211327	赖雅莹	72	93	95	84	344	86.00
201211328	杨晓华	67	93	95	82	337	84.25
201211329	张洁珊	68	86	88	81	323	80.75
201211330	程超健	80	78	76	90	324	81.00

创建数据透视表
请选择要分析的数据
选择一个表或区域(S)
表/区域(T): Sheet1!$A$1:$H$31
使用外部数据源(U)
选择连接(C)...
连接名称:
选择放置数据透视表的位置
新工作表(N)
现有工作表(E)
位置(L):
确定
取消

图 4–82 “创建数据透视表”对话框

（2）在生成空白数据透视表的同时打开“数据透视表字段列表”任务窗格。在任务窗格的“选择要添加到报表的字段”列表框中选择相应字段的对应复选框，即可创建出带有数据的数据透视表，在本例选择“姓名”“总分”“平均分”，如图 4–83 所示。

（3）如果要在数据透视表中查找总分最高的数据记录，可以选择总分在数据透视表中的表头，在这里是 B3 单元格，然后在“数据透视表工具” 中“选项”选项卡的“活动字段”组中单击“字段设置”按钮（或直接双击 B3 单元格），打开“值字段设置”对话框，在对话框的“计算类型”列表框中选择“最大值”选项，完成后单击“确定”按钮即可，如图 4–84 所示，用同样的方法将平均分的汇总方式设为平均值，效果如图 4–85 所示。

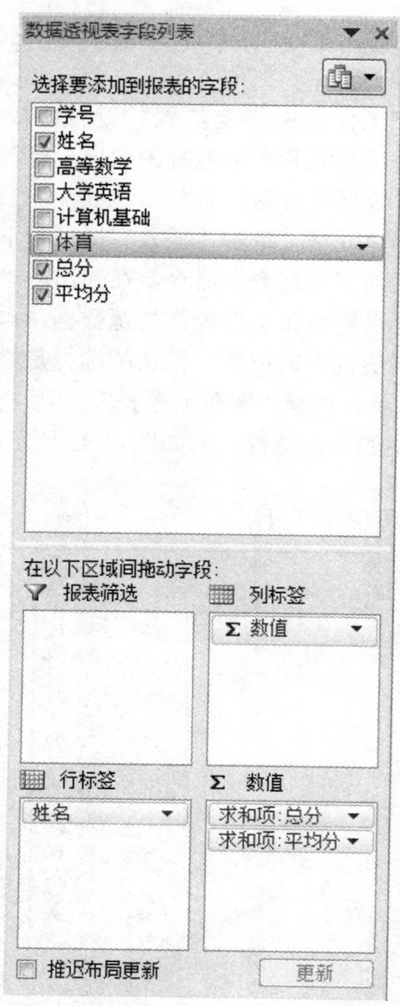

图 4–83 “数据透视表字段列表”窗口

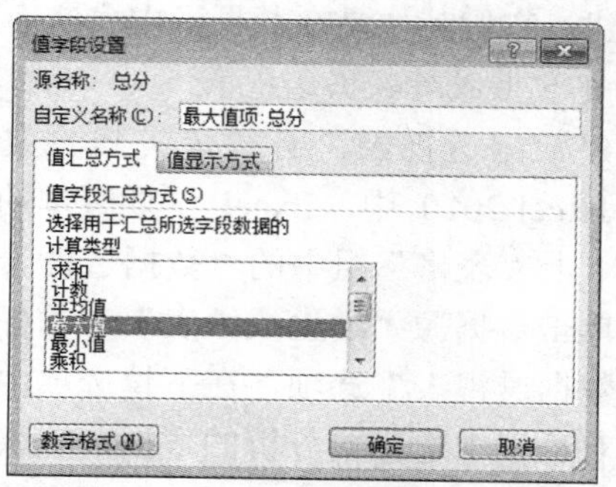

图 4–84 “值字段设置”对话框

行标签	最大值项:总分	平均值项:平均分
陈琪敏	363	90.75
陈玉娟	306	76.5
程超健	324	81
邓菲儿	322	80.5
何翠霞	334	83.5
何丽春	330	82.5
何妙婷	335	83.75
何茵嫦	313	78.25
黄晓志	292	73
邝伟雄	349	87.25
赖雅莹	344	86
李国涛	325	81.25
李琪健	354	88.5
李智友	322	80.5
梁嘉盈	312	78
谭凤莲	366	91.5
魏浩峰	347	86.75
温桂雄	289	72.25
吴海营	312	78
吴丽琼	352	88
吴连英	336	84
吴淑琼	341	85.25
吴锡宁	327	81.75
徐紫营	357	89.25
杨晓华	337	84.25
张浩	335	83.75
张洁珊	323	80.75
张秀娟	283	70.75
赵丽萍	341	85.25
赵婷	365	91.25
总计	366	82.8

图 4–85 最大值透视结果

（4）选中“列标签”中的业务名字段，将其拖出“列标签”区域即可完成删除字段操作；“行标签”区域中的字段也可以用同样的方法进行删除。相反，如果是添加字段，只需从“选择要添加到报表的字段”列表框中选择需要添加的字段名，将其移动到“行标签”区域中，即可完成添加。添加学号作为行标签后的效果如图 4–86 所示。

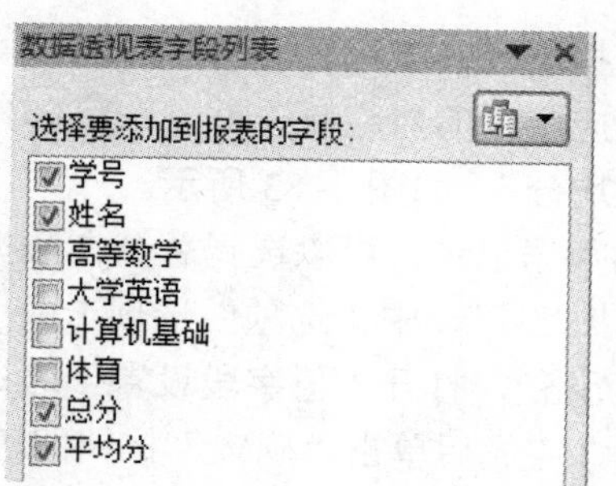

行标签	最大值项:总分	平均值项:平均分
⊟201211301	325	81.25
李国涛	325	81.25
⊟201211302	354	88.5
李琪健	354	88.5
⊟201211303	347	86.75
魏浩峰	347	86.75
⊟201211304	327	81.75
吴锡宁	327	81.75
⊟201211305	335	83.75
张浩	335	83.75
⊟201211306	322	80.5
邓菲儿	322	80.5
⊟201211307	363	90.75
陈琪敏	363	90.75
⊟201211308	357	89.25
徐紫营	357	89.25

图 4–86 添加学号作为行标签后的效果

2. 选择数据透视表样式

单击数据透视表中任意单元格，单击“数据透视表工具”中“设计”选项卡，在“数据透视表样式”组中的列表框中选择“数据透视表样式浅色 10”选项，可以看到数据透视表效果如图 4–87 所示。

行标签	最大值项:总分	平均值项:平均分
⊟201211301	325	81.25
李国涛	325	81.25
⊟201211302	354	88.5
李琪健	354	88.5
⊟201211303	347	86.75
魏浩峰	347	86.75
⊟201211304	327	81.75
吴锡宁	327	81.75
⊟201211305	335	83.75
张浩	335	83.75
⊟201211306	322	80.5
邓菲儿	322	80.5

图 4–87 数据透视表样式应用

3. 设置数据透视表

单击“数据透视表工具”中“选项”选项卡，在“数据透视表”组中“选项”下拉菜单的“选项”菜单打开“数据透视表选项”对话框，在对话框的“汇总和筛选”选项卡中可以对总计的显示方式、筛选和排序进行再设置，如图 4–88 所示。

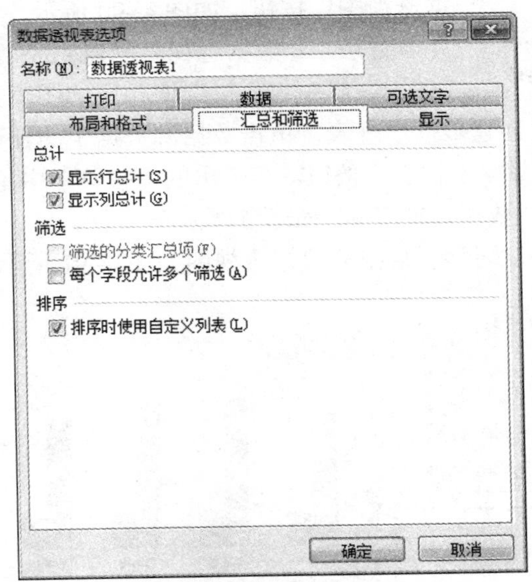

图 4–88 “数据透视表选项”对话框

选择数据透视表工具下的选项，单击“插入切片器”选项，在弹出的“插入切片器”对话框中勾选“高等数学”和“大学英语”两个选项，Excel 将创建 2 个切片器，如图 4–89 所示。通过切片器可以很直观地筛选要查询的数据。如果要删除切片器，选择某个切片器，按 Delete 键即可。

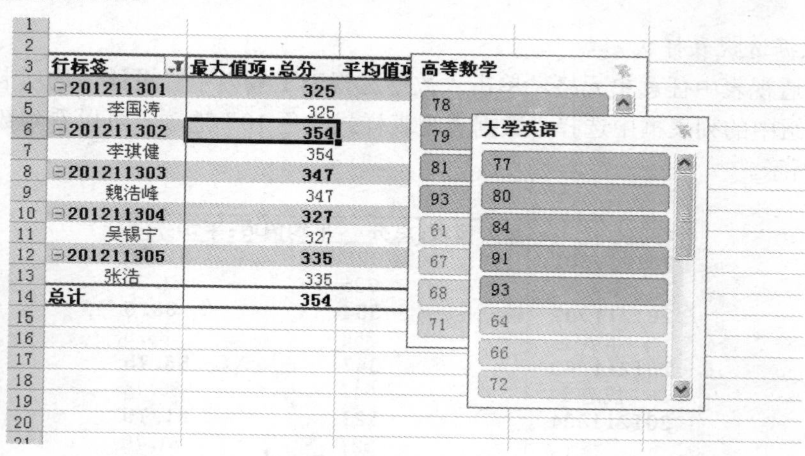

图 4–89　切片器

（四）创建数据透视图

数据透视图是用图形的形式表示数据透视表中的数据，使得数据透视表中的信息以图形的方式更加直观、形象地展现在用户面前。

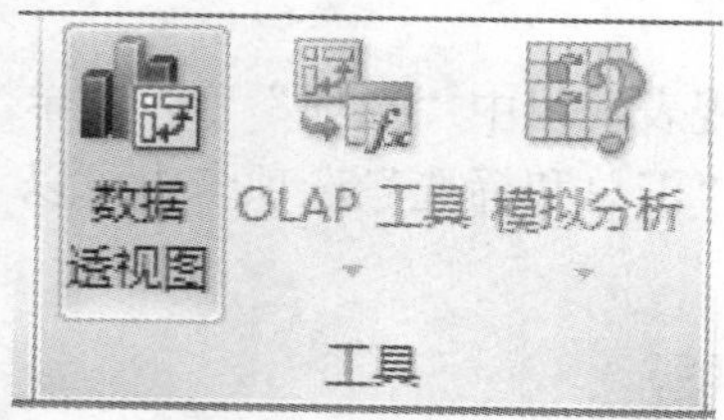

图 4–90　“数据透视图”菜单

1. 创建数据透视图

创建数据透视图的方法主要有三种。

方法一：在刚创建的数据透视表中选择任意单元格，然后单击“数据透视表工具”中“选项”选项卡“工具”组中的“数据透视图”按钮，如图 4–90 所示。

方法二：数据透视表创建完成后单击“插入”选项卡，在“图表”组中也可以选取相应的图表类型创建数据透视图。

方法三：如果还没有创建数据透视表，单击数据源数据中的任一单元格，单击“插入”选项卡“表格”组中的“数据透视表”按钮，在弹出的下拉菜单中单击“数据透视图”选项，Excel 将同时创建一张新的数据透视表和一张新的数据透视图。

在行标签处选择前 5 位同学后得出的数据透视图如图 4–91 所示。

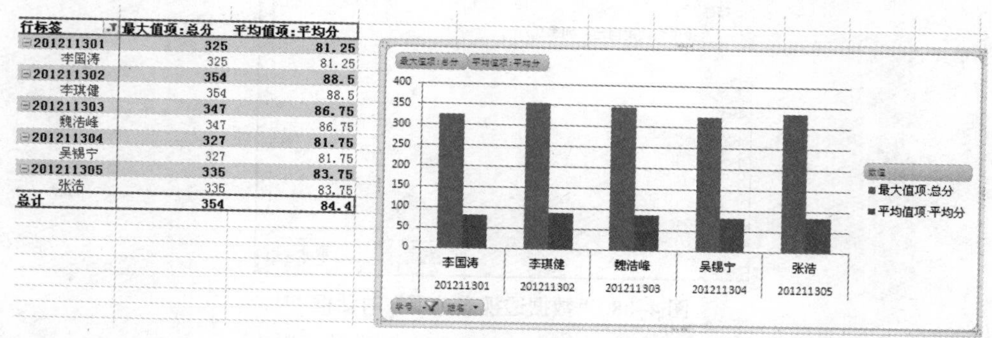

图 4–91　前 5 位同学的数据透视表与数据透视图

2. 编辑数据透视图

（1）更改图表类型：选中数据透视图，选择“设计”工具栏选项卡的“更改图表类型”按钮，在弹出的对话框中选择需要的第二个图形类型，单击“确定”按钮即可更改数据透视图的类型。

（2）更改布局和图表样式：选中数据透视图，选择“设计”工具栏选项卡下的“图表布局”按钮，可以更改数据透视图的布局；单击“图表样式”按钮，还可以快速更改数据透视图的显示样式。

五、项目小结

在本项目中学习了制作 Excel 图表，运用图表可以使表格中的数据变得形象直观，另外还学习了数据透视表和数据透视图，利用这些图表可以更容易掌握数据的分布、规律和变化趋势，给分析决策提供更好的帮助。

六、项目拓展

（1）打开“工资表”制作员工的基本工资和奖金的二维簇状柱形图，如图 4–92 所示。

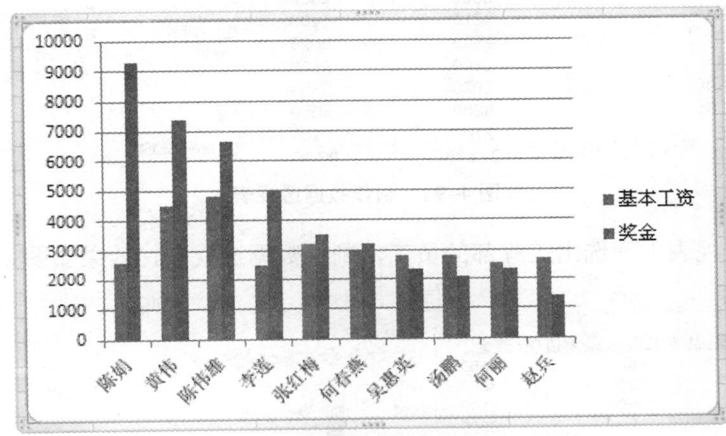

图 4–92　基本工资和奖金的二维簇状柱形图

（2）在图 4–92 中添加图表标题“基本工资与奖金”，并为绘图区添加一种淡紫色的填充背景，如图 4–93 所示。

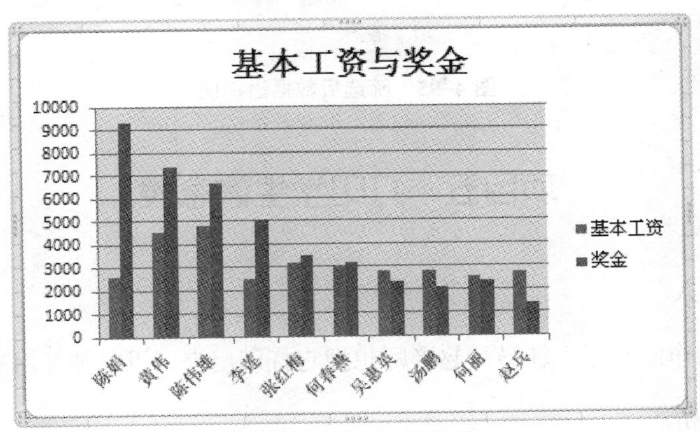

图 4–93　添加标题与填充背景

（3）制作数据透视表，效果如图 4–94 所示。

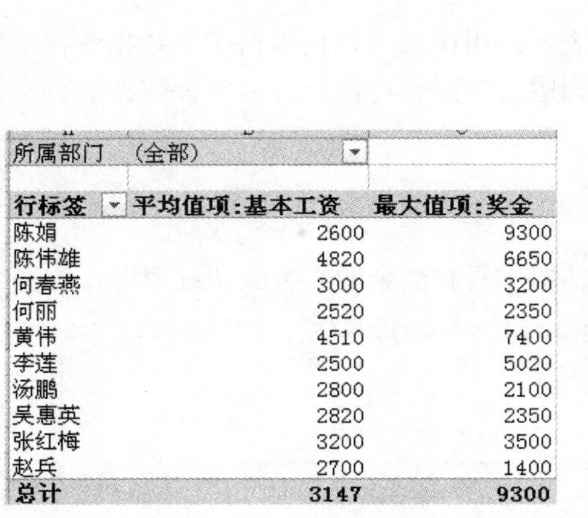

所属部门	（全部）	
行标签	平均值项:基本工资	最大值项:奖金
陈娟	2600	9300
陈伟雄	4820	6650
何春燕	3000	3200
何丽	2520	2350
黄伟	4510	7400
李莲	2500	5020
汤鹏	2800	2100
吴惠英	2820	2350
张红梅	3200	3500
赵兵	2700	1400
总计	3147	9300

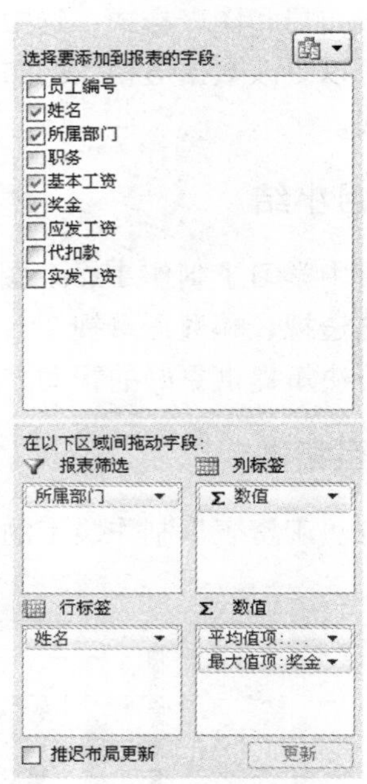

图 4–94　制作数据透视表

（4）在数据透视表中筛选出工程部的员工，制作数据透视图，效果如图 4–95 所示。

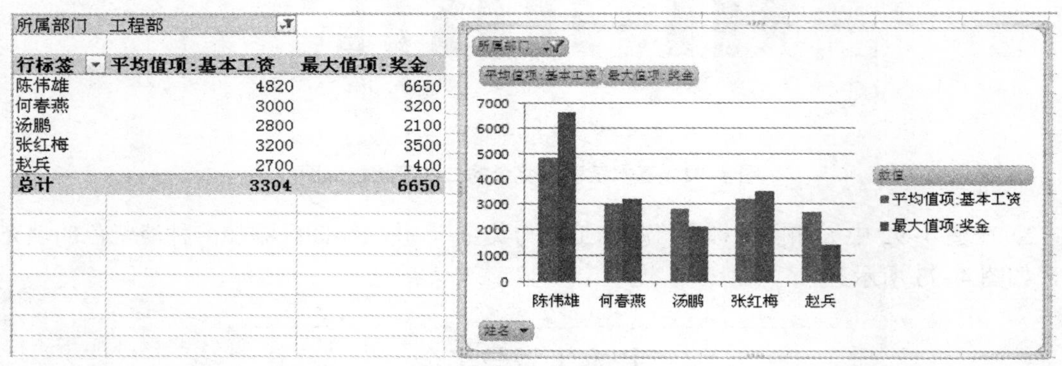

所属部门	工程部	
行标签	平均值项:基本工资	最大值项:奖金
陈伟雄	4820	6650
何春燕	3000	3200
汤鹏	2800	2100
张红梅	3200	3500
赵兵	2700	1400
总计	3304	6650

图 4–95　筛选后数据透视图

项目五　打印学生信息表

一、项目引入

学生信息表制作出来后，辅导员赵老师想把它打印出来，以方便随时查看。

二、项目分析

工作表制作完成后有时需要打印输出，这时需要对工作表进行页面设置。在打印之前，最好可以先在屏幕上进行打印预览操作，检查打印结果，若发现有跨页、资料不完整、工作表被截断等不理想的地方，可以立即修正，以节省纸张及打印时间。

在“页面布局”选项卡中可以看到“页面设置”组中“页边距”“纸张方向”和“纸张大小”等选项卡，根据需要对页面进行相应的设置。

三、相关知识

页面设置的几个基本概念：

（1）页边距：打印表格与纸张边界上、下、左、右的距离称页边距。

（2）纸张方向：表示表格在纸张中的排列方向。

（3）纸张大小：表示打印纸张的大小，常用的有 A4、B5 等。

（4）打印区域：要打印的特定工作表区域。

（5）打印标题：指定要在每个打印页重复出现的行或列。

四、项目实施

（一）页面设置

打开“学生信息表”，单击“页面布局”选项卡，可见如图 4–96 所示的“页面设置”组。

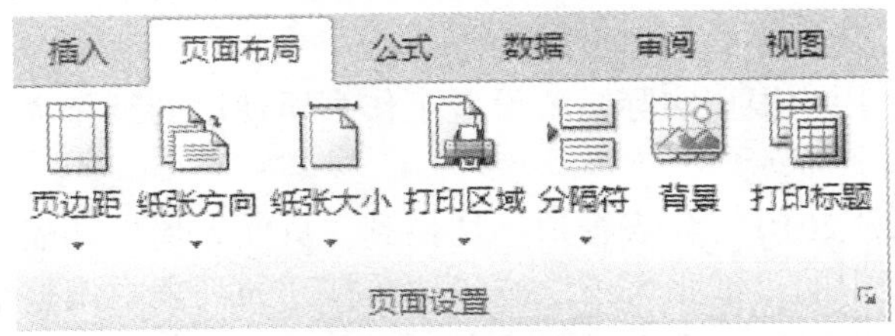

图 4–96 “页面设置”组

1. 页边距设置

为求报表的美观，我们通常会在纸张四周留一些空白，这些空白的区域就称为边界，调整边界即可控制四周空白的大小，也就是控制资料在纸上打印的范围。工作表预设会套用标准边界，如果想让边界再宽一点，或是设定较窄的边界，单击“页面布局”选项卡下“页面设置”组中的“页边距”按钮，可以设置页面距离纸张边缘上、下、左、右的边距值，如果想进行更详细的设置，可以单击“页面设置”组中右下角的“功能扩展”按钮，可打开“页面设置”对话框，在其中可对纸型、页边距等进行详细的设置，如图 4–97 所示。

2. 纸张方向设置

有时候工作表的资料列数较多，行数较少，就适合“横向”的纸张方向；相反，若是资料列的内容比较少，行数较多，则可改用“纵向”的纸张方向。在 Excel 2010 中，用户可根据实际需要设置工作表所使用的纸张方向。可以通过两种方法进行设置：

方法一：打开 Excel 2010 工作表窗口，切换到“页面布局”功能区，单击“页面布局”选项卡“页面设置”组中的“纸张方向”按钮，可以调整打印纸张的方向，可以为“横向”也可以为“纵向”。

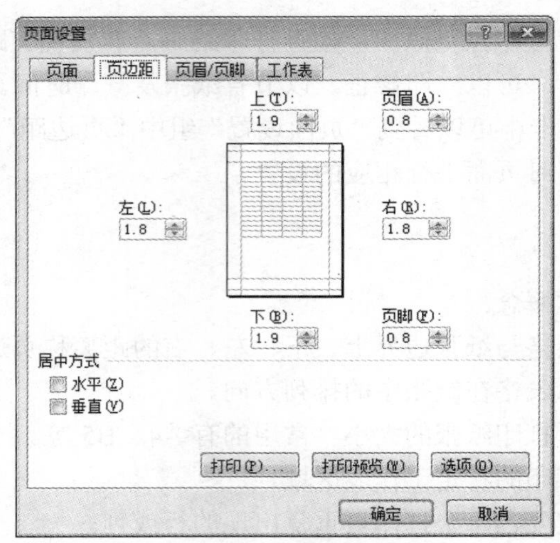

图 4–97　设置页边距

方法二：打开 Excel 2010 工作表窗口，切换到“页面布局”功能区，在“页面设置”分组中单击显示页面设置对话框按钮，打开“页面设置”对话框，在“页面”选项卡中单击“方向”中“纵向”或者“横向”选项完成纸张的方向设置，然后单击“确定”按钮即可。

3. 纸张大小设置

在 Excel 2010 中，用户根据实际需要设置工作表所使用的纸张大小。用户可以通过两种方法进行设置：

方法一：打开 Excel 2010 工作表窗口，切换到“页面布局”功能区，单击“页面布局”选项卡“页面设置”组中的“纸张大小”按钮，在打开的列表中调整纸张大小，选择合适的纸张，可以选择默认的也可以自定义纸张的宽度和高度。

方法二：打开 Excel 2010 工作表窗口，切换到“页面布局”功能区，在“页面设置”分组中单击显示页面设置对话框按钮，打开“页面设置”对话框，在“页面”选项卡中单击“纸张大小”下拉三角按钮，在打开的纸张列表中选择合适的纸张，然后单击“确定”按钮即可。

4. 设置打印区域

假如工作表的资料量大，你可以选择打印全部、只打印其中需要的几页，或是只打印选取范围，以免浪费纸张。因此在打印之前要先设置需要打印的区域，方法是选择要打印的单元格区域，在“页面布局”选项卡“页面设置”组中的“打印区域”按钮上单击，在弹出的下拉菜单中选择“设置打印区域”命令，把选择的单元格区域设置为打印区域。

5. 设置打印标题

打印一张较大的工作表时，需要分多页打印出表，每一页上都要带上表头才算是一张完整的表。一张较长的工作表，分页打印时需要每页都有上表头。而打印一张较宽的工作表时，每页都要有左表头。而打印一张又长又宽的工作表时，则每页既要有上表头又要有左表头。这些都可以通过设置打印标题来完成。如本例，学生人数较多，一页纸打印不完，我们希望在第二页上也能打印列标题，则要设置顶端标题行。

单击“页面设置”组中的“打印标题”按钮，单击“顶端标题行”框右侧的按钮 ，在数据表中拖出要打印的标题（本例中要选中第 2 行，则自动文本框中自动输入$2:$2），单击[icon]即可设置顶端打印标题，如图 4–98 所示。

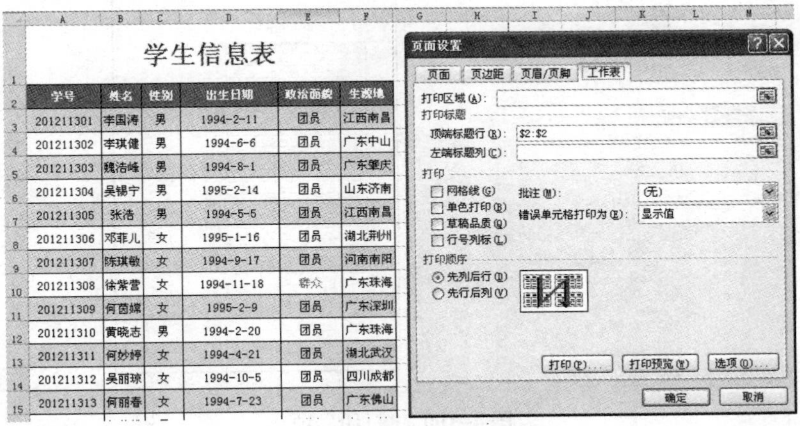

图 4–98　设置打印标题

6. 缩放比例

有时候资料会单独多出一列，硬是跑到下一页：或是资料行只差 2～3 行，就能挤在同一页了。这种情况就可以试试缩小比例的方式，将资料缩小排列以符合纸张尺寸，不但资料完整，阅读起来也方便。在“页面设置”对话框的“页面”选项卡中就可以设置打印的缩放比例，如图 4–99 所示。

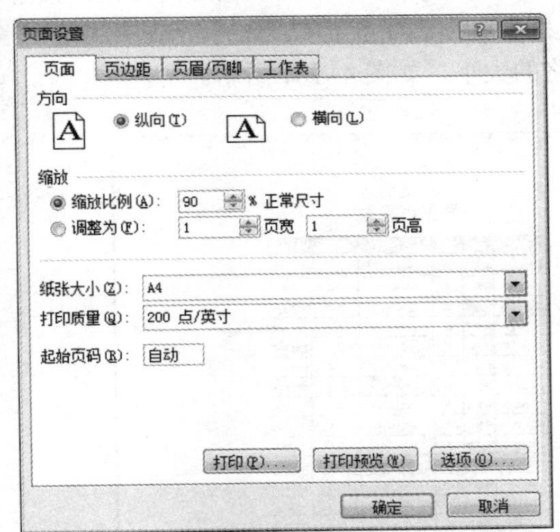

图 4–99　设置缩放比例

（二）打印预览

打印预览可以模仿显示打印机打印输出的效果。为了进一步确定设置效果符合要求，在打印工作之前，可以通过打印预览先查看打印效果。

在 Excel 2010 中，直接单击“文件”标签，在这里我们没有看到以前的打印预览项，只看到一个“打印”项。单击“打印”项，可以看到在整个界面的右侧大约 60%的面积是需要打印的文档，在这里可以预览将要打印的文档，如图 4–100 所示。

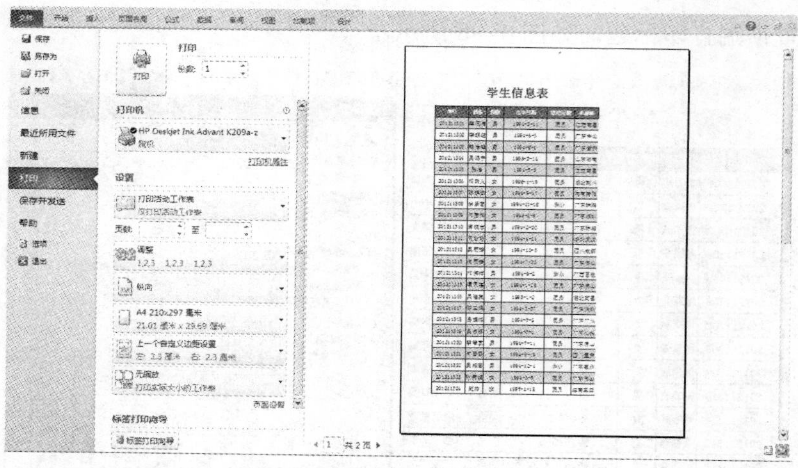

图 4–100 “打印”项

我们可以使用靠近左侧区域中的设置区域对需要打印的 Excel 2010 文档进行调整，若要预览下一页和上一页，请单击“打印预览”窗口底部的“下一页”和“上一页”，在预览中，我们可以配置所有类型的打印设置，例如，副本份数、打印机、页面范围、单面打印/双面打印、纵向、页面大小。其中还可以进行页边距的设置，Excel 2010 的页边距与 Word 2010 的页边距调整是不一样的，在 Excel 2010 中，可以随意调整表格中的行高及列宽。在 Excel 2010 打印功能中会看到在最右侧右下角有一个叫显示边距的按钮，按下这个按钮之后，在 Excel 2010 打印预览区域的表格中就出现了我们熟悉的代表边距线的线条，从而可以像在 Excel 2003 中那样调整各单元格的大小，如图 4–101 所示。

图 4–101 调整页边距

（三）打印输出

对工作表设置完成，并经预览效果满意后，就可以通过打印机进行输出打印表格。打印时首先要单击工作表，再单击“文件”下的“打印”子菜单，也可以使用键盘快捷方式按下Ctrl+P 组合键，在打开的界面中设置打印份数，选择打印机名称。设置完成后单击“打印”按钮，即可连接打印机打印表格。

五、项目小结

本项目介绍了打印工作表的方法，由于不同行业的用户需要的打印样式是不同的，每个用户可能会有自己的特殊要求，因此 Excel 提供了许多用来设置或调整打印效果的实用功能，并提供打印预览，使打印结果与用户的期望几乎完全一样。

PowerPoint 2010 操作应用

PowerPoint 2010 是微软公司发布的 Office 2010 办公套装软件中的一个重要组成部分。随着电脑的不断普及，PowerPoint 的运用越来越广泛，不仅是教学课件、工作汇报、产品展示、项目介绍、活动宣传需要用 PPT，一些简单的平面设计、动画制作甚至电子杂志也可以通过 PPT 来实现。

项目一　幻灯片制作

一、项目引入

广州某电脑技术有限公司由于业务发展的需要，急需招聘大量的 IT 人才，因此，该公司准备去高校举行宣讲会。宣讲会要求对公司做一个简要的介绍，为了达到更好的宣讲效果，需要制作一个关于公司简介的 PowerPoint 演示文稿。王军接受了这个任务，打开 PowerPoint 2010，开始制作演示文稿。

二、项目分析

幻灯片在展示公司信息、宣传公司文化方面是一个常用的工具，在制作公司简介时，要将公司的介绍文字、有代表性的图片、组织结构图形等内容在幻灯片中体现出来。因此，首先要了解 PowerPoint 2010 工作界面、演示文稿的创立及保存方法、在演示文稿中插入图片等内容的方法。

三、相关知识

（一）认识 PowerPoint 2010 的工作界面

PowerPoint 2010 的工作界面与早期版本的界面相比有了较大的变化，在 PowerPoint 2010 工作界面中，传统的菜单和工具栏已被功能区所取代。功能区是为了满足用户需求而开发的，它是一种将组织后的命令呈现在一组选项卡中的设计。功能区上的选项卡显示与应用程序中每个任务区最为相关的命令。

1. PowerPoint 2010 工作界面。

PowerPoint 2010 工作界面如图 5–1 所示。

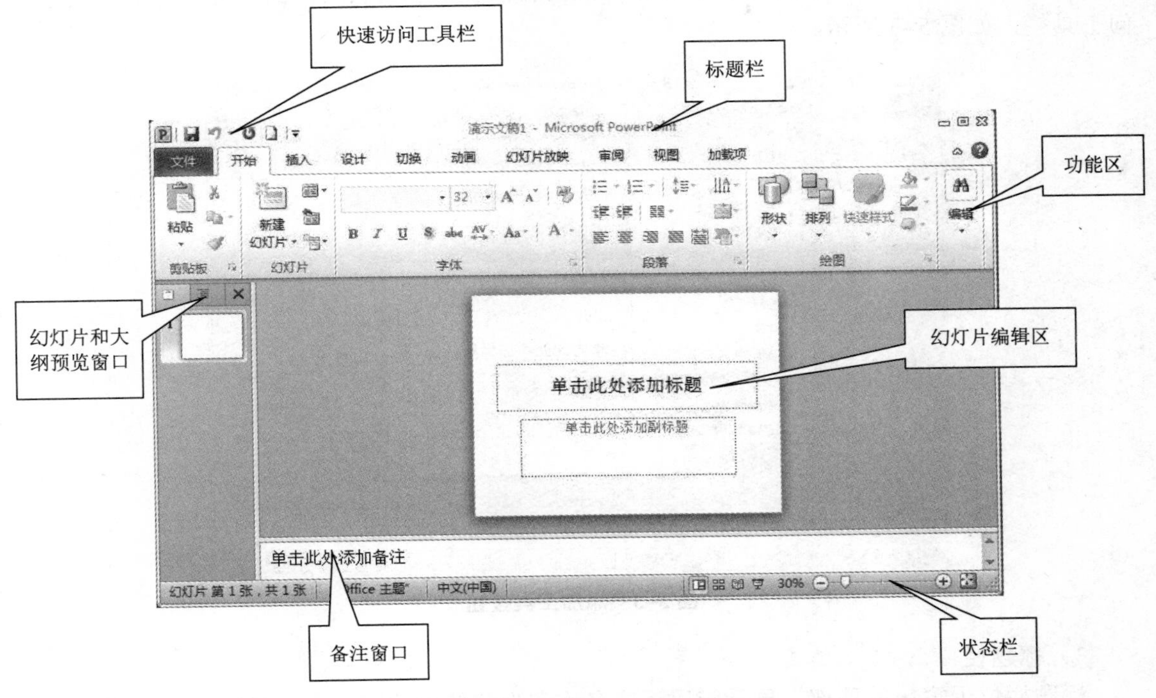

图 5–1　PowerPoint 2010 工作界面

1）“文件”按钮

“文件”按钮是 PowerPoint 2010 新增的功能按钮，在工作界面的左上角，单击“文件”按钮，可弹出快捷菜单如图 5–2 所示。在该菜单中，用户可以利用其中的命令新建、打开、保存、打印、共享以及发布 PowerPoint 演示文稿。

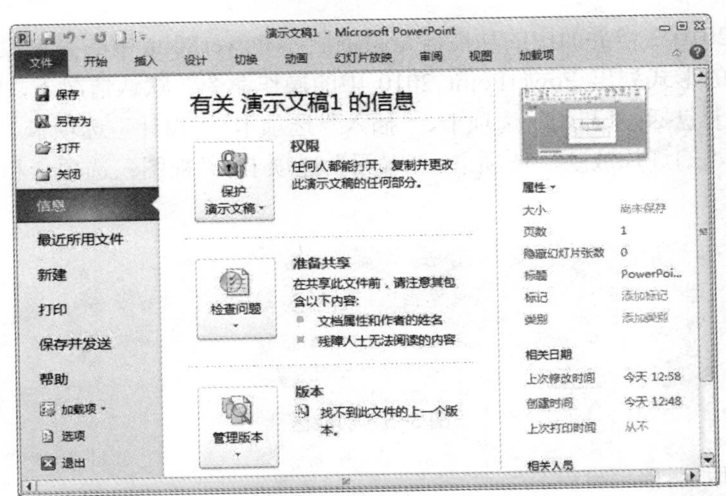

图 5–2　“文件”按钮界面

2）快速访问工具栏

PowerPoint 2010 的快速访问工具栏中包含最常用操作的快捷按钮，方便用户使用，并且它与早期版本的工具栏类似，默认有保存、撤消和恢复，单击它右侧的▾可以自定义快速访问工具栏，如图 5–3 所示。

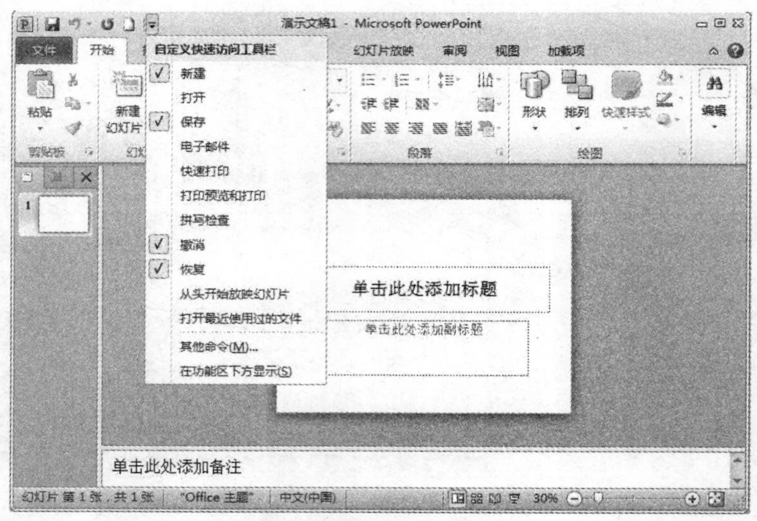

图 5–3　添加工具按钮

3）标题栏

标题栏位于窗口的顶部，显示应用程序名称和当前使用的演示文稿名称，右端有“最小化”“最大化/还原”和“关闭”按钮，如图 5–4 所示。

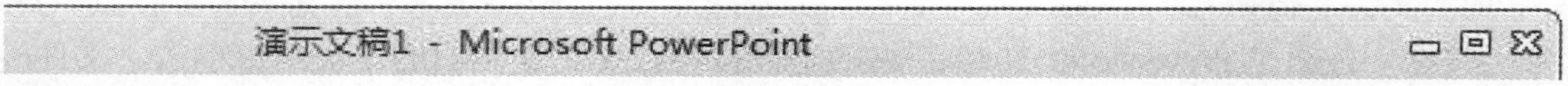

图 5–4　标题栏

4）功能区

PowerPoint 2010 工作界面中的功能区是将旧版本 PowerPoint 中的菜单栏与工具栏结合在一起，以选项卡的形式列出 PowerPoint 2010 中的操作命令。默认情况下，PowerPoint 2010 功能区中的选项卡包括：“开始”选项卡、“插入”选项卡、“设计”选项卡、“切换”选项卡、“动画”选项卡、“幻灯片放映”选项卡、“审阅”选项卡、“视图”选项卡和“加载项”选项卡，如图 5–5 所示。

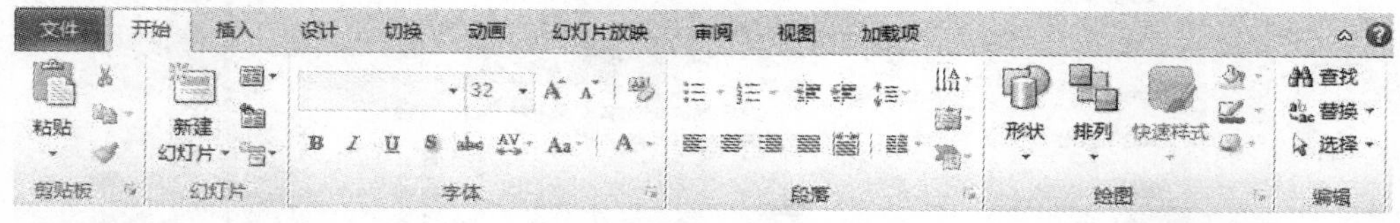

图 5–5　功能区

5）幻灯片和大纲预览窗口

幻灯片和大纲预览窗口用于显示演示文稿中的所有幻灯片，其中有两个选项卡——“大纲”选项卡和“幻灯片”选项卡。“大纲”选项卡中显示各幻灯片的具体文本内容，“幻灯片”选项卡显示各级幻灯片的缩略图，如图 5–6 所示。

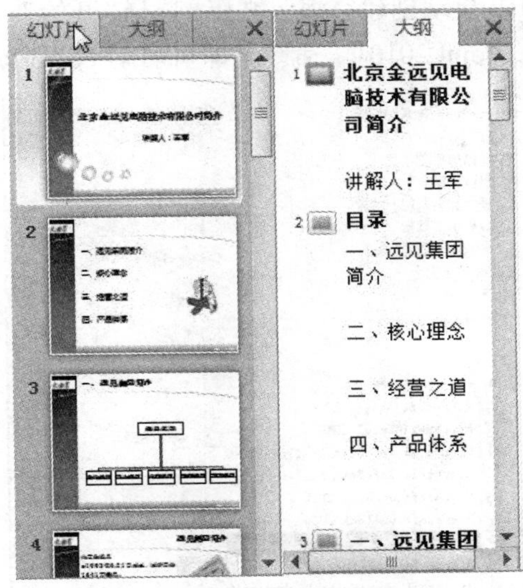

图 5–6 幻灯片和大纲预览窗口

6）幻灯片编辑区

幻灯片编辑区位于幻灯片功能区下面，主要用于添加提示内容及注释信息区域。

7）状态栏

状态栏位于窗口的最下一行，显示当前演示文稿的工作状态及常用参数，如图 5–7 所示。其左边显示当前页数或总页数、幻灯片当前使用的主题等；在其右边，用户可以通过视图切换按钮快速设置幻灯片的视图模式，还可以通过幻灯片显示比例滑控杆控制幻灯片的视图。

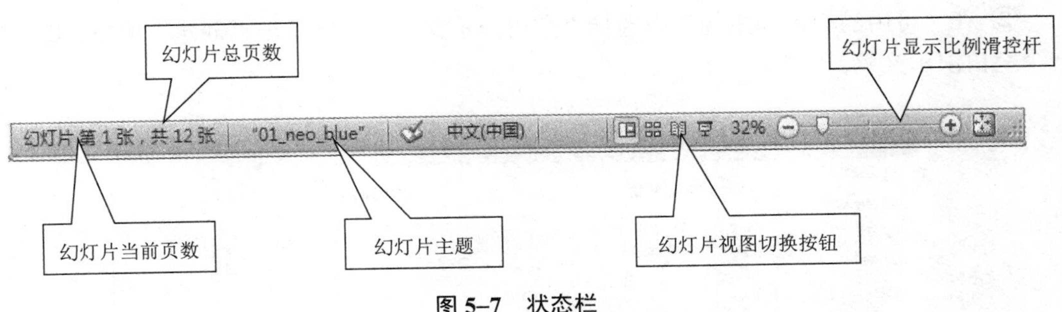

图 5–7 状态栏

（二）演示文档的建立及保存

PowerPoint 2010 中演示文稿和幻灯片是两个概念。使用 PowerPoint 2010 制作出来的整个文件叫作演示文稿，演示文稿中的每一页叫作幻灯片。一份演示文稿可以包含一至多张幻灯片。PowerPoint 2010 创建演示文稿的方法有很多，下面详细介绍一下。

1. 演示文稿的创建

演示文稿的创建，分以下几种情况：

（1）创建空白演示文稿。创建空白演示文稿有以下三种常用的方法。

方法一：通过“开始”菜单创建空白演示文稿。

① 启动 PowerPoint 2010 自动创建空演示文稿。选择“开始”→“所有程序”→“Microsoft Office”→“Microsoft PowerPoint 2010” 命令，即可启动 PowerPoint 2010，如图 5–8 所示。

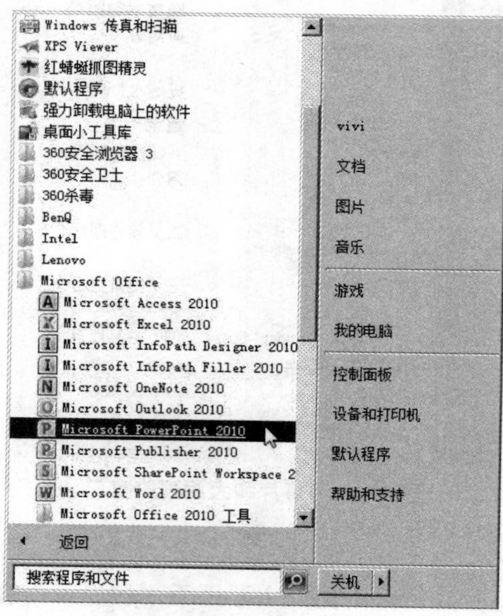

图 5–8　启动 PowerPoint 2010

② 系统将自动建立一个名为“演示文稿 1”的空白演示文稿，如图 5–2 所示。

方法二：使用“文件”选项卡创建空白演示文稿。

① 单击“文件”选项卡，在下拉菜单中选择“新建”命令，打开“新建演示文稿”对话框，如图 5–9 所示。

② 在“可用的模板和主题”中选择“空白演示文稿”项，单击“创建”按钮，即可新建一个空白演示文稿。

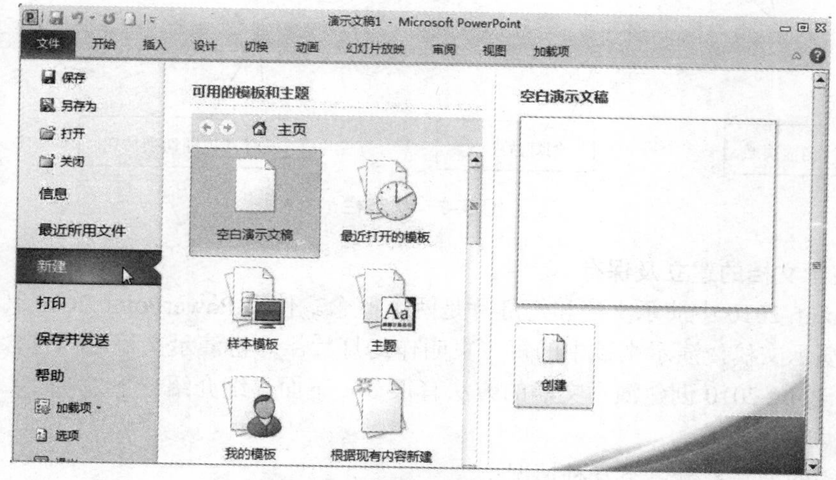

图 5–9　“新建演示文稿”对话框

方法三：通过快速访问工具栏创建空白演示文稿。

① 单击自定义快速访问工具栏后面的下拉按钮，选择“新建”按钮，如图 5–10 所示。

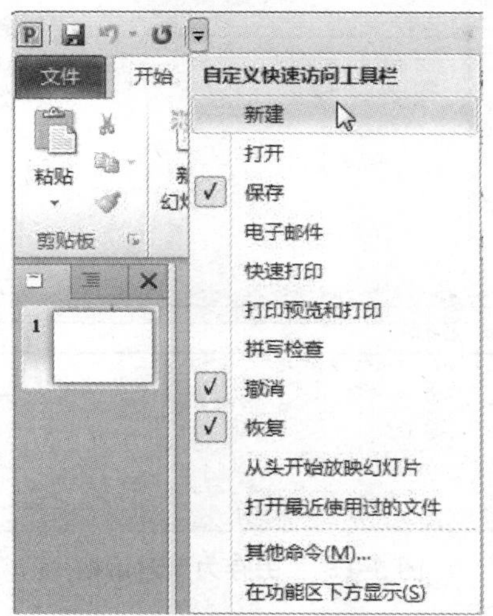

图 5–10　通过快速访问工具栏创建

② 在快速访问工具栏中添加“新建”按钮，如图 5–11 所示，然后，单击该按钮即可新建空白演示文稿。

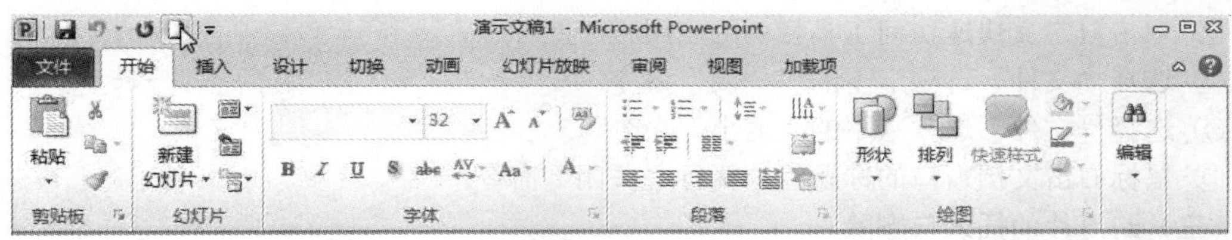

图 5–11　添加“新建”按钮

方法四：通过按 Ctrl+N 组合键，创建新的空白演示文稿。

2. *演示文稿的保存及关闭*

制作完演示文稿后需要保存该演示文稿。保存演示文稿既可以按原来的文件名存盘，也可以取新名字存盘。

（1）保存新建的演示文稿。

① 选择“文件”选项卡下的“保存”按钮，或者按 Ctrl+S 组合键，弹出如图 5–12 所示的“另存为”对话框。

② 在对话框中选择要保存的位置，设置要保存的文件名称以及保存的文件类型。

（2）保存已有的演示文稿。

① 新演示文稿经过一次保存，或者以前保存的演示文稿重新修改后，可单击“文件”菜单下的“保存”命令保存修改后的演示文稿。

② 可直接单击快速访问工具栏的按钮，或者按 Ctrl+S 组合键，或者单击“文件”选项卡下的“保存”命令，都可以保存修改后的演示文稿。

（3）另存为演示文稿。在对演示文稿进行编辑时，为了不影响原演示文稿的内容，可以

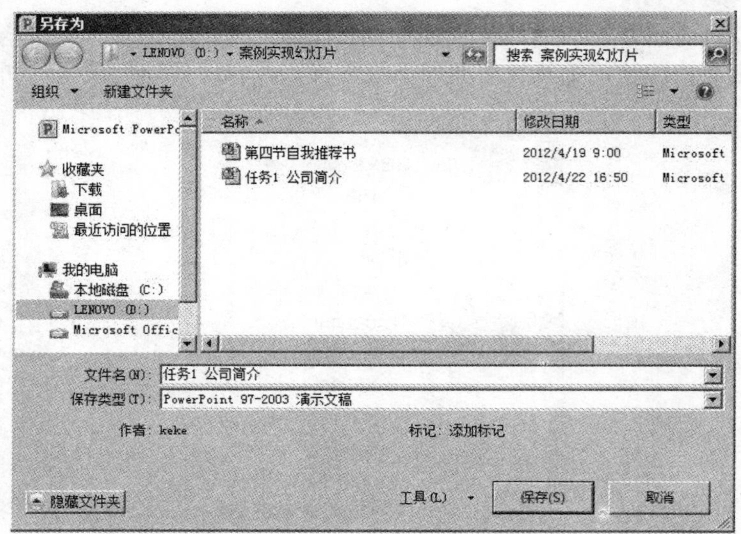

图 5–12 “另存为”对话框

给原演示文稿保存一份副本。单击“文件”选项卡下的“另存为”命令，在“另存为”对话框中选择保存文档副本的位置和名称，单击“保存”按钮，即可为该文档保存一份副本文件。

（4）关闭演示文稿。保存演示文稿后，用户可以通过以下方式关闭当前演示文稿：

① 直接单击窗口右上方的“关闭”按钮。

② 双击自定义快速访问工具栏内的应用程序图标P。

③ 选择“文件”选项卡下的“关闭”命令。

④ 选择“文件”选项卡下的“退出”命令。

⑤ 鼠标右击文档窗口的标题栏，执行“关闭”命令。

（三）幻灯片的插入与删除

新建的演示文稿中只有一张标题幻灯片，当需要制作更多幻灯片的时候就要插入新的幻灯片，而对于不需要的幻灯片，则可以删除掉。

1. 插入幻灯片

（1）通过“幻灯片”组插入幻灯片。在幻灯片窗格中选择默认的幻灯片，然后在“开始”选项卡中单击“幻灯片”组中的“新建幻灯片”下拉按钮。例如，选择“标题和内容”样式即可插入一张新的幻灯片，如图 5–13 所示。

（2）通过单击鼠标右键插入幻灯片。选择幻灯片预览窗格中的某一幻灯片，选中插入的位置，然后单击鼠标右键，执行“新建幻灯片”命令，即可在选择的幻灯片后面插入一张幻灯片，如图 5–14 所示。

2. 删除幻灯片

要从演示文稿中删除幻灯片，包含以下两种方法：

（1）通过鼠标右键删除。选择要删除的幻灯片，单击鼠标右键，在弹出的快捷菜单中单击“删除幻灯片”命令即可。

（2）通过键盘删除。选择要删除的幻灯片，按 Delete 键即可删除。

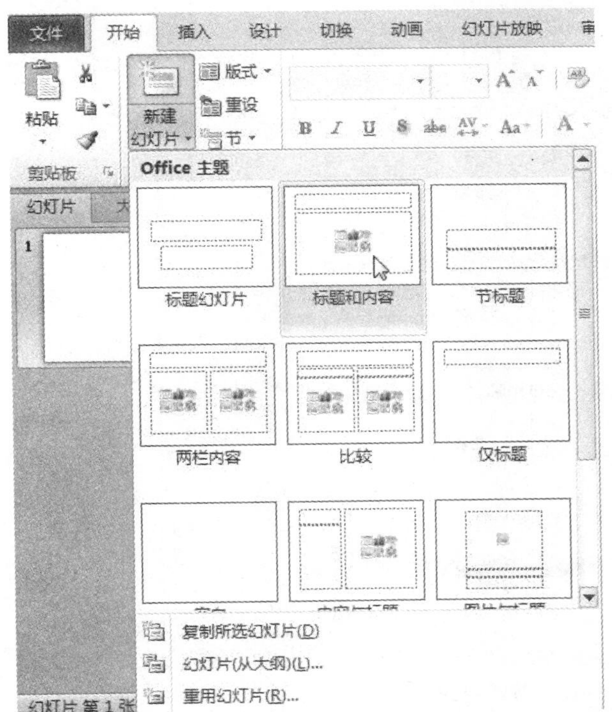

图 5–13 “新建幻灯片”中的“标题和内容”样式

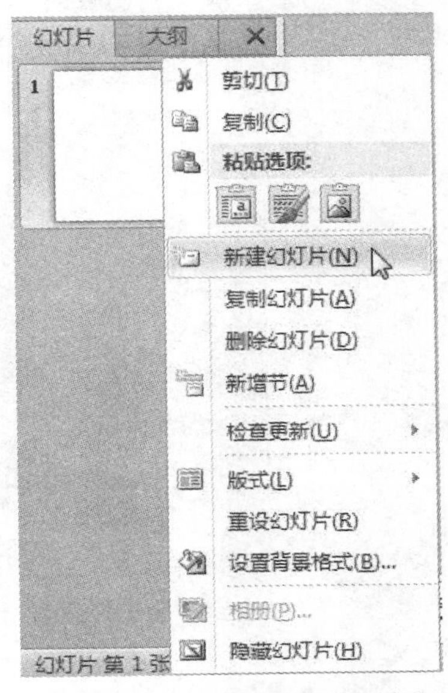

图 5–14 通过单击鼠标右键执行“新建幻灯片”命令

（四）认识 PowerPoint 2010 视图

PowerPoint 2010 演示文稿视图包括普通视图、幻灯片浏览、备注页和阅读视图 4 种，用户可以选择“视图”选项卡，在“演示文稿视图”组中进行视图之间的切换，如图 5–15 所示。

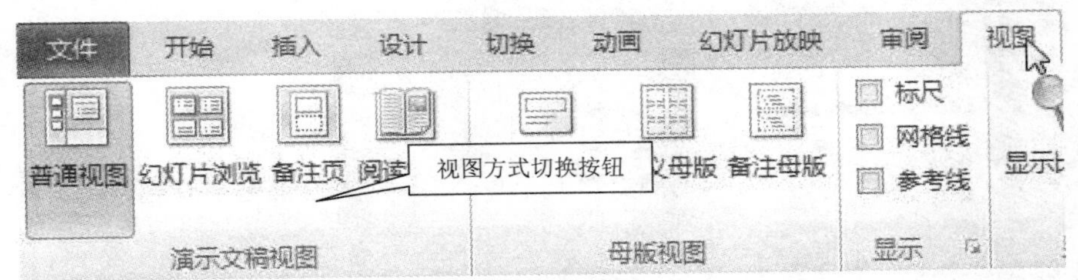

图 5–15 视图方式的切换

1. 普通视图

PowerPoint 2010 启动后打开的是普通视图，它是系统默认的视图模式。普通视图主要用来编辑幻灯片的总体结构。在此视图下，可以分为左右两侧，左侧是幻灯片和大纲预览窗口；右侧又可以分为上下两边，上边是幻灯片编辑区，下边是备注窗口，如图 5–16 所示。

2. 幻灯片浏览

幻灯片浏览是以缩略图的形式显示幻灯片内容的一种视图方式，通过该视图，用户可以方便地查看幻灯片内容，以及调整幻灯片的排列结构。用户可以单击“演示文稿视图”组中的“幻灯片浏览”按钮，即可切换至幻灯片浏览视图方式，如图 5–17 所示。

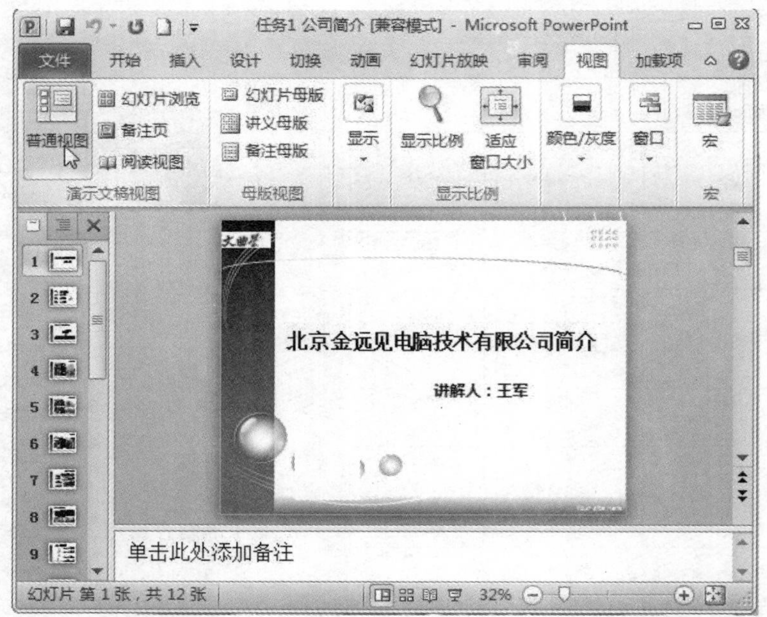

图 5–16　普通视图

图 5–17　幻灯片浏览

3. 备注页

用户可以单击“演示文稿视图”组中的“备注页”按钮，即可切换至备注页视图方式，如图 5–18 所示。

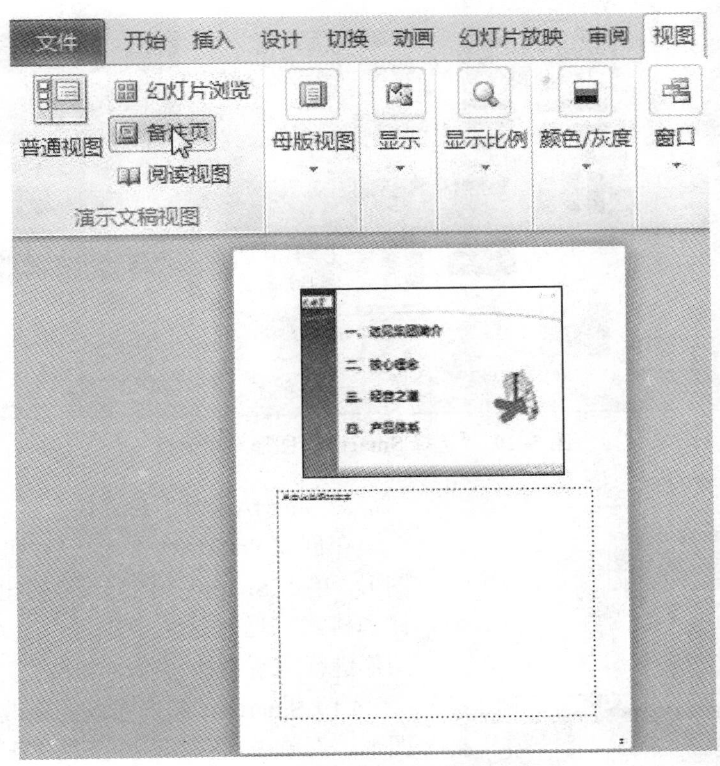

图 5–18 备注页

4. 阅读视图

在阅读视图下，用户可以浏览幻灯片的最终效果，单击“阅读视图”按钮，或者按 F5 键，即可切换至该视图，用户可以看到演示文稿中所有的演示效果，如图片、形状、动画效果及切换效果的内容。

（五）使用 SmartArt 图形

SmartArt 图形是信息和观点的视觉表示形式，可以选择不同的布局来创建 SmartArt 图形，从而快速、轻松、有效地传达信息。

1. 创建 SmartArt 图形

创建 SmartArt 图形时，可以看到 SmartArt 的图形类型，如“流程”“层次结构”“循环”或“关系”等。每种类型包含几个不同的布局，选择了一个布局之后，可以很容易地更改 SmartArt 图形布局。新布局中将自动保留大部分文字和其他内容以及颜色、样式、效果和文本格式。

（1）单击“插入”选项卡“插图”组中的“SmartArt”按钮，出现如图 5–19 所示的“选择 SmartArt 图形”对话框，单击所需的类型和布局。

（2）选择“层次结构”中的组织结构图，然后键入所需的文本，如图 5–20 所示。

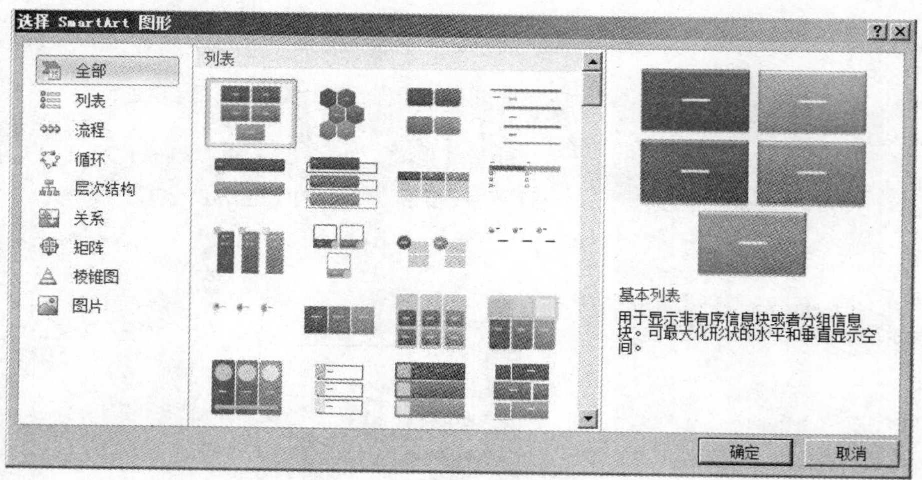

图 5–19 “选择 SmartArt 图形”对话框

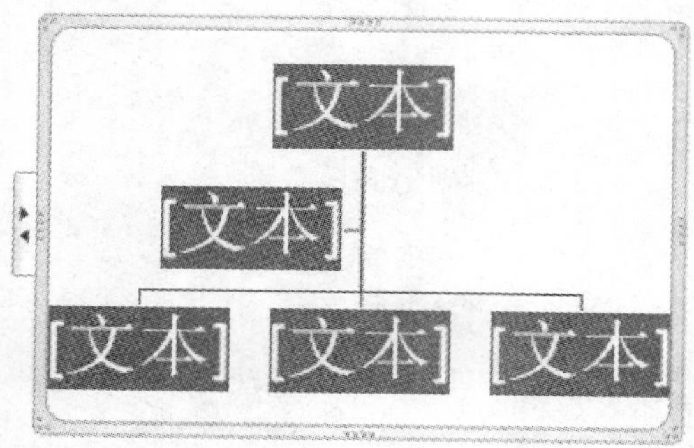

图 5–20 组织结构图及文本添加

2. SmartArt 图形的更改

在创建 SmartArt 图形之后，可以更改 SmartArt 图形。单击 SmartArt 图形，将弹出两个选项卡：设计和格式。通过这两个选项卡，可以对 SmartArt 图形进行重新设计和修改格式。

（1）SmartArt 图形布局的更改。单击 SmartArt 图形，再单击“SmartArt 工具”下的“设计”选项卡，在“布局”组中单击其下拉按钮，就可以看到要修改的布局，如图 5–21 所示。

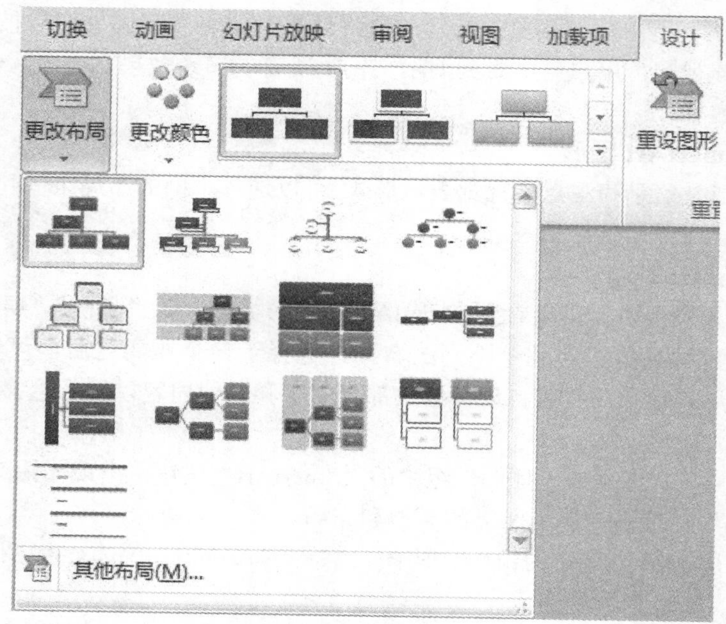

图 5–21 更改 Smartart 图形布局

（2）SmartArt 图形颜色的更改。选中 SmartArt 图形，接着单击“SmartArt 工具”下的“设计”选项卡，选择下面“SmartArt 样式”组中的“更改颜色”选项，如图 5–22 所示。

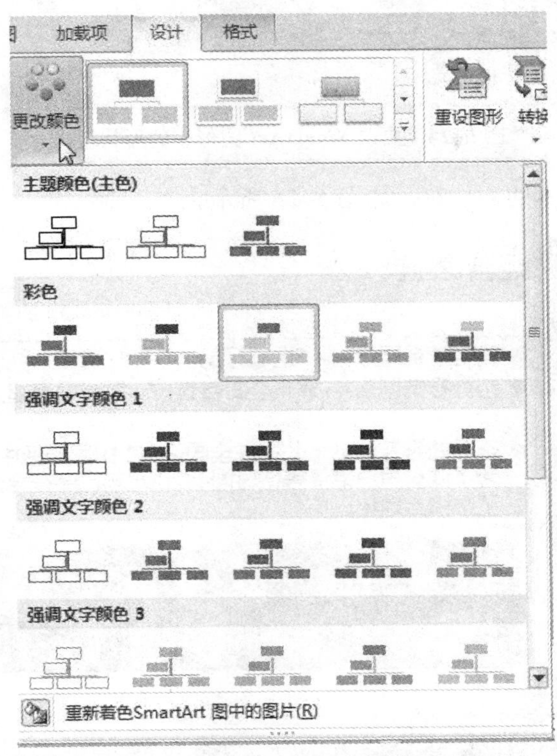

图 5–22　更改 SmartArt 图形颜色

（3）SmartArt 图形样式的更改。单击要更改的 SmartArt 图形，然后再单击“SmartArt 工具”下的“设计”选项卡，选择“SmartArt 样式”中需要使用的样式，如图 5–23 所示。

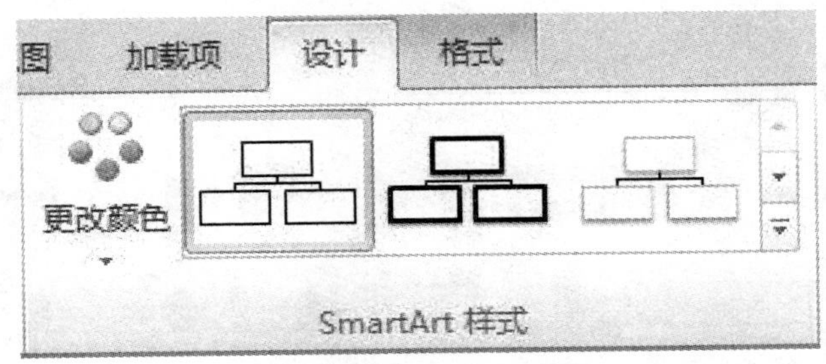

图 5–23　更改 SmartArt 图形样式

（4）SmartArt 图形中形状格式的更改。单击要修改的 SmartArt 图形中的形状，选择“smartArt 工具”下的“格式”选项卡，其下有“形状”“形状样式”“艺术字样式”“排列”和“大小”选项，可以选择不同的选项对 SmartArt 图形中的形状格式进行更改，如图 5–24 所示。

3. 把幻灯片文本转换为 SmartArt 图形

把幻灯片文本转换为 SmartArt 图形就是将现有的幻灯片转换为专业设计的插图。例如，通过一次单击，可以将北京金远见电脑公司简介中的经营之道转换为 SmartArt 图形。

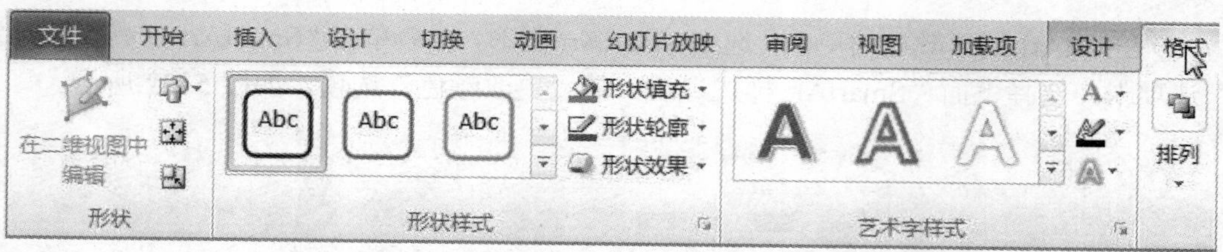

图 5–24　更改 SmartArt 图形中的形状格式

（1）单击幻灯片文本的占位符，如图 5–25 所示。

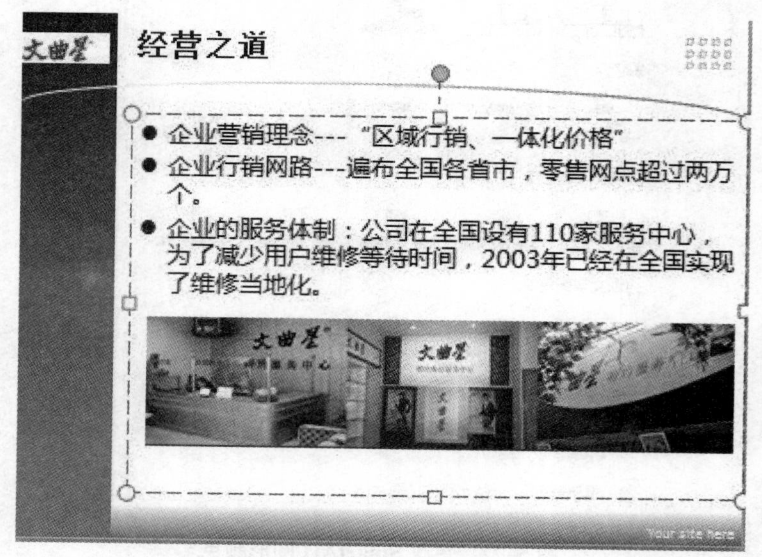

图 5–25　要转换的文本内容

（2）单击“开始”选项卡下“段落”中的“转换为 SmartArt 图形”选项，如图 5–26 所示。

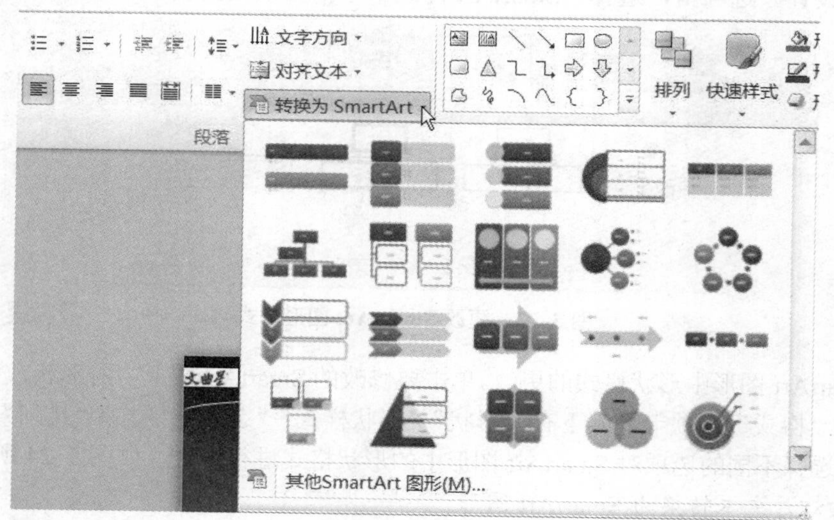

图 5–26　转换为 SmartArt 图形的布局

（3）选择所需要的 SmartArt 图形布局。如选择第一排的第四个，转换结果如图 5–27 所示。

（六）在演示文稿中插入形状

可以在演示文稿中添加一个形状或者合并多个形状生成绘图或一个更为复杂的图形。能够使用的形状有线条、矩形、基本形状、箭头、公式形状、流程图、星与旗帜、标注、动作按钮。添加形状后，可以在其添加文字、项目符号、编号和快速样式。

1. 插入形状

（1）单击“插入”选项卡中的“形状”选项，选择要插入的形状（见图 5–28），接着单击演示文稿编辑区的任意位置，然后拖动放置形状。如添加一个箭头形状和矩形框，并且做出四个图 5–29 所示的效果。

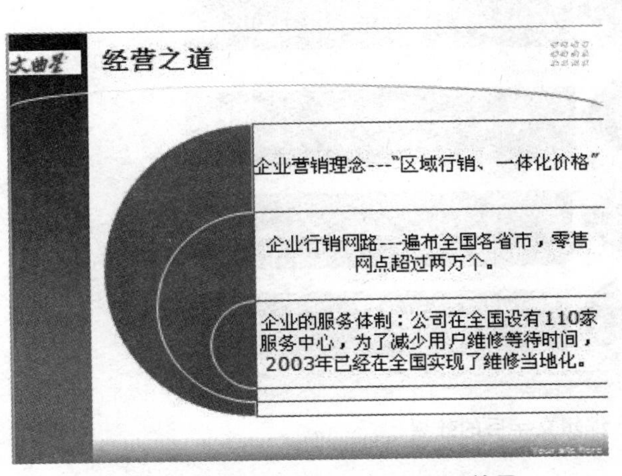

图 5–27　转换后的 SmartArt 图形效果

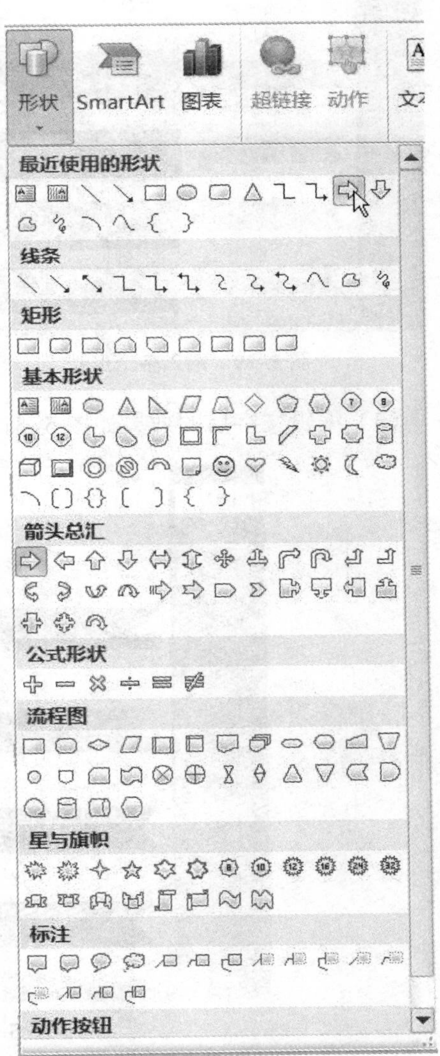

图 5–28　插入形状的选择

（2）选择形状，单击鼠标右键，在弹出的菜单中选择“编辑文字”选项，如图 5–30 所示。

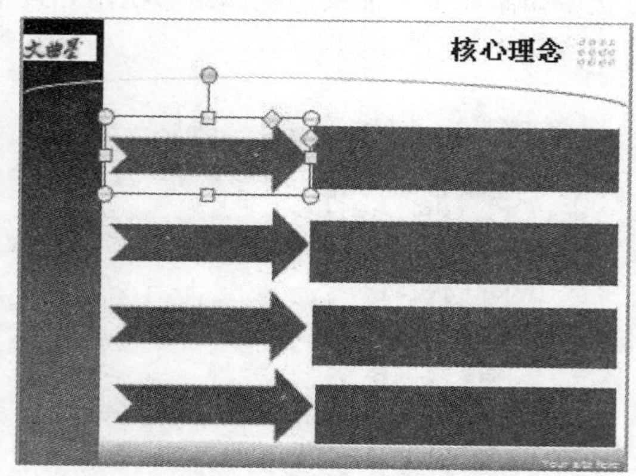

图 5–29　插入多个形状

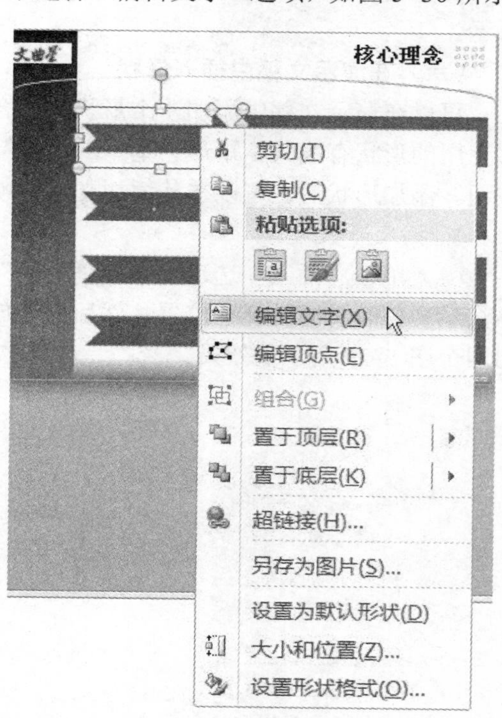

图 5–30　在形状中编辑文字

（3）编辑文字后的效果如图 5–31 所示。

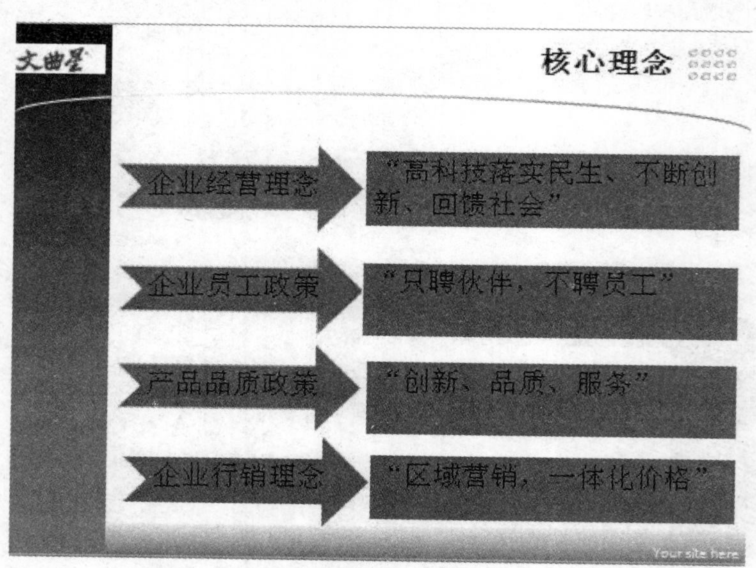

图 5–31　编辑文字后的效果

2. 修改形状

选中要修改的形状，在“绘图工具”下，选择“格式”选项卡，在其下面可以对形状样式、艺术字样式进行修改以及美化，如图 5–32 所示。

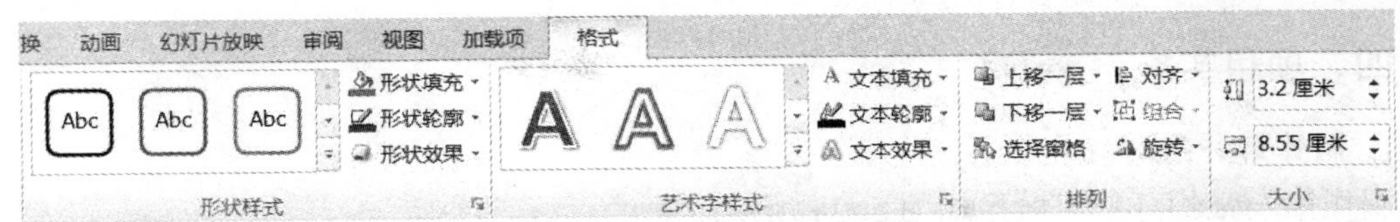

图 5–32 “修改形状”选项

（七）插入图片

图片的插入分插入剪贴画和插入来自文件的图片两种。

1. 插入剪贴画

剪贴画是一种矢量图形，统一保存在“剪贴画库”中。PowerPoint 2010 附带的剪贴画库非常丰富，全部经过了专业设计，可以随时查看并插入幻灯片的任意位置。

（1）单击“插入”选项卡下“图像”组中的“剪贴画”按钮，如图 5–33 所示。

（2）打开“剪贴画”任务窗格，如图 5–34 所示，设置好“搜索文字”和“结果类型”后单击“搜索”按钮。具体的设置同前面的项目设置。

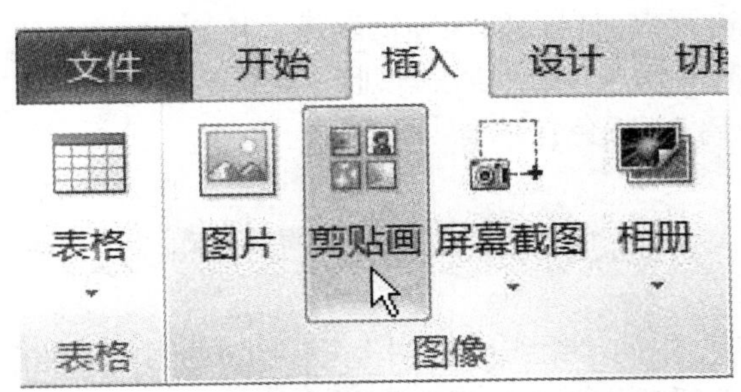

图 5–33 选择“图像”组中的“剪贴画”

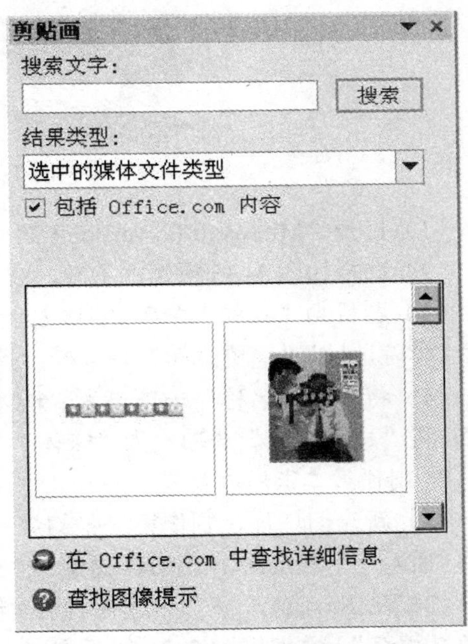

图 5–34 “剪贴画”任务窗格

2. 插入来自文件的图片

用户除了可以插入 PowerPoint 2010 中附带的剪贴画之外，还可以插入其他的图片（bmp、jpg、png、jpeg 等格式）。

（1）选择要插入图片的幻灯片，在占位符中单击“插入”选项卡“图像”组中的“图片”按钮，打开“插入图片”对话框。

（2）选择要插入的图片，单击“插入”即可将图片插入幻灯片中，并调整合适的位置和大小。

四、项目实施

1. 制作第一张幻灯片

制作第一张幻灯片，效果如图 5–35 所示。

图 5–35　第一张幻灯片

（1）打开“Microsoft PowerPoint 2010”，创建一个空白的演示文稿。

（2）选择如图 5–35 所示的主题，或者选择一个自己喜欢的主题。

（3）题目为“我的大学”，字体大小为“56 磅”，字体为“华文新魏”，内容有“学院名称”“学院地址”“建校时间”等字样，具体内容根据自己的实际情况进行填写。

（4）将“学院名称”一项设为“楷体”“36 磅”，将“学院地址”一项设为“隶书”“32 磅”，将“建校时间”一项设为“宋体”“28 磅”，颜色自选。

2. 制作第二张幻灯片

（1）新建幻灯片，制作第二张幻灯片，题目为“我的专业及所学的课程”，字号为“44 磅”，插入一个 SmartArt 图形，如图 5–36 所示。

（2）在 SmartArt 图形中选择“层次结构”中的“组织结构图”，图形颜色为“主题颜色深色 2 填充”，并编辑图 5–36 所示文字，更改样式为“鸟瞰场景”样式，图形中文字的大小为“20 磅”，颜色为“蓝色”。

3. 制作第三张幻灯片

制作第三张幻灯片，做出如图 5–37 所示的效果。

（1）新建第三张幻灯片，设置标题为“我的老师”，字体为“华文新魏”，字号为“44 磅”。

（2）插入“剪贴画”，如图 5–38 所示，并调整到合适的位置。

（3）插入一个形状，并编辑文字，字体为“宋体”，字号为“18 磅”，字体颜色为“黑色”，形状的样式为“彩色填充–浅蓝，强调颜色 1”。

（4）插入一个竖排文本框，输入如图 5–37 所示的文字，字体为“宋体”，字号为“28 磅”。

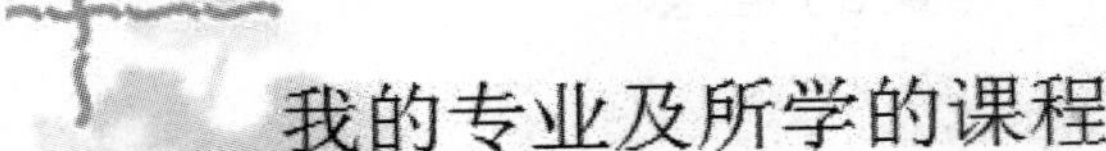

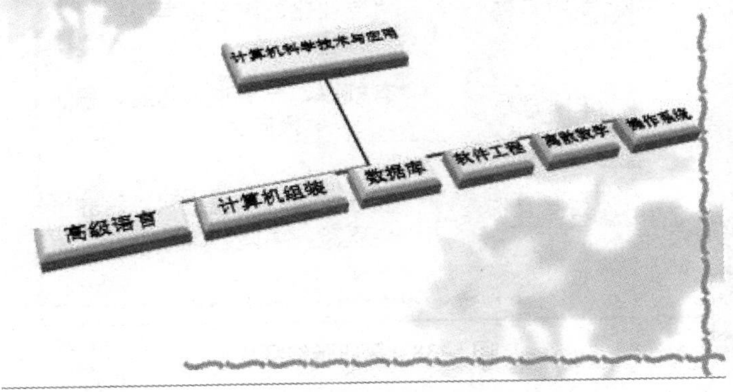

图 5–36　第二张幻灯片

图 5–37　第三张幻灯片

4. 制作第四张幻灯片

制作第四张幻灯片，效果如图 5–38 所示。

（1）新建幻灯片，标题为“我的理想”，字体为“华文新魏”，字号为“44 磅”。

（2）插入如图 5–38 所示的箭头和矩形框，并编辑文字，字体为“宋体”，字号为“28 磅”。

（3）保存这四张幻灯片，并命名为“我的大学”，接着关闭演示文稿。

5. 创建幻灯片

创建如图 5–39 所示的幻灯片。

将图 5–39 做出如图 5–40 所示的效果。

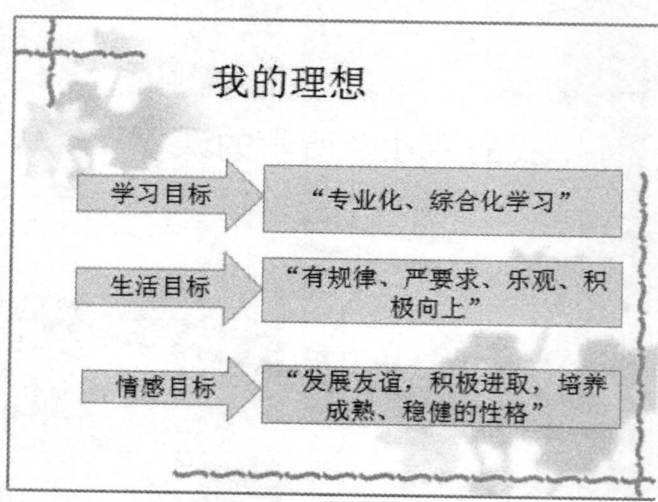

图 5–38　第四张幻灯片

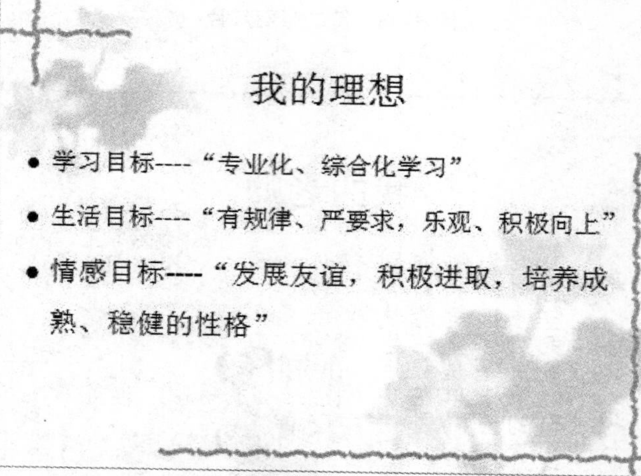

图 5–39　原始幻灯片

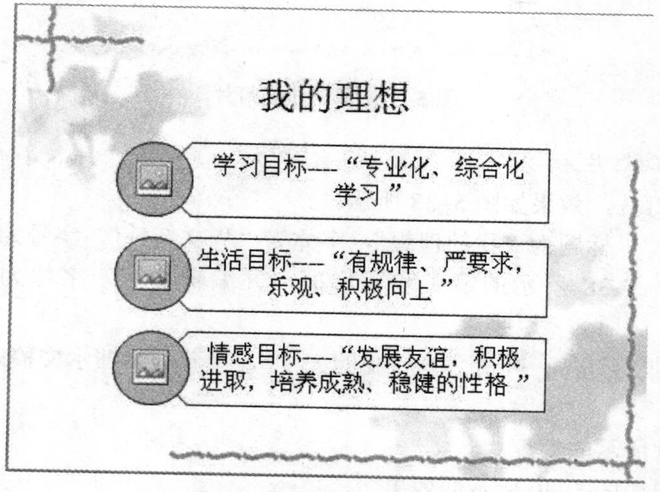

图 5–40　转换后的幻灯片

（1）打开“Microsoft PowerPoint 2010”，建立一个空白的演示文稿。

（2）选择“设计”选项卡下“主题”组中图 5–39 所示的主题。

（3）将图 5–39 所示的内容转换为 SmartArt 图形，如图 5–40 所示。

五、项目小结

本项目介绍了 PowerPoint 2010 的工作界面、演示文稿的建立及保存方法、插入与删除的方法、不同视图方式的应用、SmartArt 图形的应用、在演示文稿中绘制图形、在演示文稿中插入图片的应用等内容，以帮助读者掌握 PowerPoint 2010 的基础知识。

六、项目拓展

请你为家人和朋友做一个介绍自己学校的演示文稿，要求有文字说明、图片，用 SmartArt 图形表达学校所设专业，并比较在不同视图下的效果。

项目二　PowerPoint 2010 综合应用

一、项目引入

广州某电脑技术有限公司不仅重视培养高层次的技术人员，更加重视培养优秀的销售人员。虽然张亮亮在该公司工作只有两年，但他每个季度的销售量都名列前茅。公司总经理看到他的业绩，想邀请他为销售部的新进员工上一次培训课程，讲述销售技巧及方法。张亮亮欣然答应了，但培训课要在多媒体会议室进行，上课时必须准备 PPT。这并没有难倒大学时主修计算机专业的他，他打开 PowerPoint 2010，准备制作出一个漂亮的 PPT 课件。

二、项目分析

张亮亮首先打开 PowerPoint 2010 演示文稿，编辑适合的版式、主题、配色方案，加入自己精心准备的文字内容，为了活跃培训的气氛，他为幻灯片制作了动画效果，并使用超链接功能，单击就可链接到他的案例中，案例分析完成后，再单击又回到主界面；使用动作按钮，所有演示文稿风格统一，操作功能一目了然。张亮亮完成了培训 PPT 后，利用排练计时功能预先查看一下整体的效果，满意后对幻灯片进行打包，只等在培训那天再放映出来。

三、相关知识

（一）幻灯片主题和版式的设置

1. 应用主题

主题可以作为一套独立的选择方案应用于文件中。套用主题样式可以帮助用户更快捷地指定幻灯片的样式、颜色等。

幻灯片的主题是指对幻灯片中的标题、文字、图表、背景项目设定的一组配置。该配置主要包含主题颜色、主题字体和主题效果。

（1）选择需要应用主题的幻灯片，并选择“设计”选项卡，单击“主题”组中所需的主题，如图 5–41 所示。

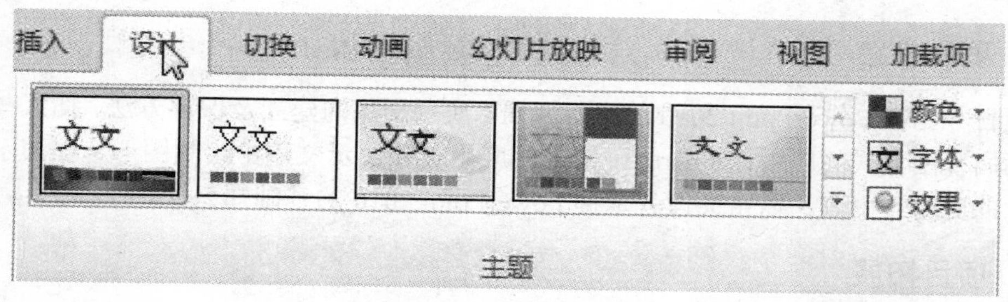

图 5–41　主题设置

（2）如果所需要的主题没有在工具栏上显示，可以单击“主题 ”组中的“ ▾ ”按钮，从文件中浏览主题，也可以在网上下载适合自己的主题，如图 5–42 所示。

图 5–42　浏览主题

（3）另外，鼠标右键单击“主题”区域的主题列表中要应用的主题样式，即可在弹出的快捷菜单中指定如何应用所选的主题，如图 5–43 所示。

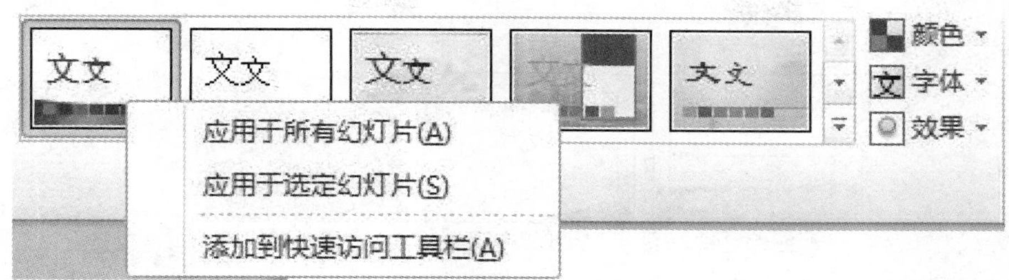

图 5–43　通过鼠标右键单击主题选择应用

2. 幻灯片版式的设置

选择幻灯片版式，可以调整幻灯片中内容的排版方式，并将需要的版式运用到相应的幻灯片中。在 PowerPoint 2010 中打开空白演示文稿时，将显示名为“标题幻灯片”的默认版式。

设置幻灯片的版式主要有以下三种方法：

方法一：在“开始”选项卡中，单击“幻灯片”组中“新建幻灯片”下拉按钮，在其展开的列表中选择要应用的幻灯片版式即可，如图 5–44 所示。

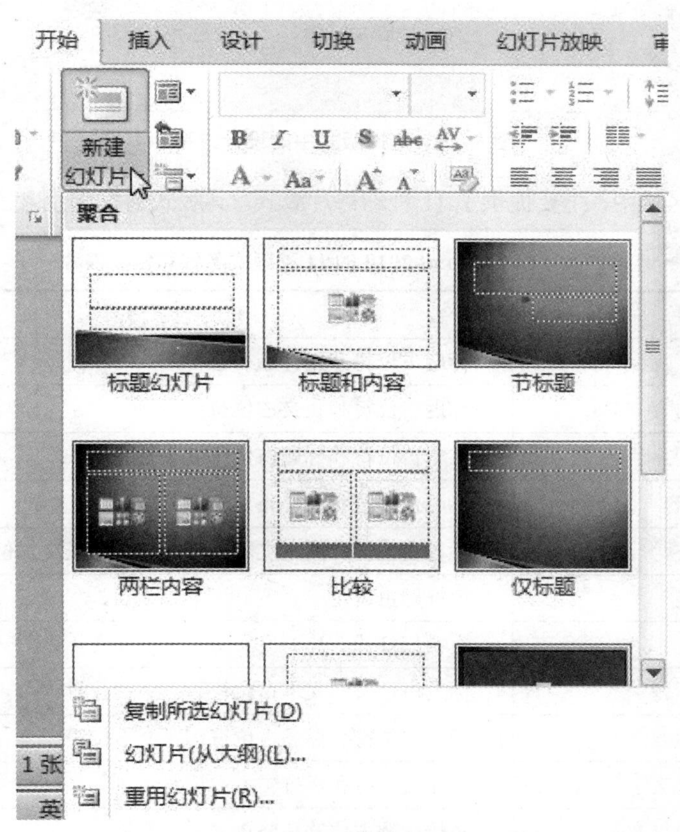

图 5–44　通过“新建幻灯片”选择版式

方法二：在“开始”选项卡下的“幻灯片”组中，单击“版式”下拉按钮，如图 5–45 所示。

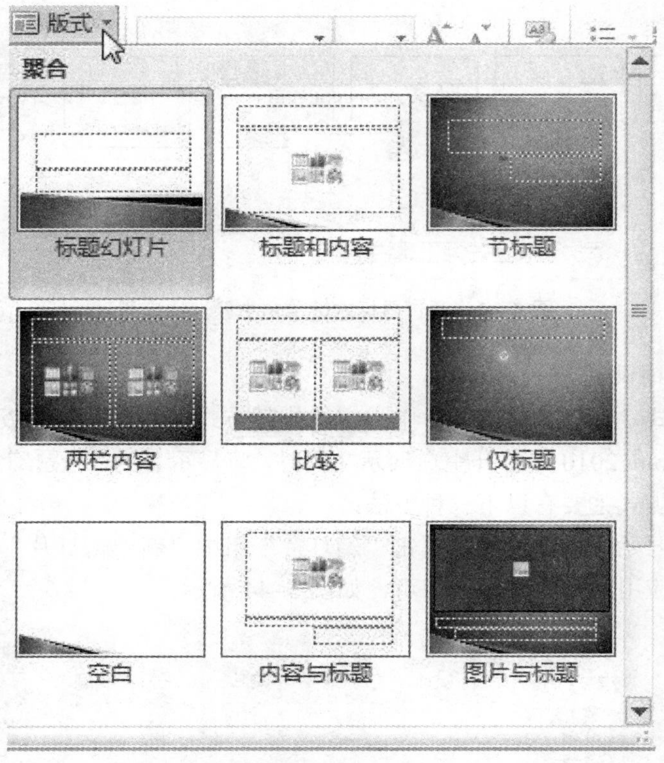

图 5–45 选择版式中的设计方案

其中，在版式区域中，主要提供了 11 种幻灯片版式，其版式名称和包含内容如表 5–1 所示。

表 5–1 PowerPoint 2010 的 11 种版式名称和包含内容

版式名称	包含内容
标题幻灯片	标题占位符和副标题占位符
标题和内容	标题占位符和正文占位符
节标题	文本占位符和标题占位符
两栏内容	标题占位符和两个正文占位符
比较	标题占位符、两个文本占位符和两个正文占位符
仅标题	仅标题占位符
空白	空白幻灯片
内容与标题	标题占位符、文本占位符和正文占位符
图片与标题	图片占位符、标题占位符和正文占位符
标题和竖排文字	标题占位符和竖排文本占位符
垂直排列标题与文本	竖排标题占位符和竖排文本占位符

如果是首张幻灯片，则设置版式为“标题幻灯片”；如果是普通幻灯片，则根据需要选择

其他版式。

方法三：选中要设置版式的幻灯片，单击鼠标右键，单击“版式”选项，同样出现所有的版式，根据需要选择版式。

（二）幻灯片配色方案及背景的设置

1. 配色方案的设置

幻灯片主题的色彩效果，还可以通过幻灯片配色方案进行设置，PowerPoint 2010 提供了多种标准的配色方案。

（1）选择要设置配色方案的幻灯片，单击“设计”选项卡，在“主题”组中单击“颜色”下拉按钮，如图 5–46 所示。

（2）还可以选择图 5–46 中的“新建主题颜色”选项，对主题颜色进行自定义。

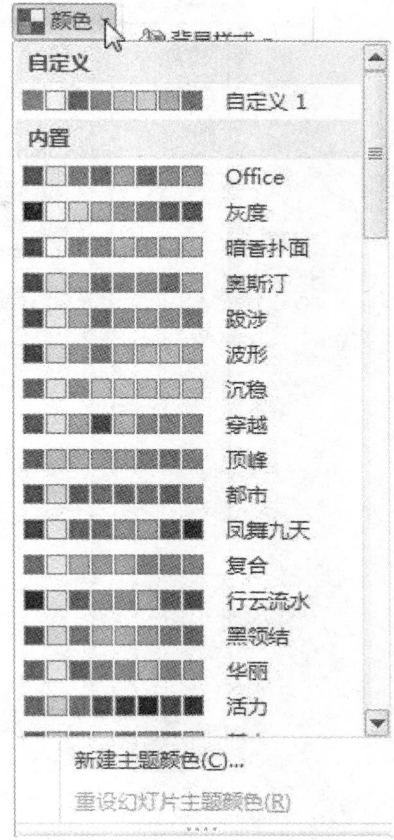

图 5–46 设置主题颜色

2. 幻灯片背景的设置

幻灯片的背景对整个演示文稿的美观与否起着至关重要的作用，用户可根据需要应用 PowerPoint 2010 内置背景样式，也可自定义背景样式。

（1）应用 PowerPoint 2010 内置背景样式。选择“设计”选项卡，在“背景”组中单击“背景样式”选项，在弹出的下拉背景列表中选择背景样式即可，如图 5–47 所示。

（2）自定义背景样式。若用户对配置的背景样式不满意，可以自定义背景样式。在背景列表中选择“设置背景格式”命令，打开如图 5–48 所示的对话框，在该对话框中自定义背景样式即可。用户可以通过它为幻灯片添加图案、纹理、图片或背景颜色。

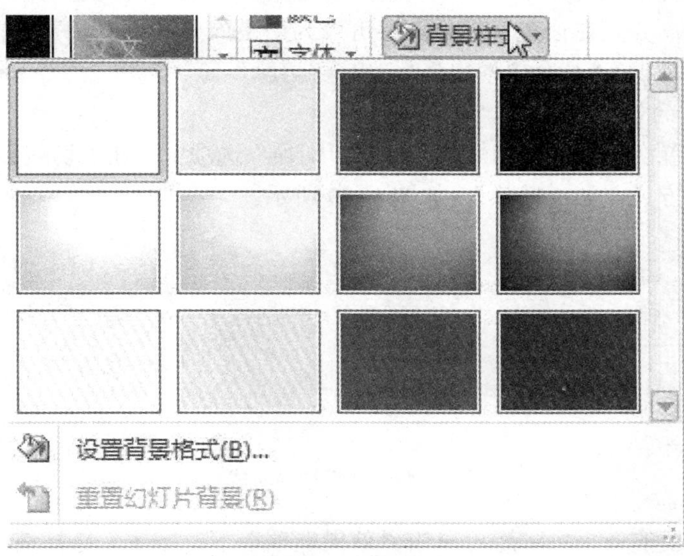

图 5–47 背景列表

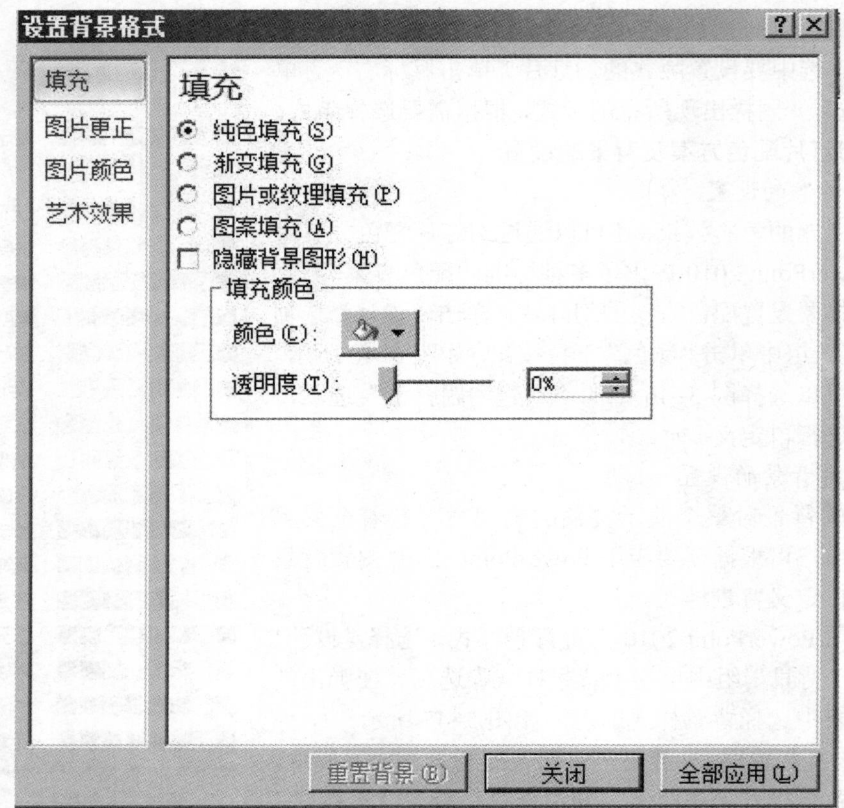

图 5–48 “设置背景格式”对话框

（三）幻灯片切换方式的设置

在对幻灯片进行播放时，用户可以为幻灯片之间的切换设置动态效果，使整个演示文稿播放时形象、生动；并且在设置过程中，还可以为切换效果添加声音并设置切换速度等。常用的主要有“平淡划出”“从全黑淡出”“切出”“溶解”等。

1. 设置幻灯片的切换效果

（1）选择要设置切换效果的幻灯片，单击“切换”选项卡，在“切换到此幻灯片”组中，单击你选中的切换方式，如“擦除”，如图 5–49 所示。

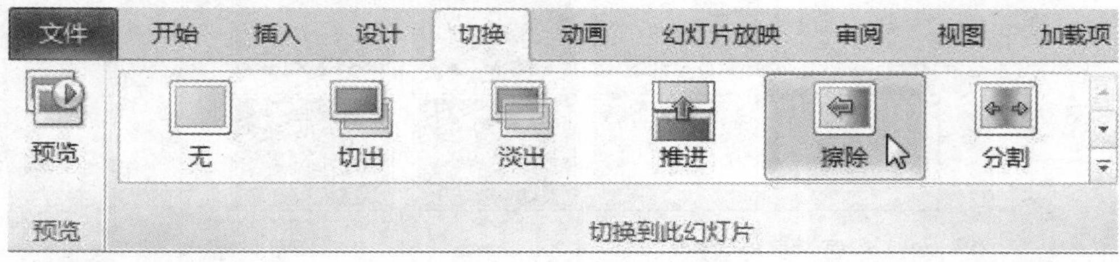

图 5–49 选择切换方式

（2）选择要切换的效果后，还可单击“效果选项”下拉按钮，选择需要的切换效果的方式，如图 5–50 所示。

（3）若要在演示文稿中的所有幻灯片应用相同的幻灯片切换效果，在“切换”选项卡的

"计时"组单击"全部应用"按钮即可。

2. 设置幻灯片切换声音

要为幻灯片设置切换时的声音，首先选择该幻灯片，并在"切换"选项卡中单击"计时"组中的"声音"下拉按钮，选择要添加的声音，如"风铃"，即可完成幻灯片切换时的声音设置，如图 5–51 所示。

图 5–50　效果选项设置切换

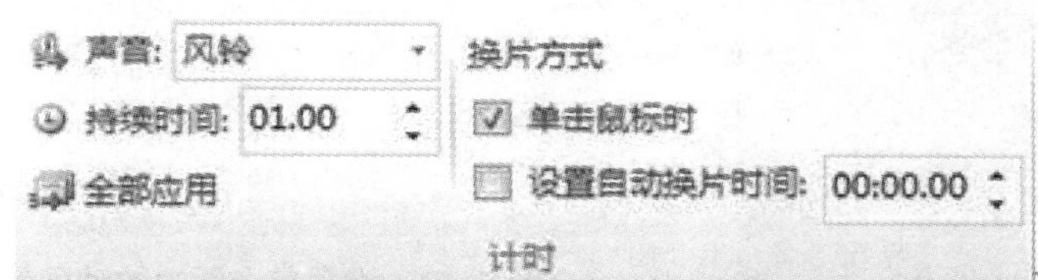

图 5–51　幻灯片切换声音设置

3. 设置切换效果的计时

（1）如果要设置上一张幻灯片与当前幻灯片之间切换效果的持续时间，应在"切换"选项卡"计时"组的"持续时间"框中键入或选择所需的速度。

（2）另外，如果要指定当前幻灯片在多长时间后切换到下一张幻灯片，应执行以下步骤：

① 若要在单击鼠标时切换幻灯片，则在"切换"选项卡的"即时"组中启用"单击鼠标时"复选框。

② 若要在经过指定时间后切换幻灯片，则在"切换"选项卡的"计时"组中启用"设置自动换片时间"复选框，并在其后的文本框中输入所需的秒数。

（四）幻灯片动画效果的设置

在 PowerPoint 2010 中除了能为幻灯片设置切换动画外，还可以为幻灯片内的对象自行进行动画设置。在 PowerPoint 2010 中可以实现各种各样的动画效果，用户可以为幻灯片中的文本段落设置动画，也可以为幻灯片中的图形、表格等设置动画，而且制作方法极为简单。一般的设置程序采用选择、设置、应用等几个简单的操作步骤就可以完成。

1. 预设动画

所谓动画，是指调用内置的现成动画设置效果。

（1）选中要设置动画的对象，单击“动画”选项卡，其中列出了“无”“淡出”“擦除”“飞入”等多种选项，选择“形状”选项，如图 5–52 所示。当鼠标指针指向某一动画名称时，会在编辑区预演该动画的效果，根据需要选择一种动画即可。

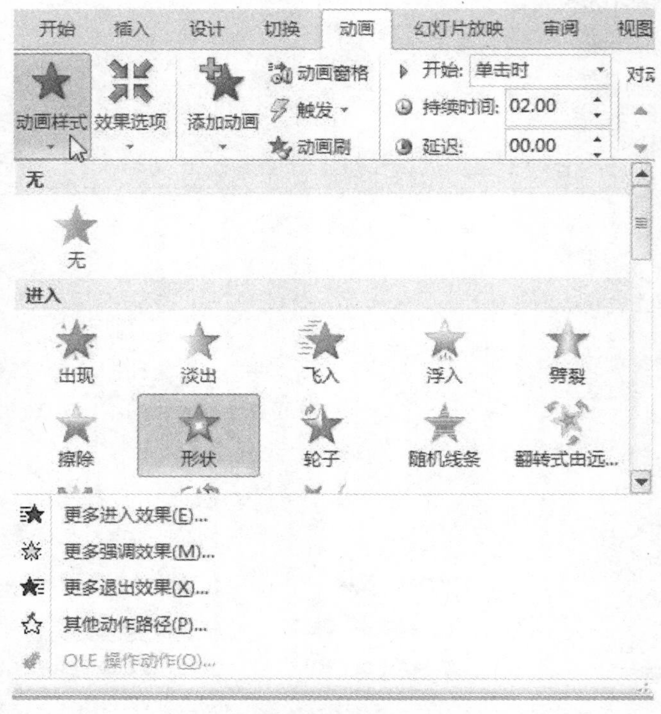

图 5–52　设置单个图片的动画效果

（2）也可在“动画”选项卡下的“高级动画”组中单击“添加动画”设置动画效果。

2. 自定义动画

自定义动画的功能比预设动画的功能强大得多，通过它可以随心所欲地设置出丰富多彩、赏心悦目的动画效果。

（1）选中要设置动画的对象，单击“动画”选项卡，在“高级动画”组中单击“添加动画”选项，单击“更多进入效果”进入如图 5–53 所示的“添加进入效果”对话框。

（2）当选择某种效果后，单击“高级动画”选项卡中的“动画窗格”选项，将显示每个对象设置的动画类型，如图 5–54 所示。

（3）接着单击图 5–54 中的 1★ 标题 1: 高... ，可根据需要对“动画”选项卡中“计时”组中的开始、持续时间、延迟进行设置。

（4）设置完动画后单击“播放”观看动画效果，如果要删除所设置的动画，则选中要删除的动画，然后单击鼠标右键，选择“删除”即可。

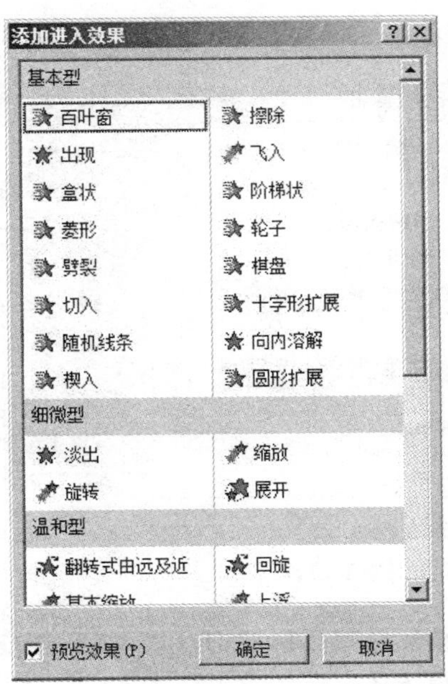

图 5–53 “添加进入效果”对话框

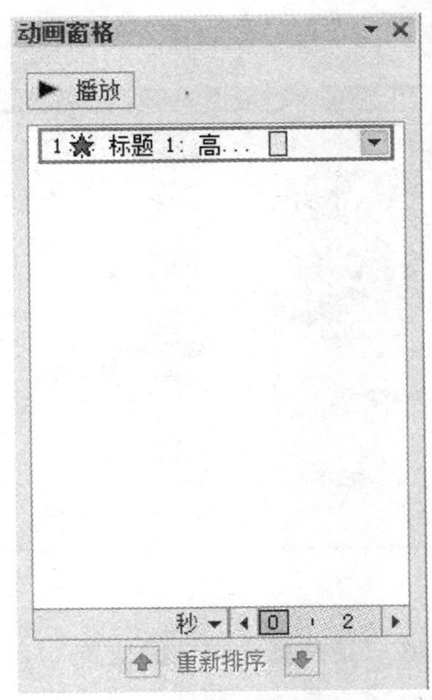

图 5–54 自定义动画窗格

（五）超链接和动作按钮的设置

1. 创建超链接

在 PowerPoint 2010 中，超链接是指从一张幻灯片到同一演示文稿中的另一张幻灯片的连接，或是从一张幻灯片到不同演示文稿中的另一张幻灯片、电子邮件地址、网页以及文件的连接。操作步骤如下：

（1）在“普通视图”中，选中要创建链接的文本或对象。

（2）单击鼠标右键，选择“超链接”选项，也可选中文本后，单击“插入”选项卡下“链接”组中的“超链接”选项，如图 5–55 所示。

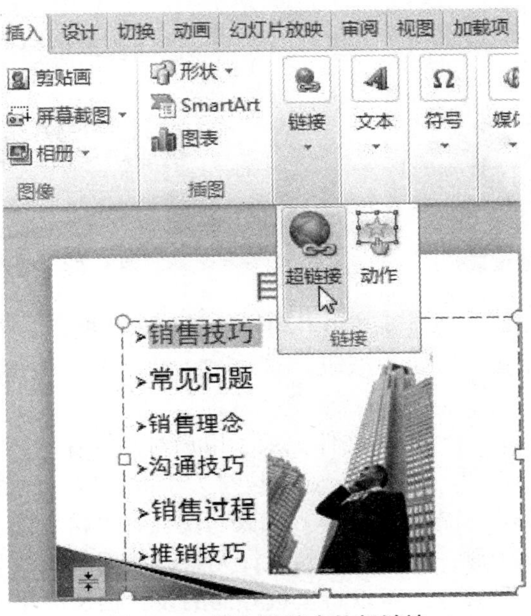

图 5–55 插入链接中的超链接

（3）弹出“编辑超链接”对话框。单击“本文档中的位置”选项，如图 5–56 所示。

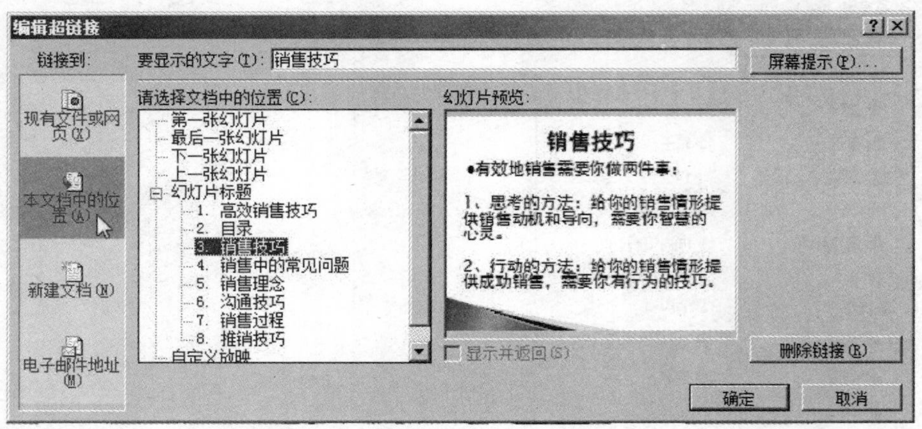

图 5–56　选择超链接在本文档中的位置

（4）在“请选择文档中的位置”下，单击要用作超链接目标的幻灯片“3.销售技巧”。用同样的方法设置目录中其他选项的超链接，效果如图 5–57 所示。

2. 动作按钮设置

（1）打开要设置动作按钮的幻灯片，单击“插入”选项卡下“插图”组中的“形状”下拉按钮，选择“动作按钮”中一个系统预定义的动作按钮。然后，在幻灯片中要插入动作按钮的位置中拖动鼠标绘制该按钮，如图 5–58 所示。

图 5–57　超链接设置效果

图 5–58　插入动作按钮

（2）绘制完动作按钮后，会自动弹出“动作设置”对话框，如图 5–59 所示，选择“超链接到”上一张幻灯片，单击“确定”按钮。

（六）模板

模板就是创建一个.pptx 文件，该文件记录了用户对幻灯片母版（幻灯片母版：存储有关应用的设计模板信息的幻灯片，包括字形、占位符大小或位置、背景设计和配色方案）、版式/布局（版式：幻灯片上标题和副标题文本、列表、图片、表格、图表、自选图形和视频等元素的排列方式）和主题（主题：一组统一的设计元素，使用颜色、字体和图形设置文档的外观）组合所做的任何自定义修改。可以将模板存储的设计信息应用于演示文稿，从而将所有幻灯片上的内容设置成一致的格式。

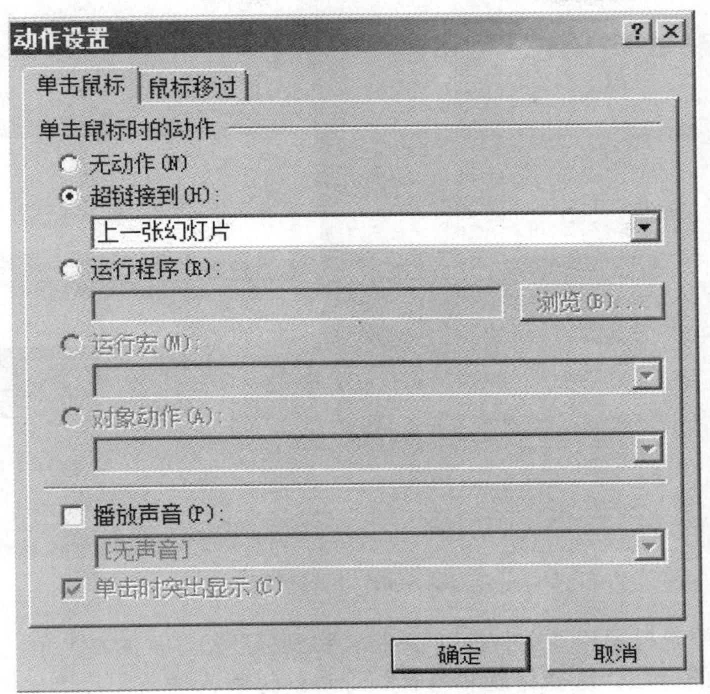

图 5–59 “动作设置”对话框

1. 使用已有的模板创建幻灯片

（1）在演示文稿中，选择“文件”选项卡下的“新建”选项，再选择“样本模板”选项，选择适合自己主题的模板，然后单击“创建”按钮，所选设计模板就会应用到所选幻灯片或所有幻灯片了。

（2）如果对所选的设计模板不满意，可用上述方法选择其他的模板，这样就会改变原来的模板。

2. 自定义模板

除了自动套用 PowerPoint 2010 提供的模板，用户也可以创建新的模板。一种方法是在原有模板的基础上修改模板，另一种方法是将自己创建的演示文稿保存为模板。

（1）新建或打开自己原有的演示文稿，如图 5–60 所示标题幻灯片。

（2）设计母版。选择“视图”选项卡下“母版视图”组中的“幻灯片母版”选项，进入幻灯片母版设计的编辑区，如图 5–61 所示。

高效销售技巧

主讲人：销售部张亮亮

图 5–60 打开标题幻灯片

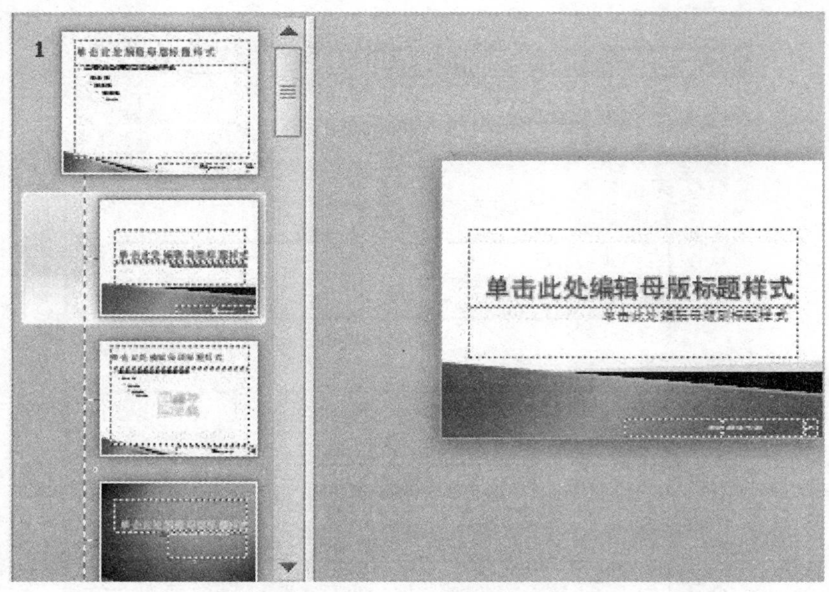

图 5–61　编辑母版

（3）插入案例素材图片“文曲星”，并将它移到标题幻灯片的右上角，如图 5–62 所示。

（4）用同样的方法，选择标题和内容幻灯片的母版，插入图片“文曲星”，如图 5–63 所示。

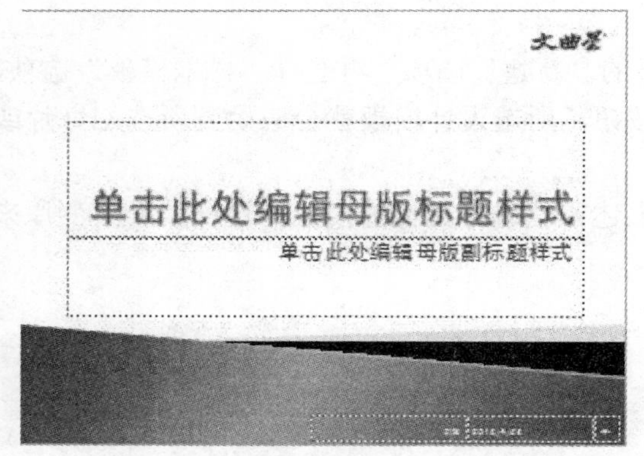

图 5–62　为标题幻灯片替换主题

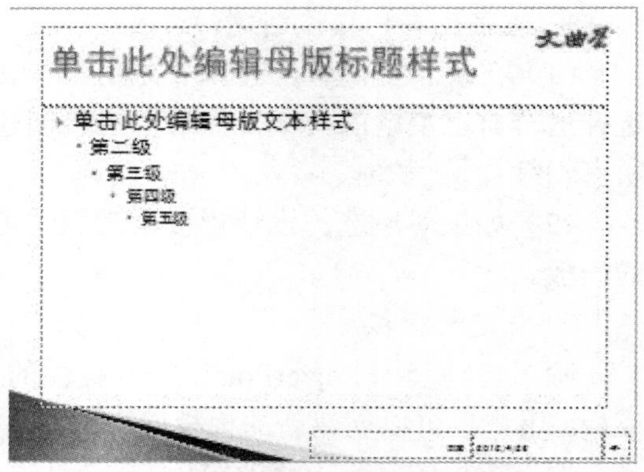

图 5–63　为标题和内容幻灯片替换主题

（5）母版设计结束后，单击“关闭母版视图”按钮，母版设计成功，效果如图 5–64 所示。

（6）另存为模板。单击“文件”按钮，另存为模板。

（七）幻灯片放映和排练计时

1. 设置幻灯片放映方式

根据播放环境的不同，PowerPoint 2010 为用户提供了不同的放映方式。因此，在放映演示文稿之前，用户可以根据播放环境来选择放映方式。

（1）在“幻灯片放映”选项卡中，单击“设置”组中的“设置幻灯片放映”按钮，打开“设置放映方式”对话框，如图 5–65 所示。

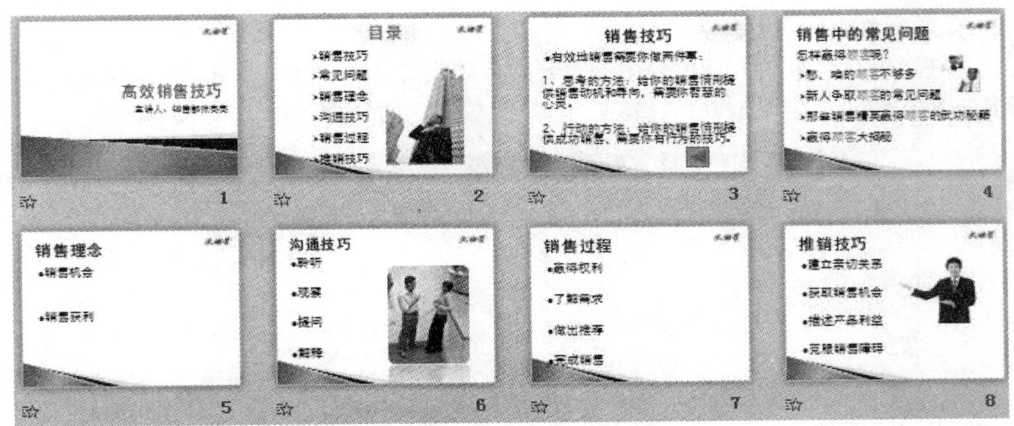

图 5–64　幻灯片母版设计完成效果

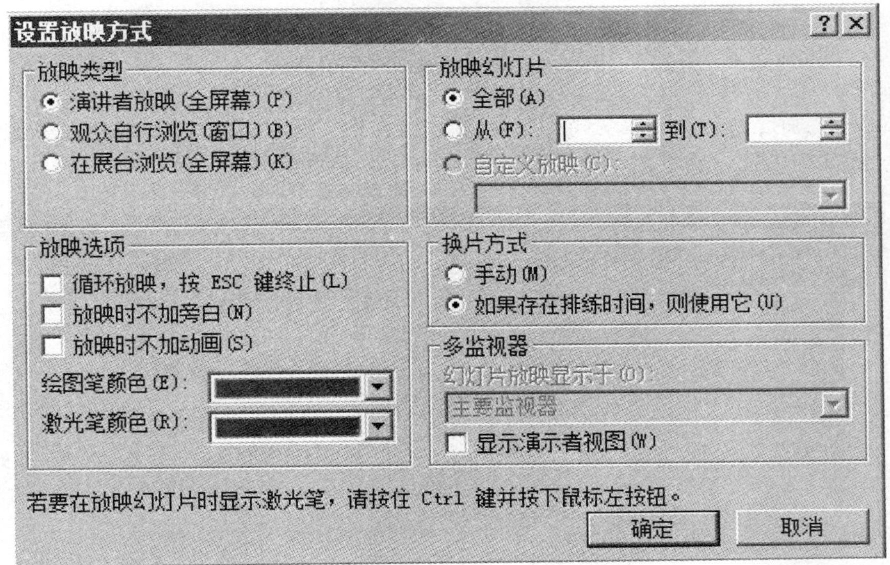

图 5–65　“设置放映方式”对话框

（2）“放映类型”选择“演讲者放映”，“放映幻灯片”选择“全部”，“换片方式”选择“如果存在排练时间，则使用它”。单击“确定”按钮，设置完成。

（3）根据演示文稿的放映环境，PowerPoint 2010 为用户提供了 3 种类型的放映方式，如图 5–65 所示，放映类型的参数介绍如表 5–2 所示。

表 5–2　放映类型及说明

放映类型	说　明
演讲者放映	选择该方式，全屏显示演示文稿，但是必须要在有人看管的情况下进行放映
观众自行浏览	选择该方式，观众可以移动、编辑、复制和打印幻灯片
在展台浏览	选择该方式，可以自动运行演示文稿，不需要专人控制

2. 自定义放映

（1）在“幻灯片放映”选项卡中的“开始放映幻灯片”组中，单击“自定义放映”按钮，选择其下拉按钮“自定义放映”，弹出“自定义放映”对话框，如图 5–66 所示。

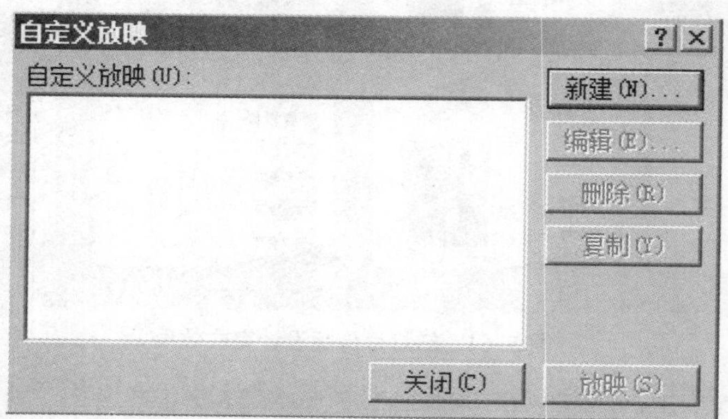

图 5–66 “自定义放映”对话框

（2）单击“新建”命令，出现如图 5–67 所示对话框，选中幻灯片 4、5、6，单击“添加”按钮，单击“确定”按钮，这时在“定义自定义放映”对话框中会出现已定义好的“自定义放映 1”。

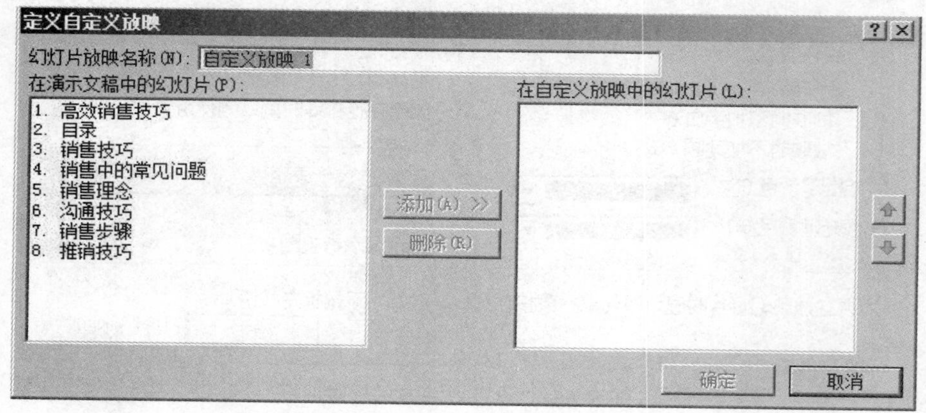

图 5–67 “定义自定义放映”对话框

（3）切换到幻灯片的“演讲者放映”方式下，在幻灯片位置上单击鼠标右键，在弹出的快捷菜单中单击“自定义放映”命令，设置好的自定义放映方式会出现在列表框中，单击需要使用的自定义幻灯片放映方式直接跳转到幻灯片放映状态下。

3. 设置排练计时

自动放映是在打开演示文稿时便自动开始放映。而排练计时功能是预演演示文稿中的每张幻灯片，并记录其播放的时间长度，以制定播放框架，使其在正式播放时可以根据时间框架进行播放。

（1）选中第一张幻灯片，在“幻灯片放映”选项卡的“设置”组中单击“排练计时”按钮。此时系统进入幻灯片放映视图，并弹出“录制”工具栏，使用该工具栏上的工具按钮对演示文稿中的幻灯片进行排练计时，如图 5–68 所示。

图 5–68　设置第一张幻灯片排练时间

（2）单击录制工具栏上的“ ➡ ”按钮，开始设置下一张幻灯片的放映时间，录制工具栏右侧出现的是累计时间。

（3）依次设置好所有幻灯片后，结束幻灯片排练计时，会弹出一个提示对话框，如图 5–69 所示。

图 5–69　选择保留排练时间

（4）单击“确定”按钮系统自动切换到浏览视图方式下，如图 5–70 所示。

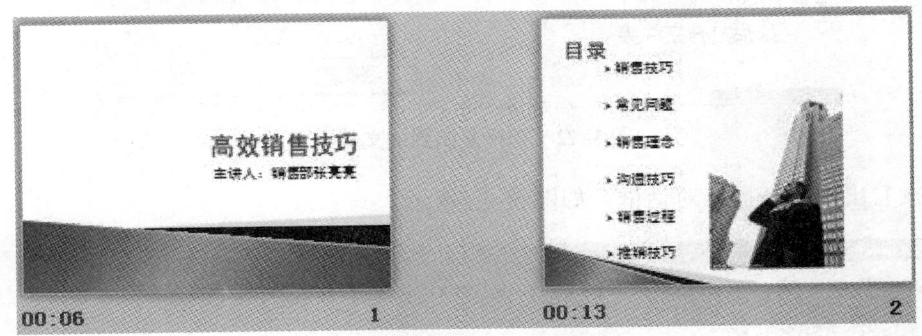

图 5–70　在浏览视图下显示排练时间

（八）打包演示文稿

若放映演示文稿时计算机上没有安装 PowerPoint，此时可以将演示文稿打包成 CD 数据包通过 PowerPoint 播放器来观看。

1. 将演示文稿打包

将演示文稿打包成 CD 数据包，是将演示文稿中的各个相关文件或程序连同演示文稿一起打包，形成一个可使用 PowerPoint 播放器查看的文件。

（1）要对打开的演示文稿打包，先选择“文件”选项卡，执行“保存并发送”命令，在“文件类型”区域中选择“将演示文稿打包成 CD”选项，在弹出的区域中单击“打包成 CD”按钮。

（2）在弹出的“打包成 CD”对话框中选择要复制的文件并单击“复制到文件夹”按钮，如图 5–71 所示。

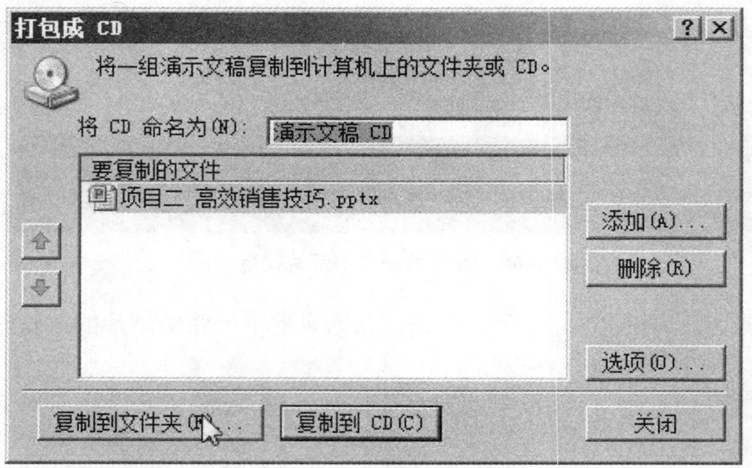

图 5–71　选择要复制的文件

（3）接着弹出“复制到文件夹”对话框，如图 5–72 所示，此时为打包的演示文稿命名，设置保存位置后单击“确定”按钮。

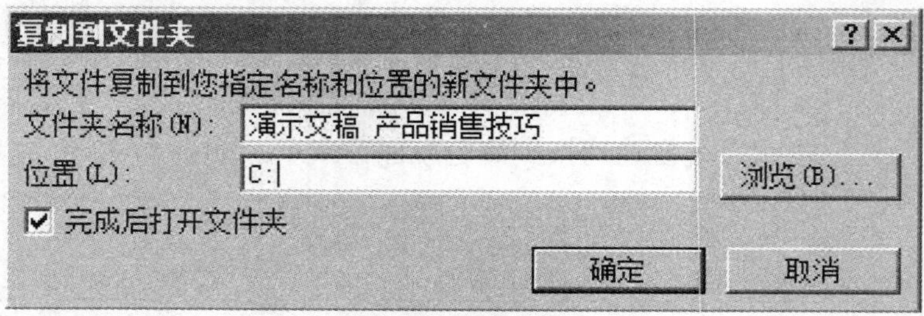

图 5–72　选择复制到的文件夹

（4）接着出现系统提示对话框，如图 5–73 所示。

图 5–73　系统提示对话框

（5）单击“是”按钮，将演示文稿中所用到的文件或程序都链接到该数据包中，完成演示文稿的打包操作。

2. 复制到 CD

（1）在图 5–71 所示的“打包成 CD”对话框中，单击“复制到 CD”按钮，如果需要添加文件到 CD，则单击“添加”按钮。

（2）此时弹出“添加文件”对话框，在该对话框中打开文件所在的文件夹，然后选择需要添加的文件，单击“添加”按钮，如图 5–74 所示。

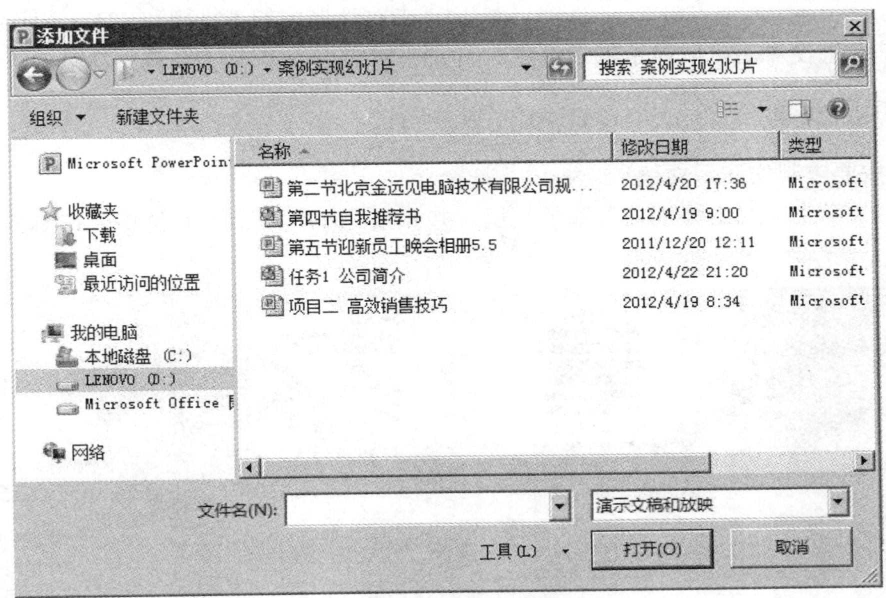

图 5–74 “添加文件”对话框

（3）添加完成后，返回到图 5–71 所示的对话框，在该对话框的“要复制的文件”列表框中可以看到添加的文件。用户还可以设置打包的其他选项，在此单击“选项”按钮，弹出如图 5–75 所示对话框。

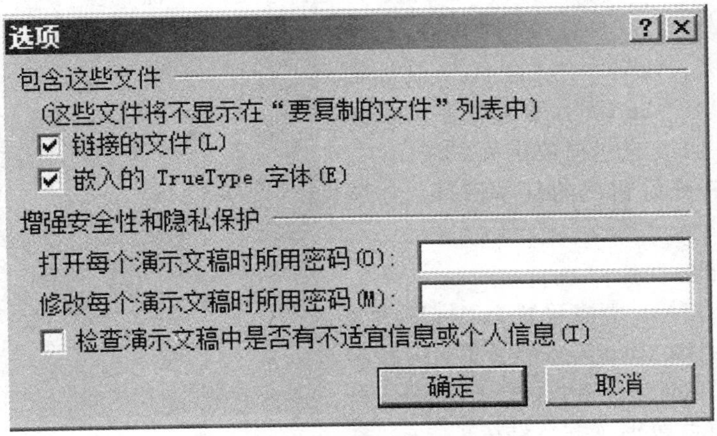

图 5–75 “选项”对话框

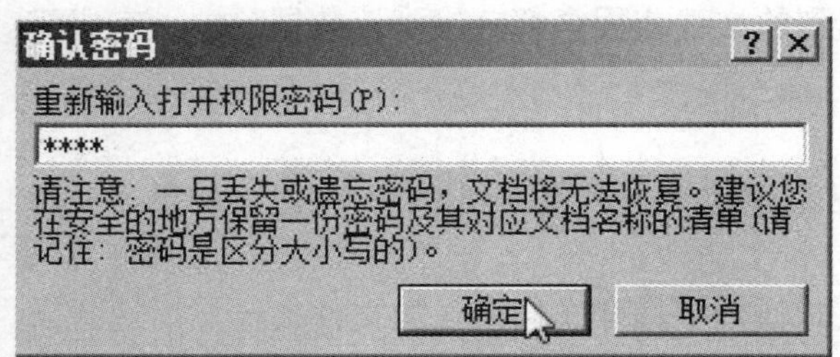

图 5–76 “确认密码”对话框

（4）在此设置打开和修改每个演示文稿时所用的密码为“6666”，单击“确定”按钮，弹出“确认密码”对话框，在“重新输入打开权限密码”文本框中输入设置的打开文件密码，单击“确定”按钮，如图 5–76 所示。

（5）返回“打包成 CD”对话框中，单击对话框中的“复制到 CD”按钮。此时系统会弹出刻录进度对话框以显示刻录进度。刻录完成之后，单击“关闭”按钮。

四、项目实施

（一）按要求制作演示文稿

制作“大学生职业生涯规划”演示文稿，共 8 张幻灯片，原始主题效果如图 5–77 所示。

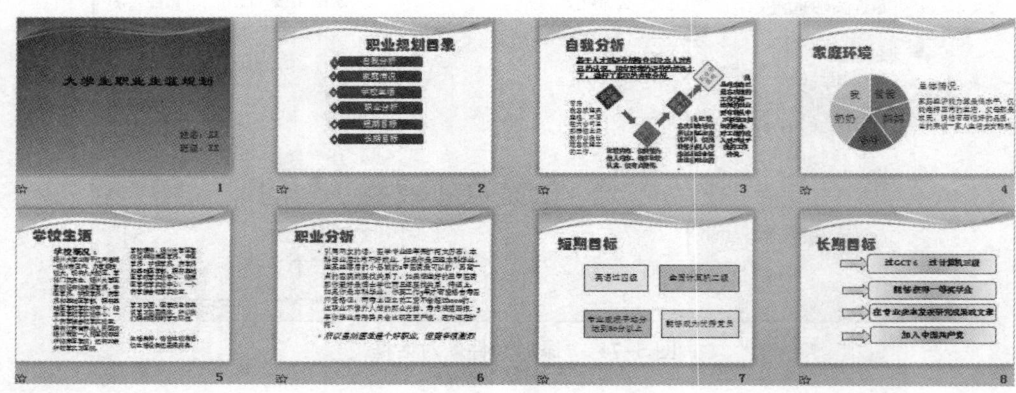

图 5–77 原始主题效果

1. 制作第一张幻灯片

制作第一张幻灯片，要求为“标题版式”，选择主题为“流畅型”，并应用于所有的幻灯片，主标题字体为“隶书”，字号为“56 磅”，动画效果设置为进入效果中的“盒状”。副标题为“宋体”，字号为“25 磅”，设置姓名的动画效果为“劈裂”，班级的动画效果为“淡出”，并根据实际情况补充好自己的基本信息，如图 5–78 所示。

图 5–78 第一张标题幻灯片

2. 制作第二张幻灯片

制作第二张幻灯片，要求设置为“标题和内容版式”，并制作出图 5–79 所示的效果。标题字体为“华文琥珀”，字号为“50 磅”，字体颜色为“蓝色”，动画效果设置为“画笔颜色”；插入菱形和圆角矩形，并分别编辑编号和文字，两个形状的颜色为“紫色”，编号的字号为“18 磅”，圆角矩形中的文字字号为“28 磅”，颜色均为“白色”，设置菱形和圆角矩形的动画效果分别为“淡出”和“劈裂”，如图 5–79 所示。

3. 制作第三张幻灯片

制作第三张幻灯片，要求为“空白版式”。插入文本框，并编辑标题，设置同上一张幻灯片；再插入文本框，输入第一段文字，颜色为“玫红”，字号为“24 磅”，字体为“楷体”，并加下划线。动画效果为更多进入效果中的“下浮”；插入四个矩形，并做一定的旋转，做出图 5–80 所示的效果，接着插入右箭头，颜色为“蓝色”，矩形的颜色及编辑文字的颜色自行设置，字号根据矩形框的大小自行调整。设置所有矩形框的动画效果为“圆形扩展”，箭头的动画效果为“擦除”。分别编辑图中的四段话，并设置出不同的文字颜色，字体为“楷体”，字号为“20 磅”，动画效果均为“细微型展开”。

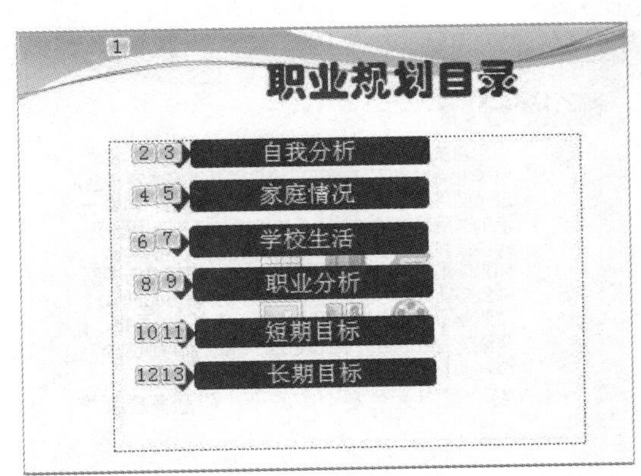

图 5–79　第二张幻灯片的动画设置

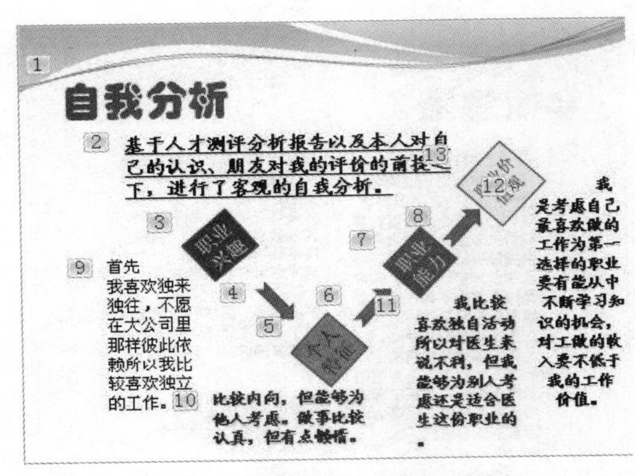

图 5–80　第三张幻灯片动画效果设置

4. 制作第四张幻灯片

制作第四张幻灯片，要求版式为“空白版式”。插入文本框，输入标题，设置同第二张幻灯片，动画效果为“下浮”，插入 SmartArt 图形为基本饼图，做出图 5–81 所示的效果。对每一单块饼图，设置不同的颜色，并编辑合适大小的文字，动画效果设置为“上浮”。插入文本框，输入右边红色的文字，并设置为“18 磅”，“宋体”，动画效果为“擦除”。继续插入文本框，编辑最后一段文字，并设置为“宋体”，“20 磅”，动画效果为“下浮”。

图 5–81　第四张幻灯片动画效果设置

5. 制作第五张幻灯片

制作第五张幻灯片，要求版式为“空白版式”。

（1）插入第一个文本框对标题进行编辑，格式的设置同第二张幻灯片的标题设置，动画效果为“下降”。

（2）插入第二个文本框，编辑图 5–82 所示的文字，标题行设置为“28 磅”，“楷体”，“加粗”，颜色为“红色”，正文为“黑体”，“28 磅”，颜色为“紫色”，动画效果设置为“展开”。

（3）插入第三个文本框，编辑图中的文字，字体为“黑体”，颜色为“黑色”，字号为“20 磅”，并设置每段话的动画效果为“圆形扩展”。

6. 制作第六张幻灯片

制作第六张幻灯片，版式为“标题和内容版式”。

（1）编辑标题栏，设置出与第二张幻灯片相同的标题栏格式，动画效果为“下降”。

（2）按图 5–83 所示编辑内容，并添加项目符号，颜色为“青绿”，第一段文字设置为“宋体”，“24 磅”，动画效果设置为“擦除”；第二段话，颜色调整为“红色”，字体为“斜体”，“28 磅”；动画效果设置为“补色”，如图 5–83 所示。

图 5–82　第五张幻灯片动画设置

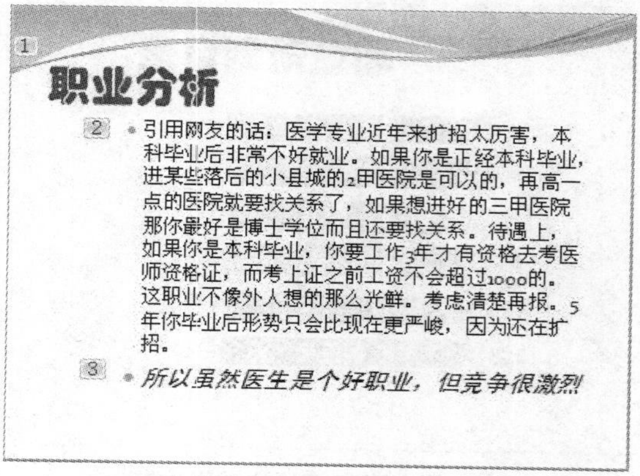

图 5–83　第六张幻灯片动画设置

7. 制作第七张幻灯片

制作第七张幻灯片，版式为“标题和内容版式”。

（1）编辑标题栏，格式设置同第二张幻灯片，动画效果为“下降”。

（2）插入四个矩形，每个矩形设置不同的颜色，并在矩形框中添加文字，字体为“宋体”，字号为“18 磅”。“英语过四级”动画效果设置为“劈裂”，“全国计算机二级”动画效果设置为“圆形扩展”，“专业成绩平均分达到 80 分以上”矩形框动画效果设置为“擦除”，“能够成为优秀党员”矩形框动画效果设置为“圆形扩展”。动画效果设置如图 5–84 所示。

8. 制作第八张幻灯片

制作第八张幻灯片，版式为“标题和内容版式”。

（1）编辑标题栏，格式设置同第二张幻灯片，动画效果为“下降”。

（2）分别插入四个箭头和四个圆角矩形，形状的颜色均为“蓝色”。在圆角矩形中编辑出图中所示的文字，字体均为“宋体”，“18 磅”。设置箭头的动画效果均为“上升”，圆角矩形设置为“圆形扩展”。动画效果设置如图 5–85 所示。

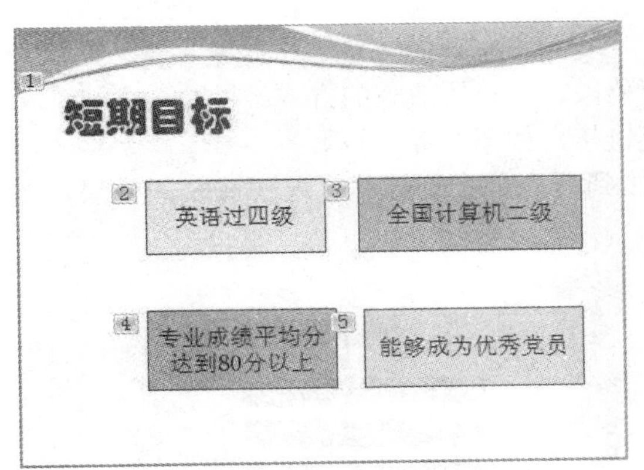

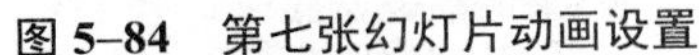

图 5–84　第七张幻灯片动画设置

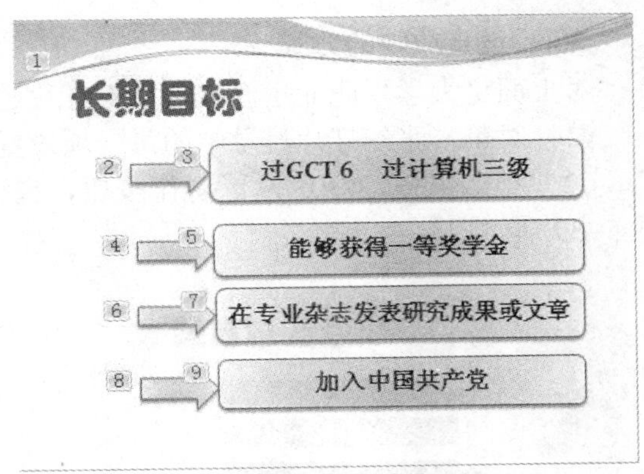

图 5–85　第八张幻灯片动画设置

（二）将制作出的八张幻灯片更换主题

选择浏览主题中的“主题 2”（“项目十五 \素材\主题 2”），并将此主题应用到所有的幻灯片中，做出图 5–86 所示的效果。

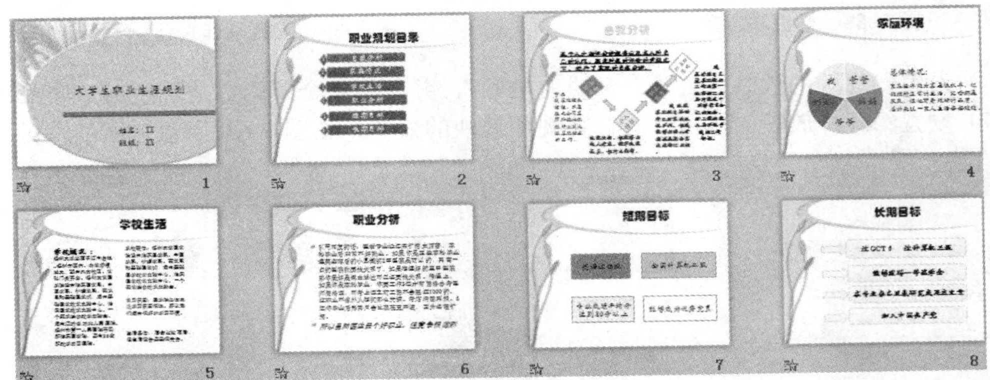

图 5–86　更改主题后的幻灯片浏览效果

（三）制作幻灯片母版

通过幻灯片母版，给八张幻灯片更换模板，均添加一个图片（“项目十五\素材\图片 2”），做出图 5–87 所示的效果。

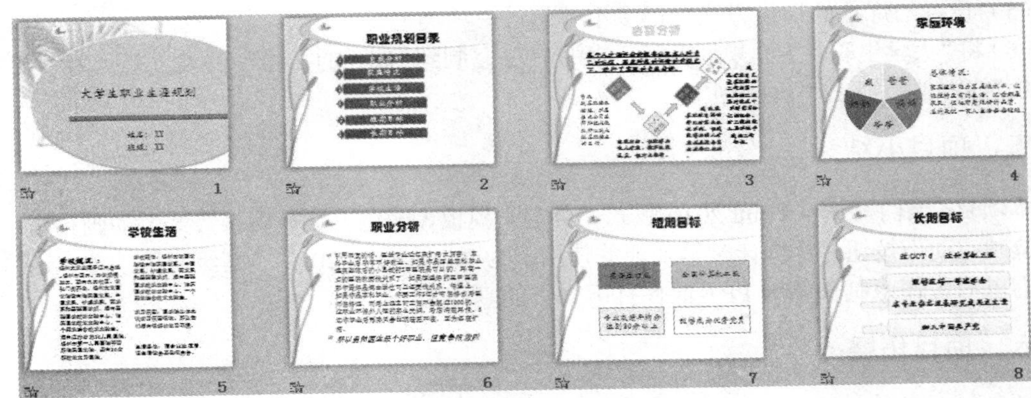

图 5–87　更改幻灯片模板后的效果

（四）设置放映的方式

对上面“大学生职业生涯规划”幻灯片进行修改，并设置放映的方式。

（1）对第二张幻灯片目录中的每一项设置超链接，如图 5–88 所示。

（2）对第二张幻灯片设置动作按钮，超链接到最后一张幻灯片，观察放映的效果，如图 5–89 所示。

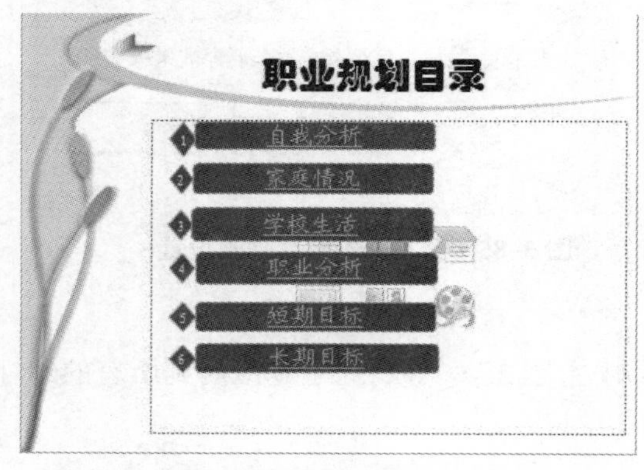

图 5–88　设置超链接

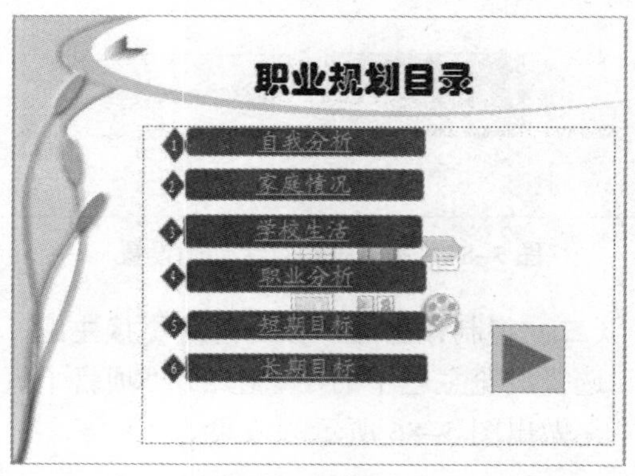

图 5–89　设置动作按钮

（3）设置幻灯片的放映方式为“演讲者放映”，并应用于全部幻灯片，观察放映效果。

（4）设置幻灯片放映的排练计时，再观察放映的效果，如图 5–90 所示。

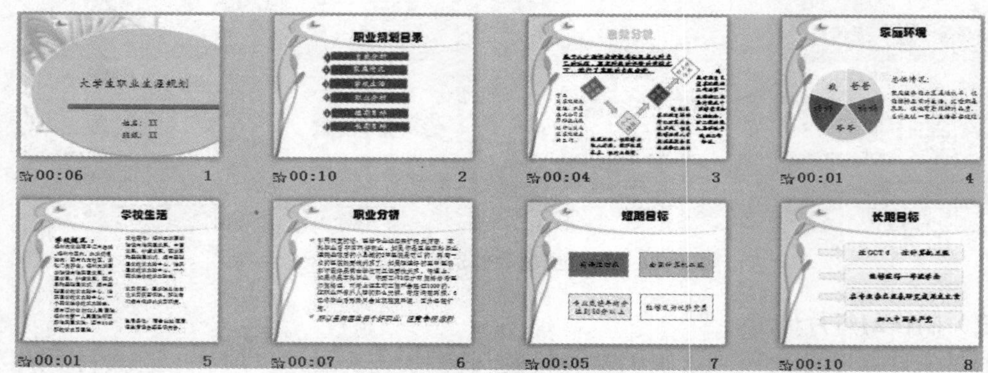

图 5–90　设置排练计时后的浏览效果

（5）设置幻灯片的切换方式，最多不要超过三种类型。

（6）将“大学生职业生涯规划”演示文稿打包，复制到“D:\我的文档”，并设置密码为“1234”，文件名为“大学生职业生涯规划”。

五、项目小结

本项目介绍了 PowerPoint 2010 版式、自定义模板、配色方案、切换方式、动画设置、幻灯片放映、动作按钮、排练计时等功能的使用，为 PowerPoint 2010 的高级应用功能，这些功能将为以后工作中制作培训 PPT 课件打下坚实的基础。

六、项目拓展

设计一个自我介绍的演示文稿（可包括姓名、学历、经历、兴趣爱好、特长等方面），并保存为“××的自我介绍.ppt”。

要求：

（1）选择一种幻灯片设计模板。

（2）使用图片、图表、组织结构图、艺术字等表现幻灯片。

（3）为每一张幻灯片设计切换方式和动画效果，设置为每隔 3 秒钟自动切换到下一张幻灯片。

（4）放映类型为“演讲者放映”，放映范围为第 2～7 张幻灯片，循环放映，按 Esc 键结束放映。

（5）选择一首 MP3 音乐作为背景音乐，幻灯片放映时开始自动播放音乐，并隐藏声音图标。

（6）在幻灯片中使用超链接。

常用软件应用

Windows 操作系统集成了很多软件，以方便用户使用，但有时对于某些具体功能的实现却会显得捉襟见肘。工具软件由于其功能强大、针对性强、实用性好、使用方便等优点，为系统软件提供了很好的支持。但工具软件种类繁多，良莠不齐，给日常的使用带来了很多不便。

项目　常用软件应用

一、项目引入

张强是某职业学院 2015 级的一名新生，为了更好地完成在校学习，也为了给自己创造更广的学习空间，入学时他购买了一台计算机，安装好操作系统后，为今后能安全、轻松、便捷地使用计算机，他选择了几款常用的小软件，现在很想快速掌握这些软件的使用方法。

二、项目分析

大家在日常使用中总结出了一些备受青睐的软件，包括杀毒软件、压缩软件、下载软件、播放软件、PDF 阅读软件等方面，这些软件也是装机必备的常用软件。要想计算机用起来得心应手，就要熟练掌握这些必备软件。

三、项目实施

（一）360 安全卫士的应用

1. 认识 360 安全卫士

360 安全卫士的主界面如图 6–1 所示。

360 安全卫士 8.5 主界面介绍：

（1）菜单栏：包括九大功能活动菜单，即“电脑体验”“查杀木马”“清理插件”“修复漏洞”“系统修复”“电脑清理”“优化加速”“功能大全”“软件管家”，可以单击展开每项菜单应用。

（2）显示区：对应菜单项显示其功能及信息。

（3）状态栏：显示目前软件的版本及相关的信息。还可以单击“检查更新”来查看木马库是否有更新。

2. 360 安全卫士的主要功能

（1）电脑体检：全面检查计算机的各项状况，并可进行优化。

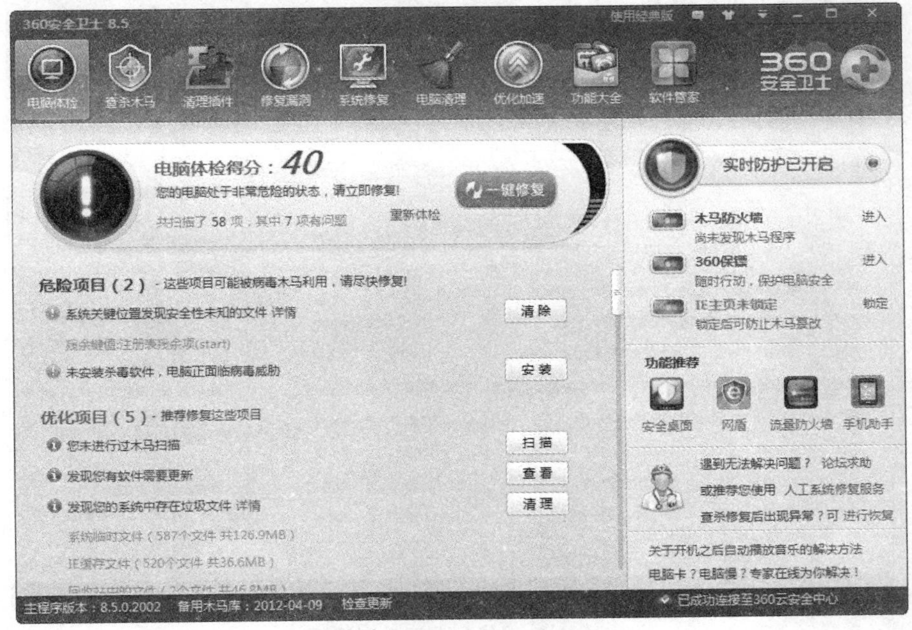

图 6–1　360 安全卫士主界面

（2）查杀木马：可以找出计算机中疑似木马的程序并在取得允许的情况下进行删除。

（3）清理插件：检查出计算机中安装了哪些插件，并可以根据网友对插件的评分选择性地删除插件。

（4）修复漏洞：为系统修复高危漏洞和功能性更新。

（5）系统修复：修复常见的上网设置，系统设置。

（6）电脑清理：清理垃圾和操作痕迹。

（7）优化加速：可以设置开机项目来提高开机速度。

（8）功能大全：8.3 版提供 50 种各式各样的功能。

（9）软件管家：安全下载近万种软件及小工具。

3. 360 安全卫士主要功能的应用

1）修复系统漏洞

（1）打开 360 安全卫士主界面，单击菜单栏中的“修复漏洞”选项，会自动进行系统漏洞检查，检查结束后显示出“修复漏洞”的相关内容，如图 6–2 所示。

（2）若有高危漏洞，只需单击“一键修复”即可，其实在“电脑体验”中的“一键修复”也同样包含了系统漏洞的修复。也可以单击右下角的“重新扫描”来再次查看并进行修复。

2）系统优化加速

（1）打开 360 安全卫士主界面，单击菜单栏中的“优化加速”选项，会自动进行系统检查，检查结束后显示出相关内容，如图 6–3 所示。

（2）单击“立即优化”按钮，可对所显示项目进行优化。也可以查看优化的情况，并进行重新设定优化。

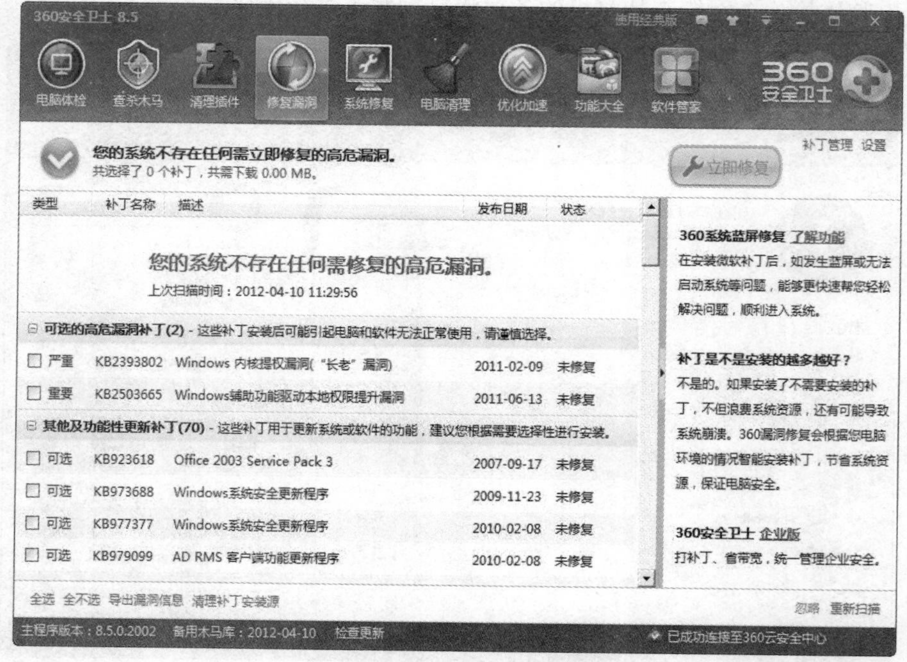

图 6–2 “修复漏洞”对话框

图 6–3 “优化加速”对话框

3）系统修复

当遇到浏览器主页、开始菜单、桌面图标、文件夹、系统设置等出现异常时，使用系统修复功能，可以找出问题出现的原因并进行修复。系统修复方法：

（1）单击 360 安全卫士主界面菜单栏中的“系统修复”选项，显示区就显示“系统修复”相关内容。它包含了两大功能——常规修复和电脑门诊。

（2）当系统有异常时，可单击“常规修复”选项，让其对计算机进行检查，并显示检查后的结果。根据提示可以选择需要修复的项，然后单击“立即修复”选项，便可进行修复。

（3）当计算机出现 IE 主页被修改，“开始”菜单、桌面图标、文件夹等异常时，可以单击“电脑门诊”选项对计算机进行精准修复。

（二）360 杀毒软件的应用

1. 认识 360 杀毒软件

360 杀毒软件的主界面如图 6–4 所示。

图 6–4　360 杀毒软件主界面

（1）菜单栏：用于进行菜单操作，包含了 360 杀毒软件的所有功能。

（2）显示区：对应菜单栏中的项进行内容显示。

（3）操作按钮：包含了三个快捷按钮——“快速扫描”“全盘扫描”“电脑门诊”。

（4）切换按钮：单击此处可以进行“专家模式”与“智巧模式”的切换。“智巧模式”就是快捷操作模式，里面仅含有操作按钮中的三个功能按钮。

2. 360 杀毒软件的主要功能

（1）专业级免费杀毒功能，杀毒与杀木马功能相配合，解决系统安全威胁。

（2）功能强大的反病毒引擎以及实时保护技术。强大的反病毒引擎，具有全面的病毒特征库和极高的病毒检测率，采用虚拟环境启发式分析技术发现和阻止未知病毒，实时监控并阻止潜在的病毒及后门程序威胁，实时扫描和过滤邮件中的病毒。

（3）快速升级和响应。病毒特征库每小时升级，确保对爆发性病毒的快速响应，对感染木马强力的查杀，可靠的服务器集群保证升级的速度。

（4）全面的隐私保护和控制功能。可以设置全面的隐私保护规则，阻止恶意软件在上网浏览及收发邮件时窃取并发送用户的隐私信息，支持多种身份信息的保护，自动检测和识别 HTTP 请求和 SMTP 请求中的身份证号码、电话号码、银行卡号、Email 地址等敏感个人信息并予以阻止。

（5）超低系统资源占用，人性化免打扰设置。系统资源占用极低，独特的管理模式。

（6）精准修复各类系统问题。“电脑门诊”能够精准修复各类电脑问题，如桌面恶意图标、浏览器主页被篡改等。

（7）网购保镖。全程守护网购及网银交易，拦截可疑程序及网址，使网购安心不受骗。

3. 360 杀毒软件主要功能的应用

1）病毒查杀

（1）在 360 杀毒主界面上单击菜单栏“病毒查杀”选项，如图 6–5 所示。在此界面上面显示了已开启的病毒防御情况。360 杀毒提供了四种手动病毒扫描方式：快速扫描、全盘扫描、指定位置扫描及右键扫描。

图 6–5 “病毒查杀”对话框

（2）快速扫描：扫描 Windows 系统目录及 Program Files 目录，只需单击“快速扫描”按钮便可进行扫描。

（3）全盘扫描：扫描所有磁盘，只需单击“全盘扫描”按钮即可进行扫描，类似于快速扫描。

（4）指定位置扫描：扫描所指定的目录。在“病毒查杀”对话框中单击下面的“指定位置扫描”按钮，弹出“选择扫描目录”对话框。在此对话框中选择所需要扫描的文件，单击“扫描”按钮即可。

（5）右键扫描：集成到右键菜单中，当您在文件或文件夹上单击鼠标右键时，可以选择“使用 360 杀毒扫描”对选中文件或文件夹进行扫描。

2）实时防护

360 杀毒推出包含入口防御、隔离防御、系统防御的“Pro3D 全面防御体系”，无论联网状态还是断网状态，都可以实时保护用户计算机安全。单击主界面菜单中的“实时防护”按钮，显示区就显示其相关的内容，如图 6–6 所示。由于实时防护功能开启的越多占用系统资源就越多，可以根据情况酌情开启或关闭一些选项。

图 6–6 “实时防护”对话框

3）功能设置

每个软件为满足不同用户的需求都设置了对该软件的设置功能，360 杀毒软件也不例外，选中桌面任务栏右侧的 360 杀毒标志，单击鼠标右键，选择里面的“设置”就打开了如图 6–7 所示的对话框，在此可根据个人习惯设置。

（三）压缩软件 WinRAR 的应用

1. 认识压缩软件 WinRAR

WinRAR 是一款功能强大的压缩包管理器，它是档案工具 RAR 在 Windows 环境下的图形界面。该软件可用于备份数据，缩减电子邮件附件的大小，解压缩从 Internet 上下载的 RAR、ZIP 2.0 及其他文件，并且可以新建 RAR 及 ZIP 格式的文件。

压缩软件 WinRAR 的主界面如图 6–8 所示。

压缩软件 WinRAR 4.01 的主界面：

（1）菜单栏：包含了 WinRAR 的所有命令及功能。

（2）工具栏：包含常用命令按钮。

（3）地址栏：显示当前软件操作的位置。

（4）对象列表框：显示压缩及解压缩文件的信息。

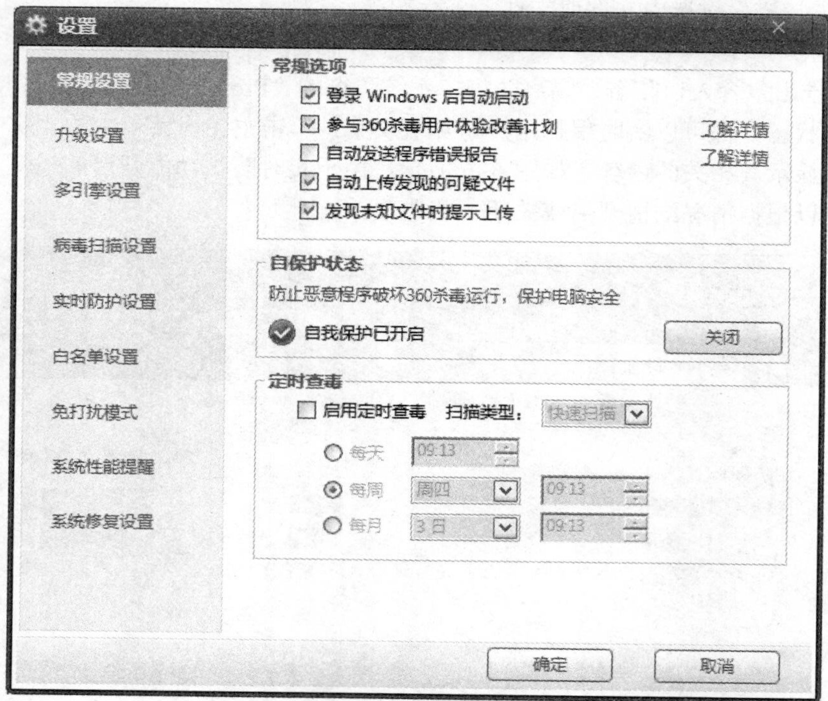

图 6–7 “设置”对话框

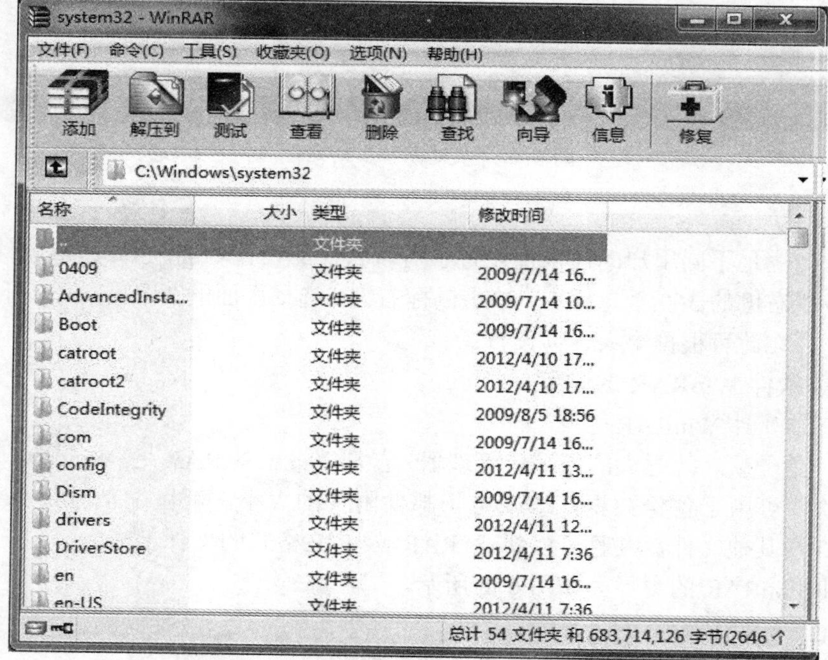

图 6–8 “WinRAR 使用界面”对话框

2. WinRAR 4.01 的主要功能

具备非常强大的常规和多媒体压缩及解压缩能力，能处理非 RAR 压缩文件，支持长文件名，有建立自解压缩文件（SFX）的能力，能对损坏的压缩文件进行修复和身份验证，能对内含的文件注释和加密。

3. 压缩软件 WinRAR 4.01 主要功能的应用

1）建立压缩文件

（1）启动 WinRAR 4.01，单击地址栏后面的向下小黑三角选择要压缩的文件或文件夹。

（2）单击“添加”按钮，弹出“压缩文件名和参数”对话框，如图 6–9 所示。在“常规”选项卡的“压缩文件名”栏中可以更改压缩文件名，扩展名默认为.rar。

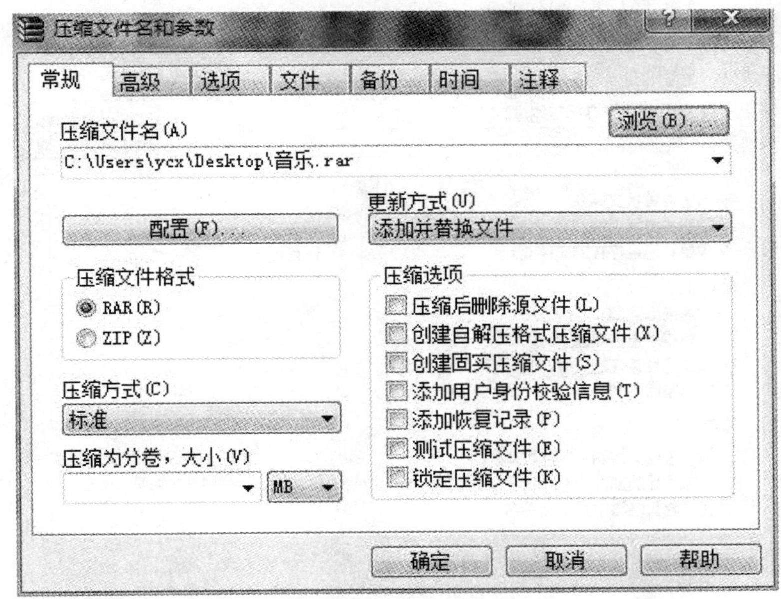

图 6–9 “压缩文件名和参数”对话框

（3）单击“浏览”按钮可以重新确定压缩文件的存储路径，若不选择将默认与源文件地址相同，在“压缩文件格式”栏中可以选择 RAR 或 ZIP 格式，根据需要在“压缩方式”下拉列表中选择不同的压缩方式，并设置压缩文件的大小及压缩文件过程中所需的时间。

（4）如果压缩文件需要存储在便携存储器中，例如 U 盘，并且压缩文件的大小不能大过一张优盘的容量，这时可以在“压缩分卷大小，字节”下拉列表中对压缩文件进行分段压缩，可以把每一段压缩文件的大小都控制在一张 U 盘的容量以内，这样做极大地方便了数据的存储与携带。在“压缩选项”栏中可以对压缩文件进行基本的设定。

（5）在“高级”“文件”等其他选项卡中还可以对压缩文件进行更加详细的设置，这里就不一一介绍了。

（6）设定完毕后，单击“确定”按钮，弹出“压缩过程”对话框，当进度条显示为 100% 时，压缩过程完成。

（7）右键快捷菜单快速设定压缩，WinRAR 安装后也可以使用右键快速解压文件，选中需要操作的文件单击鼠标右键就会弹出快捷菜单，选择“添加到压缩文件”命令，就会弹出

“压缩文件名和参数”对话框，设置方法同上。选择“添加到”命令，系统就会自动将文件与源文件同名、同地址进行压缩。

2）解压缩文件

对于压缩文件，在使用前，先要进行“解压缩”操作，将文件还原为原来的大小，否则文件不能被正常使用。WinRAR 也提供了简便的解压缩操作方法，具体操作步骤如下：

（1）启动 WinRAR，在地址栏或对象列表中找到将要进行“解压缩”的文件。

（2）单击“解压到”按钮，弹出“解压路径和选项”对话框，如图 6–10 所示。在“目标路径”地址栏内可以直接键入解压文件存放的路径及位置，也可通过右侧的“显示”按钮指定地址。

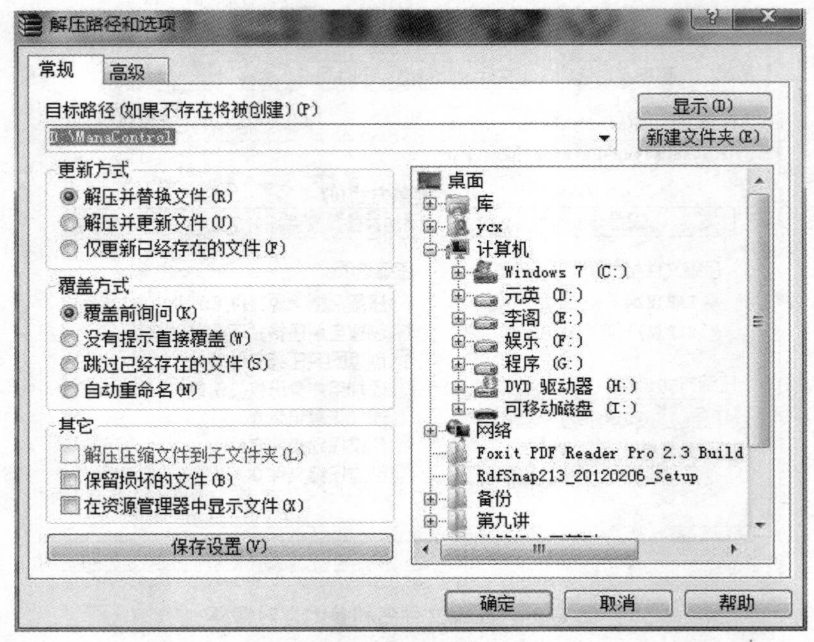

图 6–10 “解压缩路径和选择”对话框

（3）在“更新方式”“覆盖方式”及“其它”栏中对解压文件进行详细设置，一般使用默认设置。

（4）设置完毕，单击“确定”按钮，弹出“解压过程”对话框，当进度条显示为 100% 时，解压过程完成，提示框自动消失。

（5）WinRAR 的解压方式和它的压缩方式一样，也可以使用右键快捷方式。选择适当的解压缩命令可以方便快捷地解压文件。

3）给 WinRAR 压缩文件加密

为了文件的安全及保护个人隐私，可以为压缩文件进行安全性的设置。若解压设置了密码的压缩文件，在解压过程中会弹出“输入密码”对话框，若输入密码错误，将不能正常解压文件。操作方法如下：

（1）启动 WinRAR，在“压缩文件和参数”对话框中，单击“高级”选项卡，如图 6–11 所示。

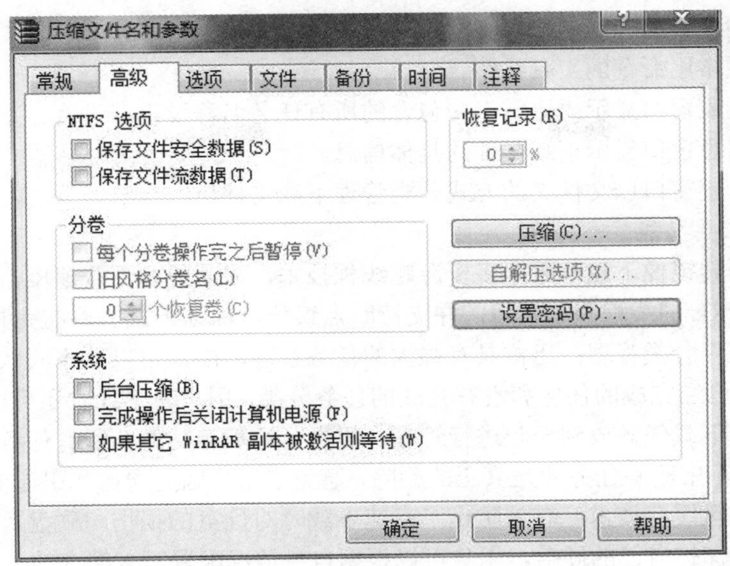

图 6–11 “高级”选项卡对话框

（2）单击“设置密码”按钮，弹出“输入密码”对话框，在此可进行密码的设置，设置好后单击“确定”按钮，便可回到上步进行压缩。

（四）下载工具——迅雷软件的应用

1. 认识迅雷软件

迅雷使用先进的超线程技术基于网格原理，能够将存在于第三方服务器和计算机上的数据文件进行有效整合，通过这种先进的超线程技术，用户能够以更快的速度从第三方服务器和计算机上获取所需的数据文件。这种超线程技术还具有互联网下载负载均衡功能，在不降低用户体验的前提下，迅雷网络可以对服务器资源进行均衡，有效降低了服务器负载。

迅雷软件的主界面如图 6–12 所示。

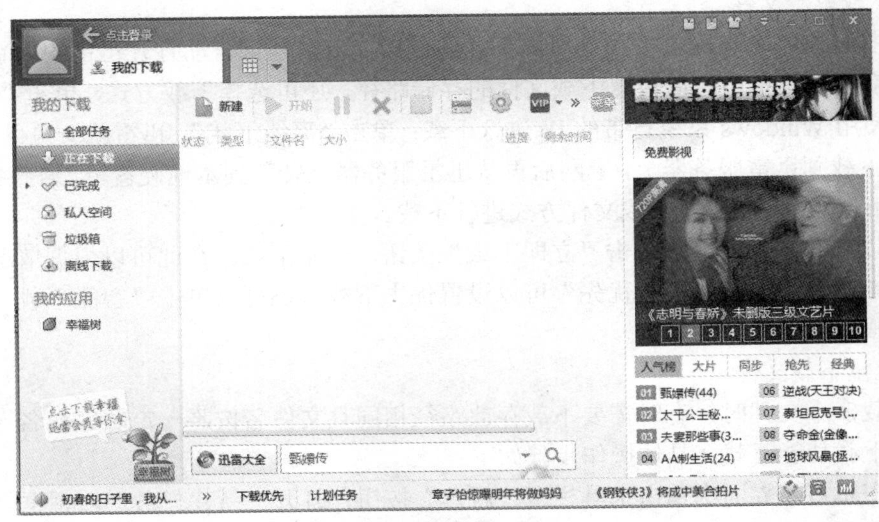

图 6–12 迅雷主界面

迅雷软件的主界面介绍：

（1）工具栏常用命令的工具按钮。

（2）任务列表窗口显示“迅雷”内包含的所有任务名称及下载进度、下载速度等。

（3）下载信息窗口显示下载文件的具体信息。

（4）任务管理窗口以文件夹的方式分类管理下载文件。

2. 迅雷的主要功能

（1）多点同传镜像下载：采用多资源超线程技术，显著提升下载速度。线程配置可以让用户指定原始 URL 的线程和总线程，并支持断点续传，保证下载文件的完整性和成功率。

（2）下载文件分类管理：迅雷具有强大的任务管理功能，可以对不同状态的任务进行分类管理，可以把已经完成的任务和没有完成的任务分类，用户在下载时还可以指定任务类别，可以把同类型的下载任务放到一起进行管理；提供了垃圾箱功能，所有任务都会先被删除到垃圾箱，在垃圾箱中删除任务才是真正的删除，避免了用户因为误操作引起的任务丢失问题。

（3）智能磁盘缓存技术：有效防止了高速下载时对硬盘的损伤。硬盘写入缓存配置可以帮助用户更好地保护自己的硬盘，用户可以根据自身情况配置写入缓存的大小。

（4）智能信息提示：根据用户的操作提供相关的提示和操作建议。

（5）独有的错误诊断功能：帮助用户解决下载失败的问题。

（6）病毒防护：可以和杀毒软件配合保证下载文件的安全性。下载完成后会自动杀毒。

（7）批量下载：可以有选择地大批量下载文件。内建的站点资源搜索器可以轻而易举地浏览 HTTP 和 FTP 站点的目录结构，并支持整个 FTP 目录的下载。

（8）智能管理模式：支持自动拨号，下载完毕后可自动挂断和关机。

（9）支持代理服务器：充分支持代理服务器，解决了代理上网的用户无法使用迅雷的问题。

（10）悬浮窗：支持直接拖曳链接地址下载，直观显示下载百分比及线程图示。

（11）速度限制：可以限制下载速度，以保证网络带宽。

3. 迅雷主要功能的应用

1）下载单一文件

（1）打开网站，在网页中找到所需下载的链接，双击就可自动打开迅雷的“新建任务”对话框。在该对话框中可以设置下载文件的存储路径。还可选择下载方式，单击“使用 IE 下载”就会使用 Windows 系统自带的 IE 进行下载；单击“离线下载”，迅雷就会提供未上网时，先把文件下载到迅雷服务器上，上网后再从迅雷服务器上转下到本地硬盘里。若直接单击“立即下载”，迅雷就使用在线下载文件方式进行下载。

（2）以在线下载为例，单击“立即下载”按钮，开始下载。在此可以根据情况对下载进行设置，单击最下面的“下载优先”可以设置优先下载；还可以单击“智能下载”按钮，设置下载完成后自动操作功能。

2）批量下载文件

在下载多个文件时，有时需要下载存放路径相同且文件名按照一定顺序命名，可选用迅雷的批量下载功能下载，具体操作步骤如下：

（1）在迅雷主界面中单击工具栏中“新建”按钮，打开“新建任务”对话框。选择最下面的“按规则添加批量任务”，就会弹出“批量任务”对话框。

（2）针对批量下载，迅雷提供了通配符功能，即利用“*”来代表数字。通配符长度为 1 时，“*”代表 0～9；通配符长度为 2 时，“*”代表 0～99。例如：下载 http://en.sssccc.net/贴图材质//石材/古老墙壁/古老墙壁 091.zip 到 150.zip，利用通配符，可以将下载链接中的数字序号改名为 http://en.sssccc.net/贴图材质//石材/古老墙壁/古老墙壁（*）.zip，“*”必须用小括号括起来。设置完成后的“批量任务”界面如图 6–13 所示。

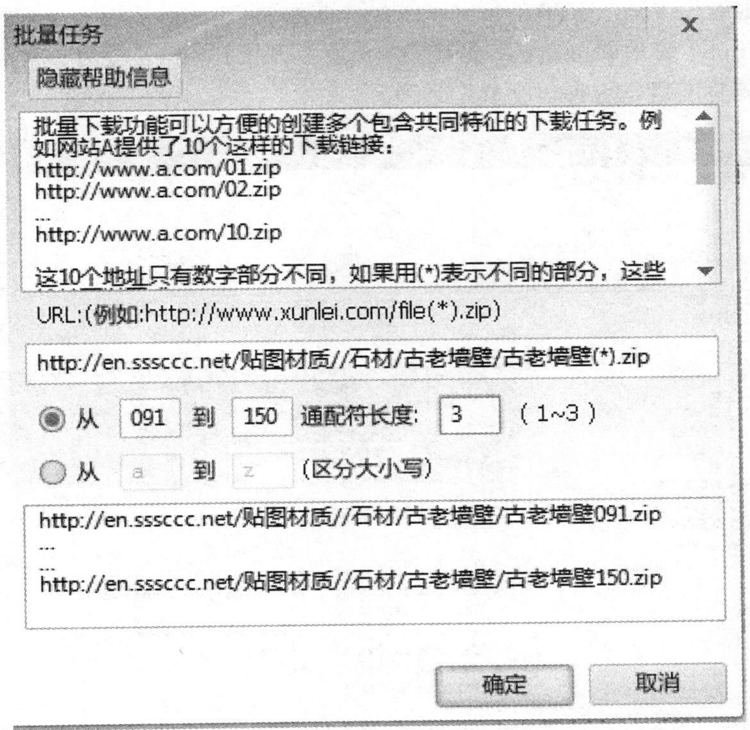

图 6–13 “批量任务”对话框

（3）单击“确定”按钮，弹出“选择要下载的 URL”对话框，在此可以对下载内容设置过滤筛选。设置好后单击“确定”按钮。

（4）自动弹出“新建任务”对话框，如图 6–14 所示。勾选下方的“使用相同配置”选项来批量下载。单击“开始下载”按钮，便可进行批量下载。下载前一定要注意下载保存的磁盘是否有足够的空间。

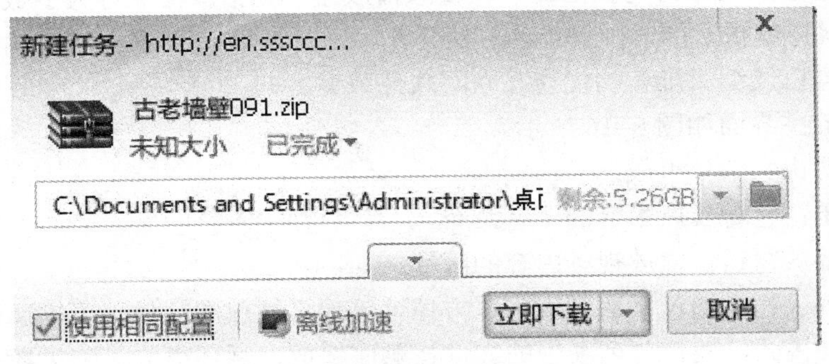

图 6–14 “新建任务”对话框

3）高速下载 FTP 上的资源

迅雷还提供了一个相当好用的“资源探测器”功能，它可以将 FTP 站点中的文件用树状目录的方式呈现给用户，利用它可以更方便、形象地下载网上资料。

（1）在迅雷主界面中单击工具栏中的“菜单”→“工具”→“FTP 资料探测器”命令，即可打开“FTP 资源探测器”窗口。

（2）在“地址”中输入 FTP 的域名或地址，前面要带上 ftp://协议，同时在后面输入用户名和密码，按 Enter 键后即可登录。如图 6–15 所示，找到相应的文件，配合 Shift 键和 Ctrl 键选中，单击鼠标右键，选择“下载”选项。

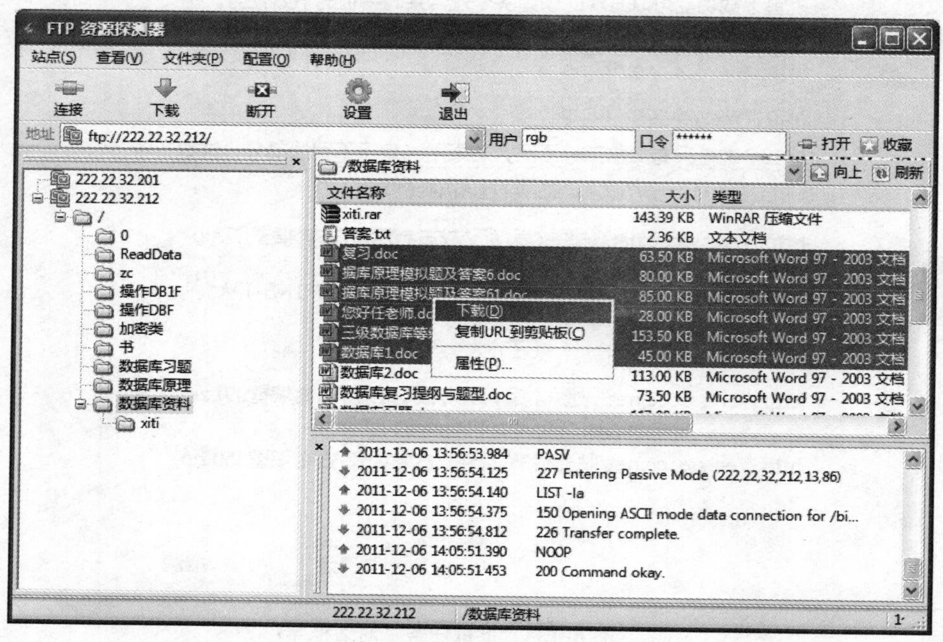

图 6–15 “FTP 资源探测器”对话框

（3）自动弹出“选择要下载的 URL”对话框，选择好要下载的文件，单击“确定”按钮便可进入下载状态下载。

（五）多媒体播放工具——暴风影音的应用

1. 认识暴风影音

暴风影音是暴风网际公司推出的一款视频播放器，该播放器兼容大多数的视频和音频格式。连续获得《电脑报》《电脑迷》《电脑爱好者》等权威 IT 专业媒体评选的消费者最喜爱的互联网软件荣誉以及编辑推荐的优秀互联网软件荣誉。

暴风影音的主界面如图 6–16 所示。

主界面主要由六部分组成：

（1）主菜单：包含暴风影音的所有命令。

（2）视频播放窗口：播放视频内容的区域。

（3）播放列表栏：通过播放列表可以方便地管理要播放的文件，可以通过模式切换按钮来选择要播放的模式，使播放列表中的文件按顺序播放、循环播放、随机播放等多种播放模式进行播放。

图 6–16　暴风影音主界面

（4）播放控制栏：控制视频文件播放、停止、快进、后退等。

（5）左眼键按钮：可以方便切换使用左眼高清观看视频。

（6）工具按钮：包含关闭播放列表、暴风工具箱、暴风盒子。

2. 暴风影音主要新增功能

（1）增加了皮肤管理功能，用户可以选择自己喜欢的皮肤及颜色。设计者着力推荐极速皮肤，可以为播放速度增添一抹重彩。

（2）在线视频播放列表增加二级列表，同时改变了播放列表的长宽比，采用了明暗交替的斑马线式文件名显示方式，使其看起来更加舒适。

（3）开放了高级解码器调节接口，为设备需求较高的用户使用。用于可多选择的切换视频和音频解码器，以收到最好的播放效果。

（4）增加 90 度旋转、视频位置移动功能，解决了很多用户录制视频的视频旋转问题。

（5）优化左眼使用体验，新增“左眼截图分享”功能，增加双字幕功能.

3. 暴风影音主要功能的应用

1）播放视频及音频文件

暴风影音不仅可以播放 DVD/VCD 光盘，还可以播放视频及音频文件，它支持几乎所有流行的视频、音频格式，包括 RealMedia、QuickTime、MPEG2、MPEG4（ASP/AVC）、VP3/6/7、Indeo、FLV 等流行视频格式；AC3/DTS/LPCM/AAC/OGG/MPC/ WV/APE/FLAC/TTA/等流行音频格式；3GP/Matroska/MP4/OGM/PMP/XVD 等媒体封装及字幕支持等。使用暴风影音播放视频及音频文件的步骤如下：

（1）启动“暴风影音”播放器，弹出暴风影音主界面。

（2）在暴风影音主界面中，单击主菜单中的“文件”→“打开文件”命令或直接单击视频播放窗口中“打开文件”命令，弹出“打开”对话框，通过“查找范围”及对象窗口，在本地计算机上选择将要播放的视频或音频文件。

（3）单击主菜单中的“文件”→“打开 URL”命令，在弹出的“打开 URL 地址”对话框中输入相应的网址，即可播放网络上的视频或音频文件。

（4）用暴风影音播放 DVD/VCD 光盘上的视频及音频文件。将 DVD/VCD 放入光驱，单击主菜单中的“文件”→“打开碟片/DVD”命令，在级联菜单中选择光盘盘符，播放已放入的光盘内容。

（5）主界面的右侧“在线影院”中为大家提供了很多在线的视频影视，可以直接双击打开观看，也可以在“搜索”中输入自己需要的视频名字搜索查看。

（6）还可以单击右下角的“暴风盒子”，查找正在热播的视频。

2）视频转码

对于有些工具如手机仅支持特定的格式进行播放，这时就需要把视频转码使用，暴风影音也提供了这样的功能。步骤如下：

（1）单击主界面右下角的“暴风工具箱”，选择里面的“转码”。

（2）打开“暴风转码”设置对话框。如图 6–17 所示，单击“添加文件”按钮，打开文件目录对话框，指定要转码的文件。

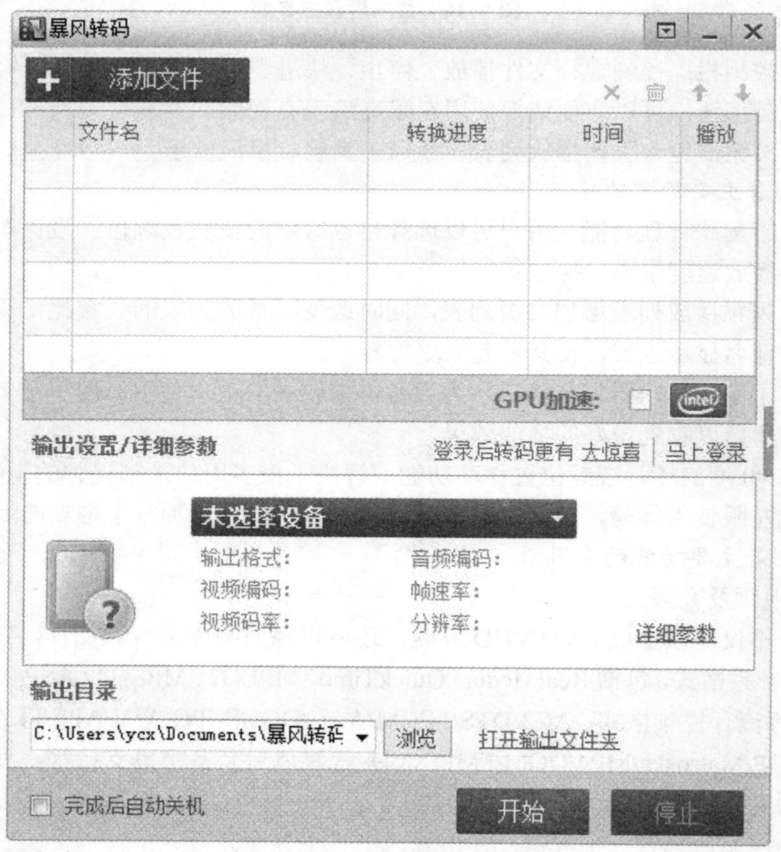

图 6–17 “暴风转码”对话框

（3）在下面的“输出设置/详细参数”部分可单击中间的长条按钮打开“输出格式”对话

框，设置所需要转出的格式，设置好后单击“确定”按钮，返回上一步。

（4）在“暴风转码”对话框下面的“输出目录”中可以设置转码后文件的存放处。一切都设置好单击“开始”按钮，转码便开始进行。

3）视频截图

有时对正在播放的视频想截取中间的画面，或连拍出一组画面，暴风影音提供了截图、连拍功能。步骤如下：

（1）在截图或连拍前要先做一下设置，单击主界面上的“主菜单”→“高级选项”，打开“高级选项”对话框，单击里面的“截图设置”命令，如图 6–18 所示，可以设置截图的存放路径、图片格式，还可以设置连拍的张数、截图的方式。

（2）设置完成单击“确定”按钮，回到主界面单击“暴风工具箱”→“截图”或“连拍”命令就可获取所需要的图片。也可使用系统提供的快捷键，F5 键是截图，Alt+F5 组合键是连拍。

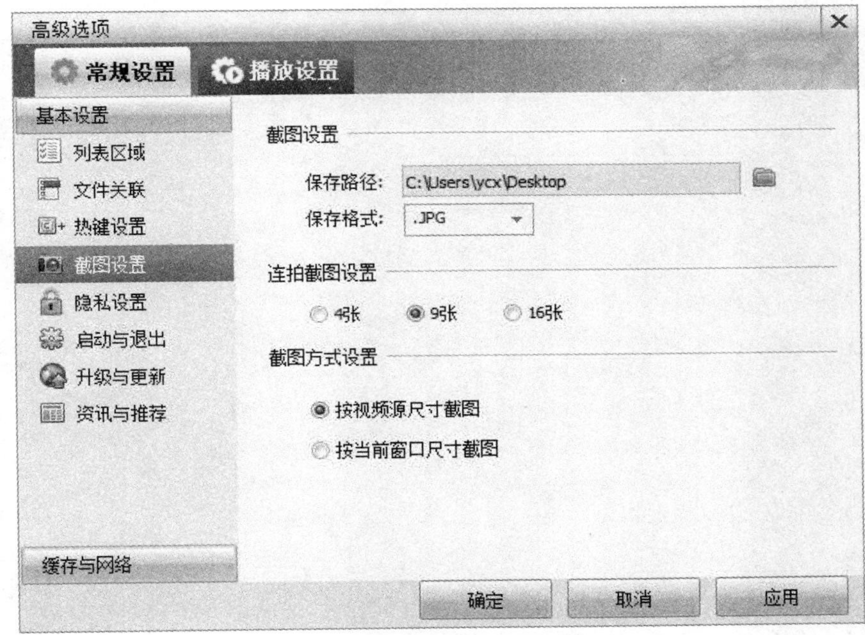

图 6–18 “高级选项”对话框

四、项目小结

本项目介绍了一些计算机常用软件的使用方法，主要有杀毒软件、压缩软件、下载软件、播放软件等，这些软件也是装机必备的常用软件。

五、项目拓展

到电脑市场了解电脑行情，并从网上下载一些与上述软件功能类似的软件进行使用，比较它们在功能和操作上的区别。